计算机科学与技术专业核心教材体系建设 —— 建议使用时间

U0187067

机器学习
物联网导论
大数据分析技术
数字图像技术

计算机图形学

人工智能导论
数据库原理与技术
嵌入式系统

计算机体系结构

计算机网络

操作系统

计算机原理

软件工程综合实践

软件工程
编译原理

算法设计与分析

数据结构

面向对象程序设计
程序设计实践

计算机程序设计

数字逻辑设计
数字逻辑设计实验

电子技术基础

离散数学(下)

离散数学(上)
信息安全导论

大学计算机基础

课程系列　　基础系列　　电类系列　　程序系列　　系统系列　　应用系列　　选修系列

一年级上　一年级下　二年级上　二年级下　三年级上　三年级下　四年级上　四年级下

面向新工科专业建设计算机系列教材

计算机网络

微课版

丛书主编

张尧学

编　著

杜庆伟　钱红燕
朱　琨　燕雪峰
赵蕴龙

清华大学出版社

北京

内 容 简 介

本书从人们耳熟能详的互联网角度来观察计算机网络,分为6部分,这6部分是经过深思熟虑的一种组织方式,更加贴近人们的自然思维。

第1部分包含3章,主要讲解了计算机网络和互联网的概念、工作的基本原理等内容。第4~7章是第2部分,介绍了网络互联的实体——物理网络的相关技术以及若干物理网络。第8~12章为第3部分,主要讲解互联网的主要工作——如何实现网络互联。第4部分介绍了IP和物理网络结合时需要注意的内容,包括第13、14章。第5部分主要介绍传输层的相关内容,包括第15~17章。第6部分介绍了应用层的相关内容,包括第18~20章。

本书概念准确,内容严谨,为此特意咨询了若干资深的通信领域的专家。本书力求语言精简、诙谐,很多方面都进行了生活中的类比,以帮助读者理解。

本书适合作为高等学校计算机类本科生的教材,每一章都附有习题,帮助学生增加对相关技术的理解。本书还兼顾了学生考研的需求,教材紧扣考研大纲,对所有大纲的内容都进行了介绍,还纳入了一些考研的真题。

图书在版编目(CIP)数据

计算机网络:微课版/杜庆伟等编著. —北京:清华大学出版社,2024.1

面向新工科专业建设计算机系列教材

ISBN 978-7-302-65187-1

Ⅰ.①计… Ⅱ.①杜… Ⅲ.①计算机网络-高等学校-教材 Ⅳ.①TP393

中国国家版本馆 CIP 数据核字(2024)第 011268 号

责任编辑:白立军 薛 阳
封面设计:刘 键
责任校对:申晓焕
责任印制:宋 林

出版发行:清华大学出版社
    网 址:https://www.tup.com.cn,https://www.wqxuetang.com
    地 址:北京清华大学学研大厦 A 座 邮 编:100084
    社 总 机:010-83470000 邮 购:010-62786544
    投稿与读者服务:010-62776969,c-service@tup.tsinghua.edu.cn
    质量反馈:010-62772015,zhiliang@tup.tsinghua.edu.cn
    课件下载:https://www.tup.com.cn,010-83470236
印 装 者:三河市龙大印装有限公司
经 销:全国新华书店
开 本:185mm×260mm 印 张:20 插 页:1 字 数:490 千字
版 次:2024 年 1 月第 1 版 印 次:2024 年 1 月第 1 次印刷
定 价:69.00 元

产品编号:102354-01

出版说明

一、系列教材背景

人类已经进入智能时代,云计算、大数据、物联网、人工智能、机器人、量子计算等是这个时代最重要的技术热点。为了适应和满足时代发展对人才培养的需要,2017 年 2 月以来,教育部积极推进新工科建设,先后形成了"复旦共识""天大行动"和"北京指南",并发布了《教育部高等教育司关于开展新工科研究与实践的通知》《教育部办公厅关于推荐新工科研究与实践项目的通知》,全力探索形成领跑全球工程教育的中国模式、中国经验,助力高等教育强国建设。新工科有两个内涵:一是新的工科专业;二是传统工科专业的新需求。新工科建设将促进一批新专业的发展,这批新专业有的是依托于现有计算机类专业派生、扩展而成的,有的是多个专业有机整合而成的。由计算机类专业派生、扩展形成的新工科专业有计算机科学与技术、软件工程、网络工程、物联网工程、信息管理与信息系统、数据科学与大数据技术等。由计算机类学科交叉融合形成的新工科专业有网络空间安全、人工智能、机器人工程、数字媒体技术、智能科学与技术等。

在新工科建设的"九个一批"中,明确提出"建设一批体现产业和技术最新发展的新课程""建设一批产业急需的新兴工科专业"。新课程和新专业的持续建设,都需要以适应新工科教育的教材作为支撑。由于各个专业之间的课程相互交叉,但是又不能相互包含,所以在选题方向上,既考虑由计算机类专业派生、扩展形成的新工科专业的选题,又考虑由计算机类专业交叉融合形成的新工科专业的选题,特别是网络空间安全专业、智能科学与技术专业的选题。基于此,清华大学出版社计划出版"面向新工科专业建设计算机系列教材"。

二、教材定位

教材使用对象为"211 工程"高校或同等水平及以上高校计算机类专业及相关专业学生。

三、教材编写原则

(1) 借鉴 *Computer Science Curricula* 2013(以下简称 CS2013)。CS2013

的核心知识领域包括算法与复杂度、体系结构与组织、计算科学、离散结构、图形学与可视化、人机交互、信息保障与安全、信息管理、智能系统、网络与通信、操作系统、基于平台的开发、并行与分布式计算、程序设计语言、软件开发基础、软件工程、系统基础、社会问题与专业实践等内容。

（2）处理好理论与技能培养的关系，注重理论与实践相结合，加强对学生思维方式的训练和计算思维的培养。计算机专业学生能力的培养特别强调理论学习、计算思维培养和实践训练。本系列教材以"重视理论，加强计算思维培养，突出案例和实践应用"为主要目标。

（3）为便于教学，在纸质教材的基础上，融合多种形式的教学辅助材料。每本教材可以有主教材、教师用书、习题解答、实验指导等。特别是在数字资源建设方面，可以结合当前出版融合的趋势，做好立体化教材建设，可考虑加上微课、微视频、二维码、MOOC 等扩展资源。

四、教材特点

1. 满足新工科专业建设的需要

系列教材涵盖计算机科学与技术、软件工程、物联网工程、数据科学与大数据技术、网络空间安全、人工智能等专业的课程。

2. 案例体现传统工科专业的新需求

编写时，以案例驱动，任务引导，特别是有一些新应用场景的案例。

3. 循序渐进，内容全面

讲解基础知识和实用案例时，由简单到复杂，循序渐进，系统讲解。

4. 资源丰富，立体化建设

除了教学课件外，还可以提供教学大纲、教学计划、微视频等扩展资源，以方便教学。

五、优先出版

1. 精品课程配套教材

主要包括国家级或省级的精品课程和精品资源共享课的配套教材。

2. 传统优秀改版教材

对于已经出版、得到市场认可的优秀教材，由于新技术的发展，计划给图书配上新的教学形式、教学资源的改版教材。

3. 前沿技术与热点教材

反映计算机前沿和当前热点的相关教材，例如云计算、大数据、人工智能、物联网、网络空间安全等方面的教材。

六、联系方式

联系人：白立军

联系电话：010-83470179

联系和投稿邮箱：bailj@tup.tsinghua.edu.cn

面向新工科专业建设计算机系列教材编委会

2019 年 6 月

FOREWORD
前言

党的二十大报告指出：教育、科技、人才是全面建设社会主义现代化国家的基础性、战略性支撑。必须坚持科技是第一生产力、人才是第一资源、创新是第一动力，深入实施科教兴国战略、人才强国战略、创新驱动发展战略，这三大战略共同服务于创新型国家的建设。报告同时强调：推动战略性新兴产业融合集群发展，构建新一代信息技术、人工智能、生物技术、新能源、新材料、高端装备、绿色环保等一批新的增长引擎。计算机网络早已成为现代社会的基础设施，是人们工作、生活中必不可少的工具，目前，网络技术仍在日益快速发展，新概念、新知识、新技术层出不穷，如软件定义网络、IPv6、6G、自组织网络、云计算等，必将继续改变人们工作、生活的模式。但是，学习不能空中楼阁，学习这些新技术之前必须对当前网络的运行深刻把握，本书主要对当前网络流行技术进行重点阐述，并简单介绍了一些网络的新技术。

目前，计算机网络方面的教材已经存在很多了，有些教材从有经验的教师视角来看堪称经典。但编者在授课过程中，以及回想起自己学习网络课程的情景时，有时仍会感到无奈。计算机网络涉及的知识和概念太多、太庞杂，在典型的分层思想指导下，每一层都涉及很多的概念和知识点，学完每一层，脑袋中往往只是又装入了一堆技术而已。编者之所以对网络体系有了一定的认识，是通过反复的授课过程中不断地思考，将各种技术相互关联，以及与同行的不断交流才获得的。而希望学生能够在学完这门课程后就立即对计算机网络有很好的理解是困难的，哪怕是再好的学生，也很难学完立刻就建立起网络的整体思维。

因此，本书不再采用传统的分层组织的思想，而是尝试从一种自然的思维、从互联网的视角来组织教材内容：首先告诉读者，互联网是用来连接物理网络的，然后介绍一些主要的物理网络，随后介绍互联网是怎么互联网络的，以及互联时需要注意的技术细节。接下来告诉读者，互联后还需要把交互的信息通过传输层交给应用进程，最后介绍了相关应用层的概念和协议。这是围绕互联网、一环套一环的推进方式。

以上就是本书的出发点。

基于这个出发点，本书将网络和通信技术的知识点融入相关的环节中，希望读者在知道自己正在学习的内容是干什么用的之后，学习上有了目标，从而减轻读者的抵触心理和无形的学习压力。

本书出版得到了清华大学出版社的大力支持,还得到了许多专家学者的指导,在此表示衷心的感谢。本书很多内容,包括PPT,学习和借鉴了谢希仁老师的《计算机网络》一书,这里表示衷心的感谢。最后也要感谢家人的理解和支持。

限于编者的学识和时间,书中难免存在不足和疏漏,恳请读者提出宝贵意见。

编　者

2023 年 10 月

CONTENTS

目录

第 1 部分　互联网的作用

第 2 部分 网络互联的实体——物理网络

第 3 部分　如何实现网络互联

第 4 部分　IP 和物理网络的结合

第 6 部分　如何使用互联网

第 1 部分　互联网的作用

　　这一部分中,第1章首先介绍了计算机网络的基本概念,然后指出,互联网是用来互联网络的。

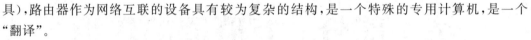

　　其次,第2章介绍了计算机网络设计的重要思想——计算机网络的体系结构,这是计算机网络发展到现在的一个非常重要的原则,也是促进网络繁荣发展的一个基石。

　　第3章从宏观的角度展示了当前网络的基本情况,包括:

　　互联网是很多种物理网络互联所组成的,其实这非常像现在的公共交通网,大家通过公交车、高铁、飞机这些交通设施,可以遨游全球。

　　网络互联需要一个主要的设备——路由器(相当于公共交通枢纽站,通过换乘,乘坐其他交通工具),路由器作为网络互联的设备具有较为复杂的结构,是一个特殊的专用计算机,是一个"翻译"。

　　互联网的主要工作方式——分组交换,这是一种吸取了其他通信技术优点的工作机制,非常适合应用于计算机网络。

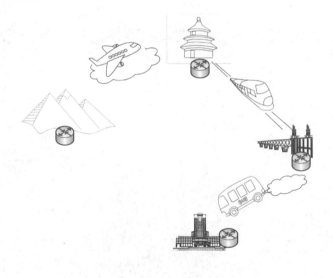

人生若只如初见

自从世界上第一个计算机网络(ARPANET,互联网的前身)诞生以来,计算机网络发展迅猛,成为通信领域三大支柱(电信网络、有线电视网络、计算机网络)之一,而其中发展最快的是计算机网络。

网络概述

三大网络本来毫无关联,相互独立,但随着计算机网络的快速发展,三者相互融合,并不约而同地以计算机网络技术作为主干,例如,蜂窝网的 4G/5G 就是架构在全 IP 技术之上的,很多电信部门推出了 IP 电视服务等。可以说,计算机网络是现代信息革命的产物,推动了各行各业众多技术的发展。

◆ 1.1 计算机网络和互联网

1.1.1 基本概念

1. 计算机网络的概念

一个主流的计算机网络定义是:计算机网络主要是由一些通用的、可编程的硬件互联而成的,能够用来传送多种不同类型的数据,并能支持广泛和日益增长的各种应用业务。

简单地说,计算机网络就是互联的计算结点的集合。显然,互联是网络思想的精髓,这需要包括一些硬件设备,也需要软件(包括标准和协议)进行配合。

计算机网络有很多,到目前为止已经出现了很多网络的产品,但很多产品都湮没在技术的历史长河中。本书主要讲述当前的主流计算机网络及相关技术。即便如此,当前也存在着很多的网络,如人们平时最常用的有线的以太网、无线的WiFi网等。这种网络称为物理网络,它们是实实在在存在的、看得到摸得着的产品。基本上每个物理网络都定义有自己的地址。

2. 互联网的概念

人们平时使用的互联网,实际上是一个范围巨大的计算机网络,是把很多种物理网络联系起来而形成的一个大的虚拟网络。如图 1-1 所示,图中使用一朵小一些的云表示一个物理网络,若干网络互联后,就可以称为一个互联的网络了,而现在众所周知的互联网是互联的网络的一个特例,特指全球最大的因特网(Internet)。

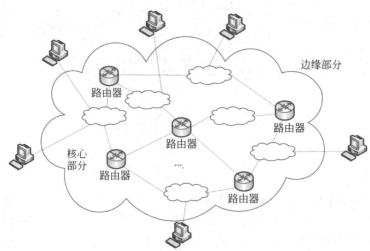

图 1-1 网络核心部分和边缘部分示意图

读者要避免一个误区:平时上网都说上互联网,于是就认为所谓的网络就是互联网。实际上是各种物理网络提供了具体的数据通信,而互联网相关组织提供了网络的互联和一些网络应用的规范和标准(属于软件),各个产品的开发商根据规范和标准开发了网络互联的设备进行各个网络的互联,开发了多种多样的网络软件和界面供用户使用。因此互联网的本质是网络的网络,是一个虚拟的网络。

简单地说,互联网上的通信往往需要经过多个物理网络的传输,网络之间使用互连的设备进行连接。

举一个例子,如果说我们长途旅行需要使用多种交通网络(如飞机、铁路、公交车等),那么组成一个大的交通虚拟公司来帮我们安排好各种交通及其中转,实现我们长途旅行的目的,是多诱人的一个思路啊! 我们暂且命名这个公司为中华豪横交通公司(简称豪横公司)。

虽然物理网络都有自己的地址,但是互联网必须重新定义一套统一的地址,方便在互联各种物理网络时进行统一的管理,互联网采用的地址是 **IP 地址**。这就如同豪横公司为我们服务时,只需要使用一个全国统一的地名,而不需要使用翠屏山地铁站、静淮街站一样(这些地址是乘坐具体交通时才使用的)。

3. 路由器的概念

网络互联是利用一个专用的设备——路由器(router)把各个网络互联起来的。读者不能只想到 WiFi 的路由器,WiFi 路由器是一种非常简单的路由器,而网络中大部分的路由器是专用的计算机(比较昂贵),负责互联多种网络。

我们可以把铁路考虑成一种物理网络,路由器就犹如高铁火车站(包括附近的道岔系统,是豪横公司的一个中转站)一样,把火车从一段轨道转到另一段轨道上,连接两个火车站之间的轨道可以类比为一个网络。高铁站还可以转乘地铁、公交车等交通工具(假设均为无缝换乘),相当于路由器连接了不同的物理网络。

4. 计算机网络的构成

可以把计算机网络中的硬件实体分为两类:结点(node)、链路(link)。

结点按照功能又可以分为两类,一类是直接面对用户,为用户提供面对面服务的结点,如计算机、手机等，一般把这一类结点称为网络的边缘部分（如图 1-1 所示，可以考虑成旅行者的家园或公司等），这些结点又叫端系统（end system）。这一部分结点应该是通用可编程的，以支持日益丰富的各类应用。

另一类结点是辅助网络完成数据通信的结点，这些结点一般指路由器（豪横公司的中转站）。

链路的作用是用来传递信息（如同高铁的轨道），按照传输介质的不同可以分为两类：有线链路和无线链路。

网络界一般把由路由器以及路由器之间连接的链路（网络）所组成的部分称为网络的核心部分，如图 1-1 所示。

计算机网络的边缘部分直接面对用户，实现资源共享，这些主机所面临的业务正在不断蓬勃发展，不断智能化并推陈出新，结点计算能力也不断提升。而核心部分是为边缘部分提供服务的（提供连通性），属于基础设施，就像连接城市的高速公路一样，为了支持通信能力的快速提升，应该越简单越好，但要快！有专家很早提出了一个原则：边缘智能，核心简单，很好地指导了网络的快速发展。

5. 计算机网络的功能

计算机网络最基本的功能是提供数据的传输，在此基础上提供以下功能。

（1）共享资源：通过网络把世界各个地区的资源（如计算资源、存储资源、信息资源等）联系到一起，实现资源的共享。

（2）协同/并行计算：可以将一个比较大的问题/任务分解为若干子问题/任务，分散到网络中不同的计算机上进行处理计算，提高计算效率。

（3）方便通信和交流：分布在不同地区的计算机系统通过网络及时、高速地传递各种信息，使人们之间的联系更加紧密。

（4）提高系统可靠性：通过网络可以把硬件或信息配置成互相备份的关系，当一部分出现故障时，其他部分可以自动接替其任务。

1.1.2　计算机网络的分类

根据不同的分类依据，计算机网络有很多种分类方法。通常包括：
- 按网络覆盖范围分为广域网、城域网、局域网、接入网等（详见 3.1 节）。
- 按拓扑结构分为总线型、星状、树状、环状、网状等（详见 3.2 节）。
- 按工作机制（交换方式）分为电路交换、报文交互、分组交换（详见 3.4 节）。

另外，还有一种常用的分类方法，网络按照使用者可以分为公用网和专用网。
- 公用网（public network），这是指电信公司出资建造的大型网络，所有人只要按规定交纳费用都可以使用这种网络。
- 专用网（private network），是某个部门为满足本单位的工作需要而建造的网络，不向单位以外的人提供服务。例如，军队、铁路等专用网。

其他分类方法不再赘述，有兴趣的读者可自己查找资料。

◈ 1.2 计算机网络的性能指标

首先介绍两个概念。

信号是在传输介质上传输、用来代表信息的物理量,如电信号可以通过幅度、频率、相位的变化来表示不同的信息。信号可以分为数字信号和模拟信号。

信道是信号传输的通道,是一个广义的说法。

计算机网络的性能一般是指它的几个重要指标,主要包括速率、带宽、时延等。

1.2.1 速率

数据的传送速率简称速率,也称为数据率或比特率,是计算机网络中最重要的一个性能指标。速率的单位有 b/s、kb/s(切记不是 Kb/s)、Mb/s、Gb/s、Tb/s 等。这些单位之间的进制是 10^3(1000)。即

$$1 \text{ kb/s}=1000\text{b/s},1 \text{ Mb/s}=1000\text{kb/s},1 \text{ Gb/s}=1000\text{Mb/s}$$

而人们平时接触的计算机内部的信息单位是字节(8b,简写为 B),进制是 2^{10}(1024)。例如,$1\text{KB}=2^{10}\text{B}$。

1.2.2 带宽

带宽(bandwidth)有两种不同的意义。

- 在传统的通信领域,一个信道(或其中一部分)的带宽是指可以有效发送信号的频带宽度,其单位是 Hz(或 kHz、MHz、GHz 等),例如人们平时话音信号的带宽通常为 $300\sim3400\text{Hz}$。

- 在计算机网络中,带宽用来表示网络中信道(或其中一部分)传送数据的能力,即在单位时间内所能通过的最高数据率。其基本单位是 b/s,往往是指额定速率或标称速率,而非实际运行速率。

只有在前者足够大的时候,才能有"硬件上"的条件来满足后者提升。本节主要介绍的是后者。

读者需要避免一个误区:对于一个带宽大的链路,人们常说"网速快",这个快不是信号在链路上跑得快,而是说发送方单位时间内可以发送更多的数据,接收方可以接收更多的数据。就如同高速公路,汽车行驶的速度都差不多,但是 4 车道的高速公路比 2 车道的高速公路能够容纳更多的汽车。

使用一个具有更大带宽的信道,每秒可以将更多的比特从计算机注入信道,意味着在时间轴上信号的密度更大,宽度随带宽的增大而变窄。

如图 1-2 所示(假设高电平代表比特 1,低电平代表比特 0),带宽为 1Mb/s 的链路,每秒可将 10^6b(即数字信号)注入链路,一个方波的宽度为 1μs;而带宽为 4Mb/s 的链路,每秒可以将 4×10^6b 注入链路,一个方波的宽度只能为 0.25μs。可以看出,4Mb/s 的链路的信号密度更高。这样,单位时间内接收方收到的数据量也是不相同的。

1.2.3 时延

时延(delay 或 latency)是指数据从网络(或链路)的一端传送到另一端所需的时间,也

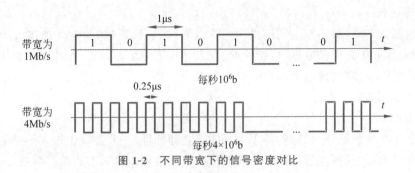

图 1-2　不同带宽下的信号密度对比

称为延迟。

网络中的时延比较复杂，一般由以下几部分组成：发送时延、传播时延、处理时延和排队时延。除了传播时延外，其他时延的估算较为困难，甚至很难估算出来，和网络的实际运行情况息息相关。

1. 发送时延

发送时延也称为传输时延，是在发送数据时，数据从计算机进入传输介质所需要的时间。是从发送数据的第一个比特开始，到该数据的最后一个比特发送完毕所需的时间。类比于高速公路，就是一批车通过高速公路收费站，全部进入高速公路的时间。

发送时延与数据的长度（b）、信道的带宽（b/s）息息相关，可以利用式（1-1）估算出理论的发送时延。

$$发送时延 = \frac{数据长度}{信道的带宽} \tag{1-1}$$

可以想象得到，随着网络带宽的不断提高，发送时延将不断减小。当前用户感觉网速不断提高，实际上相当一部分原因就是带宽不断增大，发送时延不断降低的一个结果。随着网络技术的不断发展，带宽的不断提高，这一部分的时延将进一步降低。

再次强调，数据长度的进制和发送速率的进制是不同的，前者是二进制，后者是十进制。以兆（M）这个单位来说，前者是 2^{20}B，后者是 10^6b/s。如果不强调精确性，可以忽略进制的不同，但 1B 包含 8b 还是要注意的。

2. 传播时延

电磁波在信道中传播也是需要花费一定时间的，而传播时延就是数据信号通过信道的时间，类比于高速公路，就是汽车从进入高速公路，至到达目的收费站之间的时间。传播时延的计算公式如下。

$$传播时延 = \frac{信道长度}{信号在信道上的传播速度} \tag{1-2}$$

可以看得出，这个时延和带宽、网络技术是毫无关系的，即便网络带宽再高、算法再好，只要信道长度确定下来，这个时延也就固定下来了。

一般来讲，电磁波的传播速度是 10^8 数量级的，一秒钟即可以绕地球若干圈，因此可以想象得出，传播时延在整个网络时延中的占比不会太大，即便从同步卫星到地球的传播时间大约也只需 1/8s。但是如果考虑到深空探索卫星与地球间的通信，200 万千米的最低限，传播时延也在 6s 以上。

3. 处理时延

处理时延是结点(目的结点或网络中的路由器)在收到数据时,为处理该数据(例如,分析数据首部、提取用户业务数据、差错检验、查表寻找下一步方向等)而花费的时间。这个时延和结点的 CPU 处理速度、读缓存速度、查找路由算法、差错检验算法,甚至数据首部的复杂程度等息息相关。

4. 排队时延

任何一个数据到达一个结点,都不太可能被立即处理,一般都是先进入一个队列进行排队等待后续处理,如同高速公路收费站前的排队等候过程。排队时延就是数据在结点(目的结点或路由器)输入队列中排队等待处理,在结点(源结点和路由器)输出队列中排队等待发送所经历的时延。

排队时延的长短往往和网络中当时的数据通信量、CPU 处理速度(即前面数据的处理速度)、缓存写速度,以及排队算法等息息相关。

5. 小结

数据在网络中经历的总时延就是发送时延、传播时延、处理时延和排队时延之和。四种时延所产生的地方如图 1-3 所示。

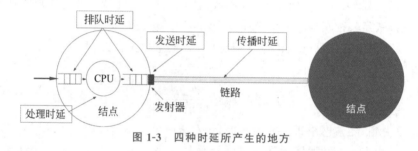

图 1-3   四种时延所产生的地方

其中,处理时延和排队时延是难以估计的,和网络的具体工作情况关系很大,也往往是总时延中占比较大的部分。

1.2.4   其他指标

1. 吞吐量

吞吐量表示在单位时间内通过某个网络(或信道、接口)的数据量。用来衡量网络在单位时间内传输数据的能力。

网络的带宽是吞吐量的一个重要限制,网络中最小带宽的链路容易形成网络流量的瓶颈,其带宽越大,网络的吞吐量越大。一般来说,应该尽量消除骨干网(一般是广域网)处的瓶颈,此处对整个网络的影响最大。

其次,吞吐量实际上还经常会受到网络运营情况的影响,如果网络中的相关算法不合理,或者网络管理不善,带宽即便很高,吞吐量也无法得到有效的提高。

2. 时延带宽积

时延带宽积是另一个很有用的度量,定义为传播时延×带宽。时延带宽积表明,发送方连续发送数据的情况下,在数据即将到达终点前,链路上能够容纳多少比特,因此链路的时延带宽积又被称为以比特为单位的链路长度。

3. 往返时间

往返时间(Round-Trip Time,RTT)也是一个重要的性能指标,因为在许多情况下需要知道双方交互一次所需的时间。

◇ 习　　题

1. 计算机网络的定义和含义是什么?

2. 互联网的两大组成部分(边缘部分与核心部分)的特点是什么? 它们的工作方式各有什么特点?

3. 计算机网络由哪些硬件实体构成?

4. 两个相邻结点传送 10KB 的数据,带宽为 1Mb/s,用光纤传送到 1000km 远,光信号传播速率为 2×10^8 m/s(为了便于计算:KB 按照 10^3 B 来计算;不计算排队和处理时延,只考虑传输和传播延迟,控制报文可以考虑无穷小),计算发送方到接收方之间的延迟。

5. 收发结点间距离为 10^3 km,信号传播速率为 2×10^8 m/s。试计算发送时延和传播时延。

(1) 数据长 10^7 b,发送速率 100kb/s。

(2) 数据长 10^3 b,发送速率 1Gb/s。

从以上计算结果可得出什么结论?

6. 点对点链路长为 50km,传播速率为 2×10^8 m/s,链路带宽为多大时才能使传播时延等于发送时延(分组长度为 100B)?

7. 在宽带线路上比特传播得是否比在窄带线路上快? 为什么?

微观观察结点——网络体系结构

网络体系结构是计算机网络的一个非常重要的思想,相当于对网络所做工作的一个整体规划。有了良好的整体规划,涉及的各项技术才能够发展得更有目的性。下面先介绍网络的主要研究内容,让用户体验一下网络涉及的内容的烦琐,然后再去体会网络体系结构的思想精髓。

◆ 2.1 网络的主要研究内容

其实,网络的主要工作和豪横公司的日常工作有些相似的地方,甚至更加复杂。所以下面以豪横公司的主要工作来类比介绍。

1. 物理链路方面的问题

组建豪横公司的前提是要有完善的交通网、交通设施和交通工具。

首先要考虑:是否需要飞机(无线),还是地面交通(有线)就够了;地面交通网络应该包含高铁网、高速公路网,还是省道(相当于不同的传输介质);每种交通设施的入口和出口是什么样的(接口)、有多少股车道(线缆数)……这些相当于对硬件机械特性方面的要求。

如果把车辆考虑成在信道上传输的数据信号,那么车辆和车辆之间需要有多少距离、车高不能超过多少、车辆必须配备什么设施,这些是对信号方面(例如,电气特性)的规定。

出发站点放旅客上车代表接纳人员、发出出发信号给车辆代表允许发送,车辆发动代表准备开车、打开门代表准备下客……这些是具体功能上的要求。

需要定义一套两地交涉的步骤,从而让双方管理层可以实现预约交通工具和设施资源,预约的过程需要哪几步,每一步的文件表示什么意思……这些是规程方面的要求。

另外,出发地发出的车辆中,乘客应戴安全带、小孩不能无票占座位、老年人需有健康证明……这些相当于对数据加以处理使之成为可以传输的信号。

能否增加车辆节数(如高铁由 8 节增为 16 节)、公交车能否超员……这相当于提高数据传输率。可是,能否无限增加速率呢? 当然不可能,什么理论能证明并给出上限呢?

2. 如何通过物理链路完成相邻两个结点间的一次通信

有了合适的交通设施和车辆,还不能保证两地可以进行有效的交通。首先,要定义双方都认可的地址。其次,根据前面规程提供的方法完成双方的交涉过程,从而安排车辆提供运营,并且还应该对交涉的结果进行监督(链路管理)。再次,对于道路这个公共设施还需要管控,特别是进行交通规则的管控,不然就乱套了,更别提如何提供高质量服务了(多路访问控制问题)。还有:怎么把乘客安排进入什么类型的车辆(后面的组帧问题)、怎么避免乘客变成驾乘人员(后面的透明传输问题)、怎么防止车辆抛锚或其他意外情况(差错检测问题)。再有,节假日的时候,出发地和目的地之间的驻地管理人员怎么在进行交流后合理地安排出行,避免大家都堵在路上,如果真的堵在路上,怎么能够重新安排(后面的流量控制问题)。

3. 如何远距离传输数据

上述介绍的内容只能实现相邻两地之间的交通(直接相邻的两个结点之间的通信)。但旅客往往不是只乘坐一种交通工具就可以完成旅途的,幸好豪横公司(的交通部门)可以帮你规划一套完整的出行路线,先坐公交车、到高铁站转乘、坐高铁到达目的城市、转乘地铁……当然前提是把很多交通网连接起来。

为了实现这样的目标,就要首先定义一套全国统一的地址,这是基础。其次,怎么规划好完整的出行线路呢?到了中间地点如何中转呢?前者在网络技术中是通过路由器共同协作执行相关的路由算法完成的,后者是路由器来完成的。

4. 如何实现进程间的通信

各种交通工具只能把游客送到所住街道/景区附近。很显然,游客要走着回家/逛景区,不过豪横公司(的旅客服务部门)果然豪横,可以提供一种到家式的服务,派人电话查看游客是否到家了,不要因为喝酒迷了路,或者到了旅游目的地告诉游客如何走到景点里面去参观。

网络通信是一样的,其通信的主体是进程,不是结点/主机,而前面介绍的通信内容只能把数据传送到结点这个粒度,所以计算机网络里面也需要有这样一种贴心的服务,把数据送到进程中去。

5. 结论

有了上面的传输服务,是否就万事大吉了呢?答案肯定是否定的。豪横公司还应该允许别人在自己的服务上提供各种增值服务,让旅客更加满意,让自己的价值更加能够得以体现。

豪横公司显然不可能只有一伙人毫无组织地在运营,必须有完善的上下层组织结构,必须有严格的规章制度,必须有明确的服务接口……

网络的设计和开发也一样,都有很多的内容需要研究。结点不仅要完成前面所提的种种工作,之间还需要密切地配合,可以说实际的工作非常繁杂。幸好前人已经为这些工作进行了良好的组织,我们只需要从微观的角度去观察和学习:网络所有功能是如何组织的;每个功能做什么事情、有什么特性、应遵守什么约定;每个功能和其他功能的关系是如何的;每个功能处理的对象是什么……

◇　2.2　协议和网络体系结构的引入

1. 实体

具有一定功能的软硬件单元可以称为实体,而为了实现通信相关功能的实体称为通信实体,发送方和接收方需要完成同一个功能任务的匹配实体(如豪横公司下的始发站和终点站、入站口和出站口等)称为对等实体。

实体是可以嵌套的,一个大的功能实体可能由很多小的功能实体组成。就好比一个高铁站是一个实体,入站口和出站口、站台都可以算实体。

2. 协议

如图 2-1 所示,这样风马牛不相及的会话显然是不可想象的,无法完成任何事情。人类的交流尚且如此,目前计算机作为比人类"笨"的设备,就更加不可能完成通信了。计算机网络要完成通信,必须遵守一定的规则,这些规则在计算机网络中称为协议,相当于交通规则。

网络协议(network protocol)简称协议,是为进行网络对等实体之间数据交换而建立的规则、标准或约定的集合。就好比租车,你从某公司租车,还车也必须还给这个公司;开车上高速就需要出高速,等等。

图 2-1 无厘头会话场景

协议具有三要素,也是它应该完成的功能。

- 语法:数据与控制信息的结构或格式。可以比作是对能够上路的汽车的要求,不符合条件的车辆是不能上路的。
- 语义:用来说明通信双方应当怎么做。即需要发出何种控制信息,完成何种动作以及做出何种响应。例如,看到红灯需要停下,变道的时候需要提前打转向灯等。
- 同步(或时序):事件实现顺序的详细说明。例如,救护车变道打转向灯,目的车道的相关车辆需减速让行,这就体现了顺序问题,应该被有行车道德的人所遵守。

一对通信用户之间要通信,需要做的事情太多、功能太繁杂,往往需要具有很多的通信实体,并需要它们相互配合起来才能完成:发送方和接收方的通信实体需要遵循一样的协议,他们之间才能顺利地完成通信所需的某项工作。

另外,协议还应该把一些异常情况考虑进去,做到尽量完善。就如豪横公司签订了两地交通服务协议,除了约定好时间、地点、中转方法外,还应该考虑到堵车、道路维修等异常情况。但是一个协议也不可能把所有异常都考虑和排除掉,这就是所谓的蓝白军问题所要阐述的思想,有兴趣的读者可自己查询。

蓝白军
问题

3. 为什么要引入网络体系结构

如 2.1 节所述,通信涉及的问题太多太繁杂了,相互通信的两个计算机系统(更准确地说是计算机系统中诸多的功能实体)必须高度协调工作才能完成通信,而这种协调是相当复杂的,不仅每一对对等实体必须采用相同的协议,而且发送方或接收方自身之内,诸多的功能实体也需要协调有序的工作。

在软件工程领域,将庞大而复杂的问题分为若干较小的、易于处理的局部问题是一个很好的解决思路,网络的设计就采用了这样的思路,把网络需要完成的工作分成边界清晰的若干部分,这些部分形成塔一样的层次结构,每一层次都规定了需要完成的功能和每个功能所需要遵守的规定(协议)。

出于上述思考,人们定义了网络体系结构的概念。

分层带来的好处是很明显的,各层之间是独立的,结构上可分割开,使得每一层的设计、定义、标准化和实现都是独立的,相互不影响,即使其中一些层次的内容有所改变,也不会影响其他层次的工作,因此灵活性好,易于实现和维护,能促进标准化工作。

但是分层降低了工作的效率:如果规划不合理,也许有些层次很简单,但通信过程也不得不经过它们的处理,增加了处理的负担;还有些功能会在不同的层次中重复出现,显得冗余,比如对可靠性的处理就可能在多个层次中出现。

层数多少要适当,层数太少,就会使每一层的协议太复杂,背离了分层的初衷。层数太多,又会降低通信的效率。

◇ 2.3　一堆的名词

1. 网络体系结构

网络体系结构是网络功能的分层,以及每一层需要完成的工作定义及其协议、标准的集合。网络体系结构特别像豪横公司的公司业务架构。

在网络体系结构实现分层后,每一层的工作主体都可以称为一个通信实体(部门),每一个通信实体又可以根据需要划分为若干功能实体(办公室),所有这些实体需要完成的功能、以什么样的形式(服务窗口)为上层/其他功能实体提供这些功能、为此需要下层提供什么样的功能等,都以协议的形式进行定义。

网络体系结构的定义,需要全面考虑,需要适应现在及未来一段时间网络大多数应用的需求。另外,层次不宜太多,也不应该太少。

网络体系结构定义完毕后,每一层的通信实体对外的表现也就固定下来了,尽可能不要变动。具体其内部如何实现、如何改变,都与其他部分无关。

目前存在着两大网络体系结构,分别是国际标准化组织的 ISO/OSI 参考模型和互联网的 TCP/IP 体系结构。其中,ISO/OSI 参考模型中规定的细节功能和具体协议较为复杂,实现起来较为困难,且存在一些重复冗余的功能,已经无法适应于当前的通信技术,所以遵循该体系结构所规定功能和协议的网络越来越少。而 TCP/IP 体系结构则非常简单实用,取得了良好的实用效果。

但是 ISO/OSI 参考模型因为具有较为清晰的层次结构和相关概念,每一层的主要功能在实际通信工作中也都必然存在,所以常被用来进行教学指导。

2. 服务

每一层实体完成的工作或任务被定义为服务,向其相邻上层提供。

服务具有垂直性,即下层作为服务的提供者为上层服务,上层作为服务的使用者使用下层提供的服务。

一个协议分为发送方和接收方两个角色,需要这两个角色进行水平方向的协同来完成某一个通信功能。即协议是控制对等实体之间通信的规则。

因此可以简单地概括为:服务是垂直的,协议是水平的,但是协议的实现是需要下层服务的支持的。

3. 服务访问点

网络体系结构中,每一层作为服务的用户,不必关心下层是如何工作的,只需知道下层提供了什么服务、怎么调用服务即可。

服务是以接口的形式提供的,是相邻两层之间的边界,是交换信息的地方,被称为服务访问点(Service Access Point,SAP)。正常程序下,上层实体访问相邻下层的服务都是在服务访问点上进行的,因为每层可以提供多个功能和服务,可以有多个通信实体,也就可以有多个服务访问点。

4. 面向连接的服务和无连接的服务

网络体系结构中,除了最底层(主要和硬件相关),其余每一层提供的通信服务在理论上都可以实现两类服务:面向连接(connection-oriented)的服务和无连接(connectionless)的服务。

面向连接的服务在通信过程中,需要有明确的三个阶段:连接建立、数据传输和断开连接。这一类服务的一个特例就是电话系统,发起者首先拨通接收者的电话,然后才能讲话(通信),最后挂断电话(断开连接)。建立连接的结果是通信双方可以互相持有对方的信息,方便双方对通信过程进行交流和控制,从而达到某种服务质量(主要是可靠性)。例如,车辆运输的是客人,需要两地工作人员保持交流保证客人可以顺利抵达目的地。

需要注意的是,电话通信是要独占信道资源的,连接的建立意味着资源的预留(别人不能用),而计算机网络中大多数面向连接的服务实际上是共享信道资源的,这种连接是虚拟的,是双方互相打招呼后,在通信过程中通过不断地"通气儿"和重发数据来保证可靠服务的。

面向无连接的服务则较为简单,不需要事先创建连接,有了数据就发,中途数据丢了也就丢了。面向无连接的服务因为简单,处理复杂度低,因此效率高,对于一些实时性的应用(如视频)非常合适。例如,车辆运输的是渣土,途中掉一些渣土无所谓。

虽然理论上每一层都可以提供两类通信服务,但实际上需要网络根据对通信环境的判断、对服务质量的要求等情况进行判断,选择哪些层次提供什么类型的服务。

5. 协议数据单元和服务数据单元

发送方和接收方对等层次之间传送的数据单位被称为该层的协议数据单元(Protocol Data Unit,PDU)。每一层都有自己的协议数据单元和独特的名称。协议数据单元有些像分公司之间的文书。

同一结点内层与层之间交换的数据单位被称为服务数据单元(Service Data Unit,SDU)。服务数据单元有点像本公司内部的文书。

◇ 2.4 主要的网络体系结构

2.4.1 ISO/OSI 体系结构

在此之前,很多公司定义了不同的网络体系结构,使得不同公司的设备很难互连。为此,ISO 提出了一个标准框架,即著名的开放系统互连参考模型(Open Systems Interconnection Reference Model,OSI/RM),希望将各种计算机在世界范围内进行互连。该体系结构获得了一些理论研究成果和不多的产品,在市场化方面失败了。

ISO/OSI 的体系结构如图 2-2 所示。

1. 物理层

物理层(Physical Layer)作为最底层,直接面向物理传输介质(如铜线、电磁波等)和相关设备,规定了它们的相关特性以及如何使用。

物理层的主要任务是为上层提供可用的信道以进行比特流的传输,物理层的 PDU 是比特。物理介质、接头形状、电流/电压、编码及调制等都属于物理层规范中的内容。物理层相关工作可以参考 2.1 节的"物理链路方面的问题"。

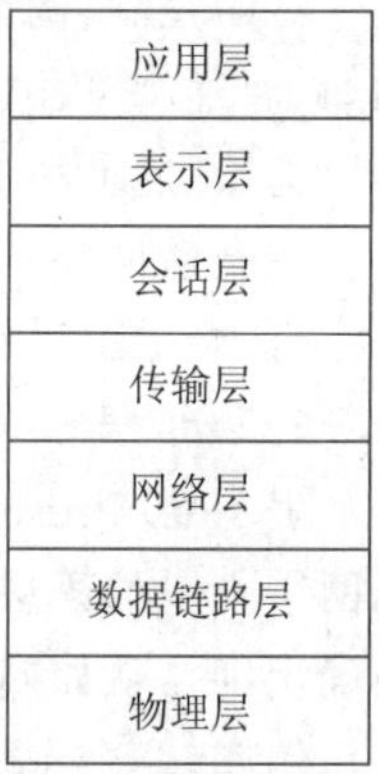

2. 数据链路层

数据链路层(Data Link Layer)主要研究如何利用已有的传输介质,在相邻结点之间形成逻辑的通道(数据链路),并在其上有序地传输数据流。

这里的相邻结点是指在同一个物理网络(设只具有物理层和数据链路层)中的两个结点。就如同高铁连接的两个相邻城市、公交车连通的两个街道等。为此,通常称数据链路层提供了"点到点"的传输过程。这一层的 PDU 是帧(frame)。

| 应用层 |
| 表示层 |
| 会话层 |
| 传输层 |
| 网络层 |
| 数据链路层 |
| 物理层 |

图 2-2 ISO/OSI 的体系结构

OSI 数据链路层要求在两个相邻结点之间的链路上实现无差错的数据帧传输,目前看在不少场合是没有必要的。

3. 网络层

网络层(Network Layer)的目的是实现**主机到主机**之间的通信,是在实现诸多网络互联的基础上,把某网络上一台主机的信息经过若干网络,发给另一个网络上的指定主机。就好像豪横公司为旅客规划一套完整的出行路线一样。

网络层是网络体系结构中的核心层,其 PDU 是**分组**(packet)。

OSI 的网络层定义了面向连接的服务和面向无连接的服务。目前看面向连接的服务意义不大,当前的互联网就只实现了面向无连接的服务。

网络层的主要工作包括定址、路由选择和数据转发等,其中后两者被认为是网络层的两个核心工作。

4. 传输层

有了网络层,实现主机之间的通信,但是任务还没有完成,如何防止发送方发送的 QQ 信息,被当作邮件进行处理了呢?

网络体系结构中的传输层(Transport Layer)完成这样的任务:区分数据的处理进程,QQ 的数据就交给 QQ 进程,邮件的数据就交给邮件进程。因此可以说,传输层是真正完成端到端通信工作的功能实体。

最初,OSI 传输层是在源、目的结点上的应用进程之间只提供了可靠的、面向连接的通信,后期才制定了面向无连接的服务的有关标准,不需要进行可靠性保证,速率快,可以适应对实时性要求比较高的应用。

传输层的 PDU 是报文/段。

5. 会话层

即便通信双方都是同一个进程,但是通信的功能还没有完成。试想一下教学过程,如果教师不控制教学的秩序,谁都可以随意说话,课堂就无法继续了。为此,教师需要控制会话权,可以指定当前由谁说话,什么时候开始,什么时候结束……

所谓的会话,可以简单地理解为一次交流的过程,需要在进行会话的两个应用进程之间建立对话控制,例如,管理哪边发送数据、何时发送数据、占用多长时间、是否接收回答等。例如,通过浏览器访问 Web 服务器,发出一次请求,服务器根据请求进行处理,把页面返回给浏览器,这就完成了一次会话。

在会话层(Session Layer)及以上的层次中,PDU 不再另外命名,直接用层次区别,例如,会话层 PDU、表示层 PDU、应用层 PDU。

6. 表示层

表示层(Presentation Layer)提供数据的语法表示、双方语法的协商、用户使用的语法和网络规定的语法之间的转换等,从而确保一端进程所发送的信息可以被另一端的进程所正确识别。就如同客户和豪横公司签协议,必须使用中文、必须使用人民币……

例如,一台主机使用 EBCDIC 编码,而另一台使用 ASCII 编码,它们之间的交流就存在着一定的困难。如字符 a,EBCDIC 的二进制表示为 10000001,而 ASCII 表示为 01100001,即便数据正确到达了目的端,目的端仍然无法使用。再如,发送方发送 JPG 格式的图片,接收方却用 BMP 格式来打开,也会造成失败。

程序涉及的数据编码(如 ASCII 码、二进制等)、数据格式(数据如何组织)、数据加密(防止数据被窃)、数据压缩(减少数据发送量)、图像/视频的编码算法等都属于表示层的范畴。

7. 应用层

应用层(Application Layer)并不是指运行在网络上的某个应用软件(如电子邮件软件 Foxmail、Outlook 等),而是制定这些应用软件应该遵循的规则(如电子邮件应遵循的格式、发送的过程等),方便它们之间的互操作。就如同豪横公司规定,旅客首先应该遵守中华人民共和国相关法律,去旅游的旅客应该遵循景区的规定……

2.4.2　TCP/IP 体系结构

TCP/IP 体系结构是围绕互联网的发展而制定的,实际上是先有了网络和协议,才定义出了体系。TCP/IP 体系结构如图 2-3 所示,只有 4 层。

1. TCP/IP 和 ISO/OSI 的不同

TCP/IP 体系结构并没有对物理层和数据链路层进行定义,仅将其合称为网络接口层。这实际上反映了互联网的工作重点和定位:不关心具体物理网络的实现技术,只关心如何对已有的各种物理网络进行互联、互操作。这个思想有些类似于豪横公司的管理思想:上层部门不管下层部门如何工作,只要它们支持上层部门的工作即可。

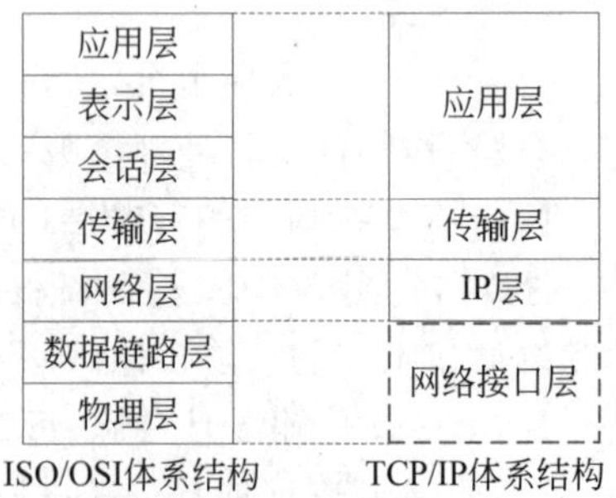

ISO/OSI体系结构	TCP/IP体系结构
应用层	应用层
表示层	
会话层	
传输层	传输层
网络层	IP层
数据链路层	网络接口层
物理层	

图 2-3　ISO/OSI 与 TCP/IP 体系结构对应图

另外,TCP/IP 体系结构的应用层基本包含 ISO/OSI 体系中的应用层、表示层和会话层。这也是合理的,虽然通信进程都有自己的会话控制和表示方法,但是不同种类应用的会话控制和表示相差太大,分别单独列出一层并制定出统一的协议和标准,意义不大,而且会极大地限制各种应用的发展。

2. IP 层

TCP/IP 体系的传输层、网络层的功能和地位基本与 OSI 体系相同。

互联网的网络层即互联协议(Internet Protocol,IP)层,其核心即 IP 协议,另外还有一些辅助性的协议。

不同于 OSI 体系结构,IP 层只提供了面向无连接的不可靠服务,这是一种尽最大努力 (best-effort)的服务。就如同豪横公司的交通部门一样,当旅客上车后,交通部门尽力为旅客提供交通服务,但是如果旅客迷路,交通部门是不管的,交给上层(旅客服务部门)去管理。

作为互联网的标准协议,所有希望连入互联网的设备都必须遵循 IP 协议。也正是因为所有设备都遵循/支持 IP 协议这个网络上的"世界语",大家才能够顺利地进行"交流"。

IP 层的 PDU 可以称为 IP 分组或 IP 数据报,本书统一采用前者。

3. 传输层

就如同公共交通只能负责把旅客送到小区,用户进入自己家还要靠自己走路,传输层实现端到端的通信服务,是保证进程间通信服务质量的重要部件。这个工作需要使用协议端口号(protocol port number),或简称为端口的特殊地址信息(类似于住家的门牌号)。

TCP/IP 在传输层明确定义了两个协议,分别是面向连接的传输控制协议 (Transmission Control Protocol,TCP)和面向无连接的用户数据报协议(User Datagram Protocol,UDP)。

面向连接的服务通常是可靠的(数据不丢失,无差错),但因为需要额外的连接、通信过程的维护等开销,协议复杂,通信效率低。TCP 是传输层研究的重点,得到了不断的发展,越来越完善,也越来越复杂。UDP 因为不需要那么多额外的机制,所以简单快速,是很多实时数据传输的首选。

TCP 的 PDU 称为报文段(segments),UDP 的 PDU 称为数据报(datagrams)。

2.4.3　建议的五层体系结构

ISO/OSI 有些"不合时宜",TCP/IP 体系不适合考察和学习物理层和数据链路层相关知识(目前的物理网络主要工作在这两个层次),于是不少教材都采用了一个五层的体系结构,如图 2-4 所示。

计算机网络从逻辑功能上可以分为:通信子网和资源子网。通信子网包括物理层、数据链路层和网络层,主要负责通信的相关工作;而资源子网包括传输层以上的层次,主要负责资源的处理。

图 2-4　五层的体系结构

◆ 2.5　分层之后的工作

1. 对等通信原则

不管什么体系结构,都遵循对等层次通信的原则,即发送方的每一个层次所处理的事务,只和接收方的同等层次按照协议的规定进行交流和开展,如图 2-5 所示。这就好比豪横公司下两家子公司的业务交流,经理之间才能进行合适的交流,让一个经理和对方的秘书谈,不利于业务的有效推进。

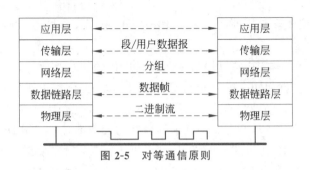

图 2-5　对等通信原则

2. 多层通信的实质

1) 通信虚电路

通信是在同层实体之间进行的,它们之间需要使用相同的协议(协议是水平的),这个通信是虚拟的。

2) 通信实电路

发送方每一层的实体将待发送数据和自己的控制信息,通过服务访问点传送给下一层的服务(服务是垂直的),每一层都如此处理,直至最底层,最后通过物理的传输介质(不是物理层,物理层只是介质的相关规定)进行实际的传输,这个通信是实实在在的。

3. 通信过程中数据的变化

1) 发送方

如图 2-6 所示,在发送方,数据自上而下逐层传递,每一层都不能更改上层的内容(就如同收到上层领导的命令一样),但是又需要有自己的控制信息,所以就只能把上层的全部内容(包括上层的首部和数据)作为自己的数据,再进行一次协议封装:加上本层所使用的协议的首部,配置本层通信所需的参数信息(特别是地址信息)。

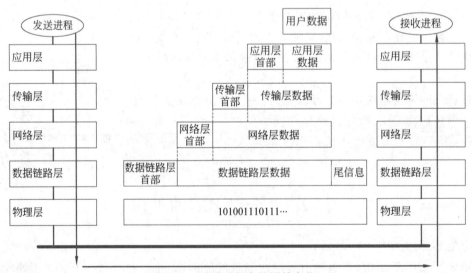

图 2-6　通信过程中数据的变化

数据链路层除了增加首部信息外,一般还会增加一个尾部信息,主要是校验信息。

这个过程一直持续到物理层,此时至少包括 4 个层次的协议首部,如图 2-7 所示。读者应该能体会到,网络体系结构划分层次后,会给用户数据带来不小的额外负担,降低网络通信的效率,因此网络体系结构的分层不宜太多。

数据链路层首部	网络层首部	传输层首部	应用层首部	用户数据	尾部信息

图 2-7　用户数据的多层封装结果

2) 接收方

接收方是自下而上逐层提交的,数据每经过一层,就进行一次协议解封装,是发送方协议封装的逆过程。解封装的目的是分析数据所携带的本层协议首部,根据协议首部的参数进行合适的处理,然后把数据提取出来提交给自己的上层。

4. 路由器的层次

前面曾提到,计算机网络包括两类结点:主机和路由器。两者具有很大的不同。

数据通信最终是为用户服务的,而用户是使用主机处理数据的,因此真正的数据对于主机才有具体含义和实际意义,为此需要把接收到的数据发给指定的应用软件进程(如 QQ、邮件等),需要指定进程采用什么样的协议来解释数据并展示给用户。为此,主机必须拥有网络体系结构中的全部层次。

相反,路由器作为网络中的特殊结点,它的作用仅仅是为了实现接力传输数据,也就是从一个网络接收数据,把数据向更加靠近目的主机的网络进行发送。因此,路由器是不关心数据的实际意义的。在这种情况下,路由器显然不需要具有网络体系结构中的全部层次,否则路由器的效率将大大降低。因此,路由器只需要具备三个层次即可:物理层、数据链路层、网络层,如图 2-8 所示。

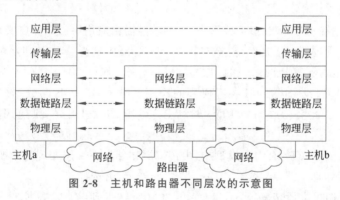

图 2-8　主机和路由器不同层次的示意图

◇ 习　　题

1. 协议是什么?协议包含什么要素?

2. [2020 研]图 2-9 描述的协议要素是(　　)。

Ⅰ. 语法　Ⅱ. 语义　Ⅲ. 时序

A. 仅Ⅰ　　　　　　　　B. 仅Ⅱ

C. 仅Ⅲ　　　　　　　　D. Ⅰ、Ⅱ和Ⅲ

3. 查资料,简述什么是网络的蓝白军问题。

4. 计算机网络体系结构为什么要分层?

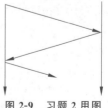

图 2-9　习题 2 用图

5. [2010 研]( )不是对网络模型进行分层的目标。

    A. 提供标准语言　　　　　　　　　　B. 定义功能执行的方法

    C. 定义标准界面　　　　　　　　　　D. 增加功能之间的独立性

6. 服务和协议有什么区别？有何关系？

7. 什么是服务访问点？

8. 面向连接的服务和无连接的服务有什么不同？

9. 数据链路层的主要工作是什么？

10. 数据链路层的地址和网络层的地址有什么不同？

11. 网络层有哪些主要的工作？

12. 多层通信的实质是什么？

13. 传送 100B 的应用层数据，需加上 TCP 首部(20B)、IP 首部(20B)、数据链路层首部和尾部(18B)，求数据的传输效率。若应用层数据改为 200B，传输效率是多少？

14. [2011 研]TCP/IP 参考模型的网络层提供的是( )。

    A. 无连接不可靠的数据报服务　　　　B. 无连接可靠的数据报服务

    C. 有连接不可靠的虚电路服务　　　　D. 有连接可靠的虚电路服务

15. [2010 研]下列选项中，不属于网络体系结构所描述的内容的是( )。

    A. 网络的层次　　　　　　　　　　　B. 每一层使用的协议

    C. 协议的内部实现细节　　　　　　　D. 每一层必须完成的功能

16. [2014 研]在 ISO/OSI 参考模型中，直接为会话层提供服务的是( )。

    A. 应用层　　　　B. 表示层　　　　C. 传输层　　　　D. 网络层

17. [2013 研]在 ISO/OSI 参考模型中，下列功能需由应用层的相邻层实现的是( )。

    A. 对话管理　　　　B. 数据格式转换　　　　C. 路由选择　　　　D. 可靠数据传输

18. 主机和路由器都是网络中的结点，它们有什么不同？

19. [2017 研]假设 ISO/OSI 参考模型的应用层欲发送 400B 的数据(无拆分)，除物理层和应用层之外，其他各层在封装 PDU 时均引入 20B 的额外开销，则应用层数据传输效率约为多少？

20. [2021 研]在 TCP/IP 参考模型中，由传输层相邻的下一层实现的主要功能是( )。

    A. 对话管理　　　　　　　　　　　　B. 路由选择

    C. 端到端报文段传输　　　　　　　　D. 结点到结点流量控制

网络的宏观视角

前两章介绍了很多概念和思想,本章再给读者增加一些对网络的感性认识。

◆ 3.1 网络的通信范围

网络的分类有很多种,其中一种是按照网络的作用范围进行分类,这种分类只以距离作为分类的依据,和具体的通信技术无关。

1. 广域网

广域网(Wide Area Network,WAN)一般是进行大距离通信的公用网络,目的是把分布于各地的网络进行延伸,通常由大的电信公司经营管理。

广域网所覆盖的范围可达几千千米,能连接多个地区、城市和国家。

最早的长距离通信需要借助于公用电话网,通信容量小。目前广域网的通信介质大量采用了光纤,容量很大,支持很多用户的同时通信,能够满足大批量与突发性通信,一般提供开放的接口与规范化的协议来提供公共通信服务。

当前有线的广域网中,同步数字体系(Synchronous Digital Hierarchy,SDH)占有重要的地位,而 4G、5G 等蜂窝通信网是无线广域网。

2. 城域网

城域网(Metropolitan Area Network,MAN)是在一个城市范围内所建立的公用网络,作用距离为 5～50km,也可以用于覆盖一个大学、园区等。

传统的城域网有着专门的标准,如分布式队列双总线(Distributed Queue Dual Bus,DQDB)、光纤分布式数据接口(Fiber Distributed Data Interface,FDDI)等,但随着 SDH 的快速发展,不少城域范围的网络也采用了 SDH 技术,已经模糊了城域网的概念。

3. 局域网

局域网(Local Area Network,LAN)是在较小地理范围(1km 以内,甚至几十米)内将结点(如主机)连接起来而形成的网络,运用广泛。局域网是结构复杂程度最低的网络,主要目的是连接计算机,为最终的用户服务。

局域网产生了很多的产品,但经过几十年的发展,多数已经被淘汰了,目前的有线局域网主要是以太网,无线局域网则是 WiFi。

4. 接入网

接入网(Access Network,AN)是局域网和互联网的中介,包括用户终端到互联网之间的所有设备,接入网长度一般为几百米到几千米,被形象地称为最后一千米问题。接入网也可以分为有线接入网和无线接入网。有线接入网又可以分为铜线接入网、光纤接入网和光纤同轴电缆混合接入网等。

有线接入方式在多数情况下信号传输质量好,相关通信协议可以较为简单,目前一个重要的技术是以太接入网,是以太网为了适应接入而进行的改造。

作为接入技术,都应该有用户认证的功能,也就是需要用户进行相关的登录过程,方便对用户上网进行计费和管理。

5. 需要注意的地方

首先,本书对范围的分类更倾向于针对物理网络,而不是经过互联的网络。

其次,网络用户连上互联网实际上往往经历了很多种网络,如首先经过局域网(以太网、WiFi 等),然后经过接入网进行认证,经过授权后才能访问互联网,这时可能会通过若干广域网/城域网,最后,进入网络资源所在的局域网。就如同豪横公司为我们安排的、经过若干交通工具的旅游线路一样。

另外,还有一个常见的名词——校园网(Campus Networks,也称为园区网、企业网),通常是指一个大学或一个企业的内部网,主要特征是网络完全由一个机构来管理。校园网更强调业务性,并且根据园区大小的不同而覆盖范围差别很大,所以一般不把它单独归为一类。

◆ 3.2 拓 扑 结 构

为什么常用一朵云来表示网络呢? 其中一个因素是物理网络的多样性,结构上难以以一种统一的方式来描述。学术界用拓扑(topology)结构这个术语来描述网络的实现结构。

这种概念是一种基于抽象的方法,只是告诉我们一个网络的几何形状是什么样的,具体是如何连接和如何工作的,不同的网络有不同的实现方法,即便它们可能具有相同的拓扑结构。本书主要介绍基本的网络拓扑,实际的网络拓扑可以由不同的基本拓扑相互组合形成复杂的拓扑。

常见的拓扑有总线型、星状、树状、环状以及网状等。

拓扑中往往会采用线段表示结点之间的链路,这个链路可能是有线的,也可能是无线的。

1. 点到点拓扑

点到点的拓扑是最简单的结构,采用这种拓扑的网络在生活中比较少见,但可以作为两个网络的连接手段,例如,两个路由器之间使用一根串口线实现互连,这根串口线即形成了一个特殊的网络,如图 3-1 中虚线所圈部分。

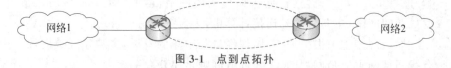

图 3-1 点到点拓扑

这种拓扑下的网络往往具有双向的通信链路(如具有两根数据线缆,一根负责发送,另一根负责接收),可以保证通信是双向的,这就是通信行业常说的**全双工方式**(通信双方可以同时收发数据,类似于平时的电话)。有些网络中参与者是不能同时收发数据的,即所谓的**半双工方式**,类似于对讲机。还有一种通信方式是纯单向的,例如,用收音机收听广播,这种方式称为**单工方式**。

还可以把这种拓扑扩展为链型/线型拓扑,如图 3-2 所示。这种拓扑在一些广域网和无线网络中会用到。

图 3-2　链型拓扑

2. 总线型拓扑

总线型拓扑(见图 3-3)是一种重要的拓扑结构,曾经是一种非常常见的拓扑结构,现在在某些领域(如工控网络)中还承担着重要的角色。

总线型拓扑有一根线缆作为总线,是网络中主要的通信媒体,总线两端往往需要有终端电阻用来防止电磁波的反射,而各个通信结点通过分支线连接到主电缆上。总线型拓扑结构简单,需要较少的电缆。但是网络只要有一处线缆接触不良/断开,就会导致全网无法工作。

图 3-3　总线型拓扑

这种拓扑结构的通信链路通常只有一根,不采用特殊技术(如后面所讲的信道复用技术)的情况下,通信方式多数是半双工工作方式,任意时刻网络上只能有一对结点进行通信,且结点间无法做到同时发送和接收数据。

3. 星状

星状拓扑是当前最常见的一种网络拓扑,它将每个通信结点连接到一个中心设备,形成了以该设备为核心的星状结构。结点通过中心设备进行通信,任意两个结点间的通信只需两步。这种网络拓扑既便宜又易于工程安装。人们平时用 WiFi 上网,其基本的拓扑就是星状拓扑。

这种拓扑结构扩展非常方便,对于有线网络,中心设备有几个接口就可以连接几个结点,可以做到热插拔。对于无线网络则更加随意,任一个结点离开(包括宕机)和加入网络都不影响其他结点的通信。但是这种拓扑结构对中心设备的依赖很大,如果中心设备故障,整个网络将瘫痪。

这种拓扑的网络可以是全双工方式,也可以是半双工方式,依据中心设备的不同而不同。如果中心设备只支持半双工方式,则任意时刻网络上只能有一对结点进行通信,且结点无法做到同时发送和接收数据。如果设备支持全双工方式,则多对结点可以同时通信,且结点可以同时发送和接收数据,图 3-4 展示了两对结点同时通信的示意图。

4. 树状

目前常说的树状拓扑是星状拓扑结构的扩展,是把星状网络中的一个或多个结点替换为星状网络,形成多层网络,如图 3-5 所示,具有天然的分级/分层结构,可以把连接互联网的那一个中心设备设为根结点。

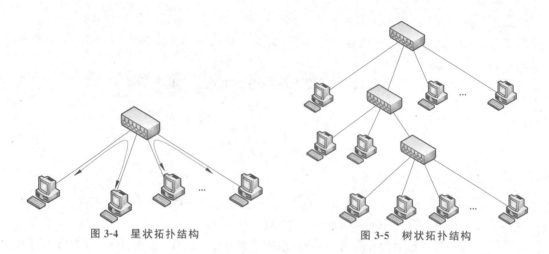

图 3-4   星状拓扑结构   图 3-5   树状拓扑结构

这种拓扑极具扩展性,只要不超过通信距离的限制,可以级联多层,其他特性同星状拓扑。

这种拓扑的通信方式就更加复杂了,有可能是全部全双工工作方式,也有可能是全部半双工工作方式,还有可能一部分是全双工方式,其他的是半双工方式,依赖于中心设备的布置。

5. 环状

环状拓扑结构在局域网中基本上已经见不到了,但是在广域网/骨干网中,是一个常用的拓扑结构。

环状拓扑中,各结点通过相关设备与相邻的结点进行手拉手式的连接,从而形成一条首尾相连的闭合环状链路,如图 3-6 所示。数据一般沿着一个固定的方向(如逆时针)进行流动,依次经过环中各个结点,每个结点都核对信息的目的地址,从而判断是否是发送给自己的,只有接收结点才进行数据的接收。

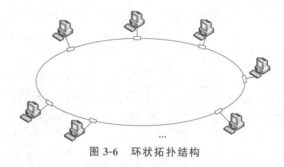

图 3-6   环状拓扑结构

一般情况下,网络中只传输一个发送者的信息,实现半双工通信方式。但是也可以通过特殊的技术实现多个结点同时收发信息。

这种拓扑结构的网络如果不采用故障恢复技术,某个结点的故障将导致整个网络的瘫痪。同样,也需要有特殊处理才能提高网络的可扩展性。

6. 网状

这种拓扑结构如图 3-7 所示,网络中任意两个结点可能存在多条通信的路径。

网状拓扑结构具有较高的可靠性,即使一条链路出现故障,数据也可以通过另一条路径到达目的结点。但这种拓扑结构较为复杂,实现起来费用较高,不易管理和维护。

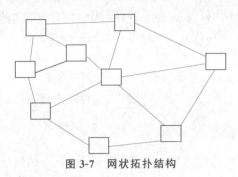

图 3-7　网状拓扑结构

◈ 3.3　多种网络互联的示例

图 3-8 给出了一个网络互联的假想示意图。

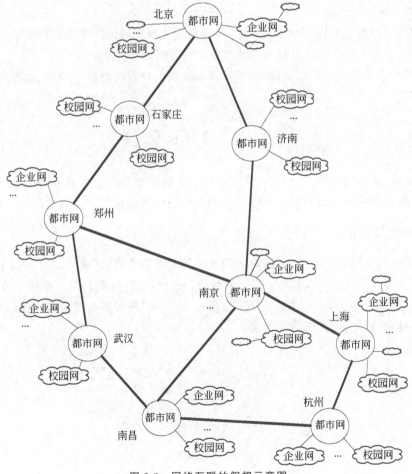

图 3-8　网络互联的假想示意图

1. 非面向用户的网络

城市之间必然以广域网联接,城市范围内以都市网联接,这两个网络都可以采用前面所提的 SDH(同步数字体系)。这里假设城市之间采用了点到点拓扑,而城市内部采用了环状拓扑。

需要注意的是,读者不要认为全国就一个这样的结构,实际上每一个大的电信公司(如中国电信、中国移动、中国联通)都可以存在这样的网络结构。

上面两个网络一般不直接面对最终的用户,这种网络强调的是局与局之间的通信,带宽要大。

2. 面向用户的网络

各个单位都可以组建自己的网络为最终的用户服务,小的网络可以是一个局域网,而对于大的单位,单个局域网已经无法满足需求了,为此可以采用园区网的概念形成校园网、企业网。园区网可以采用广域网的技术(如 SDH)联接众多的局域网。不管大小,这里不再细分,而是以云进行统一表示。

不管是什么网络,如果希望联入互联网,都需要接入网(可以简单地认为是园区网与都市网之间的一段线路和设备)的支持,从而联入本地电信部门所提供的都市网。

3. 互联网的现状

整个互联网,就是由各种网络为主体,存在多条路径相联的网状网拓扑结构。读者可以再次体会到,人们每天接触的互联网的本质是:网络的网络。

互联网已经成为世界上规模最大、增长速率最快的计算机网络,没有人能够准确说出互联网究竟有多大。

◆ 3.4 分 组 交 换

网络联接完毕,就可以进行数据的传输了。通信领域在历史上存在着三类通信机制:电路交换、报文交换和分组交换。互联网采用了分组交换的技术来进行数据的传输。

3.4.1 什么是交换

不管是前面提到的路由器,还是电话局老式的程控交换机,都有一部分类似于图 3-9 的交换结构(switching fabric),它具有很多的接口(interface),负责数据的接收和发送。在需要时,交换结构的核心部分可以通过内部通路把一对接口进行临时的连接,让数据从输入接口转移到输出接口,这就是所谓的交换。

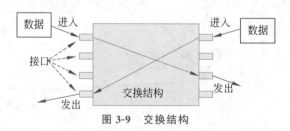

图 3-9　交换结构

交换结构的数据处理过程如下。

(1) 数据从一个接口(输入接口)进入交换结构(就如同高铁进站)。

（2）交换结构查表可知数据从哪一个接口（输出接口）发出可以更加接近目标，于是在两个接口间进行临时的连接，把数据由输入接口转发给输出接口（就如同火车站进行的轨道调度）。

（3）数据从输出接口发送出去（就如同火车出站）。

现在大部分交换结构中可以实现并发性的交换和转发，如图 3-9 所示，有两对接口同时在进行转发。

3.4.2　为什么计算机网络不采用电路交换技术

1. 电路交换技术概述

电路交换很早就出现了，典型的产品就是电话网，曾经是世界上最大的通信网络。电路交换需要经历下面 3 个阶段。

（1）建立连接：通过拨号建立一条专用的信道，以保证双方通话时所需的通信资源不被其他用户占用。

（2）通信：双方互相通话。

（3）释放连接：挂断电话，释放刚才使用的这条专用信道及相关资源。

这个过程在时间轴上的表现如图 3-10 所示。

3.4.1 节中的交换结构在电路交换中表现得有些不同，交换结构在建立连接时进行连接申请的转发，但是一旦建立了连接，交换结构中的连接是不断开的，直到通话双方挂断电话，才释放连接，这个“临时”有点长。

2. 独占性

电路交换是面向连接的服务的一个特殊实例，之所以特殊，是因为电路交换建立的是一条专用的物理通路，这条物理通路可以是一根电线，也可以是采用特殊技术而提供的一部分资源，它们具有的共同点是独占性，即只能通话双方使用。而计算机网络中使用的面向连接的服务都是共享通信资源的，没有独占性。

也正是因为独占性，为了支持更多人同时通话，电路交换不得不采用大量的物理资源。图 3-11 展示了瑞典斯德哥尔摩在 1890 年建设的巨型塔楼，连接了大约 5000 条线路，遍布整个城市的各个方向。

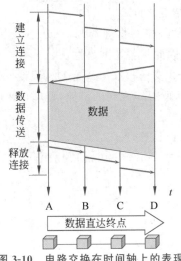

图 3-10　电路交换在时间轴上的表现

图 3-11　斯德哥尔摩的电信塔楼

这种通信有专门的资源保证,能够很好地支持通信质量需求、实时性好。但是这种技术,连接建立的时间较长,工作过程复杂,并且双方通信效率很低,大多数情况下非常浪费,除非双方正在吵架。

3. 不适合于计算机网络

计算机的通信和电路交换技术出发角度显然不同,计算机的数据大部分是不需要实时的,有一定的延迟问题不大。更重要的是,计算机的数据具有突发性,如果建设庞大的物理资源来应对庞大的突发性,那么在数据量少的时候,资源就太过浪费了(不建设又无法满足庞大人群同时上网)。因此必须提出一种基于共享物理资源的技术来进行计算机网络的建设。

3.4.3 为什么计算机网络不采用报文交换技术

1. 报文交换技术概述

报文交换最初使用在电报业务上,事先不需要建立连接,如同发送信件一样,把信件送到邮箱/邮局即可。报文交换在时间轴上的表现如图 3-12 所示。

发送方 A 将用户的数据打包成报文 m(包含目的结点的地址),直接通过网络发给下一跳结点 B。B 做三件事情:

(1) 将 m 在自己的缓存中存储下来,进行排队等候。

(2) 等到 B 处理完毕 m 之前的报文后,从缓存中提取 m,根据 m 的目的地址,查表得出下一跳为 C。

(3) 把数据转到连接 C 的接口上,并从该接口把 m 发出给 C。

这个过程就是重要的**存储转发过程**。

C 做同样的存储转发过程,把 m 转发给 D,D 获得 m 中的数据,完成 m 的传输过程。

2. 具有共享性

报文交换技术在发送数据前,不需要源和目的结点之间建立物理的连接,在发送过程中也不需要"霸占"整条路径的物理资源,只是逐段占用线路,并且使用完毕就放弃占用,其他结点可以立即使用,因此具备了共享性。

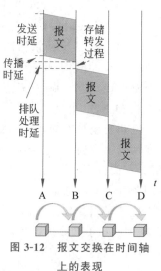

图 3-12 报文交换在时间轴上的表现

举例来讲(见图 3-13),S1 发送报文 m1 给 D1,S2 发送报文 m2 给 D2,假设 m1 先被处理并转发,在使用完 R1-R2 之间的链路后,开始使用 R2-R3 之间的链路,此时 m2 可以使用 R1-R2 之间的链路,两者可以同时发送。

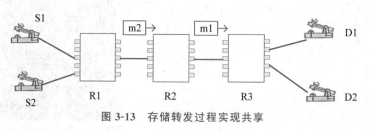

图 3-13 存储转发过程实现共享

3. 仍然不适合于计算机网络

既然报文交换已经可以利用存储转发实现线路共享了,为什么计算机网络不采用报文交换呢?

- 计算机网络传输的数据有大有小,如果数据较大,则数据从源结点发出到目的结点收到,整个过程时延太长。
- 如果数据较大,而交换结点缓存资源有限,两者是一种冲突。
- 如果数据较大,会长时间占用某一段链路,导致共享性下降,不利于公平性。
- 大的报文,如果其中出错 1b,整个报文就传输失败了。

为此,计算机网络在存储转发的机制上,增加了分组的思想。

3.4.4 分组交换技术

1. 概述

分组交换技术如图 3-14 所示。

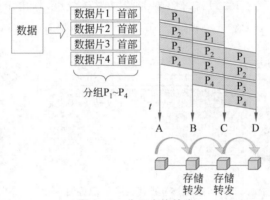

图 3-14 分组交换技术

首先,分组交换技术事先不需要建立连接,并沿用了存储转发的重要思想。

其次,分组交换技术事先将数据切割成数据片,加上首部(包括最重要的地址信息)形成分组,通过共享链路进行传输,每个分组都独立进行传输。

形成分组后,每一个分组每到达一个中间结点,都被执行存储转发的过程,从而一步一步靠近目标,最终到达接收方。

接收方在收到数据分组后,需要做的主要事情就是把这些分组拆掉首部,按照顺序进行组合,合并出原来的数据,交给用户。

2. 分组交换技术的特性

1) 分组可能经由不同的路径

由于分组之间是独立传输的,而计算机网络中源和目的结点之间的路径是可能变化的,甚至可能有多条路径并存的情况,所以分组可能会在不同的传输路径上进行传输,进而导致在到达目的结点的时候,可能是乱序的。

例如,本来从路径 a 走的分组,可能因为路径 a 上某个设备宕机,网络会感知这样的情况并重新计算路径,这时,分组就会在重新计算的路径 b 上进行传输。其实这也是设计网络时考虑的可靠性之一。

2）尽最大努力

为了保证网络核心部分的简单性和高速性，分组在计算机网络的传输过程中是不保证可靠性的，分组可能丢失，也可能出错、乱序。计算机网络的一个工作原则是尽力就好。

只有当分组到了目的结点，目的结点才知道是否出了问题，这需要设计人员根据实际需要，自己决定在上层是否采用可靠的通信技术予以保证。

3）提高了并行性

从图 3-14 可以看到，结点 B 可以在收到 P_1 后就立即转发 P_1 给 C，不必等到同一个数据的所有分组都被收齐后再进行转发（报文交换需要收齐某个报文的所有数据后才能进行转发），这样就大大增加了数据转发过程的并行性。

4）进一步提高共享性和公平性

除了逐段占用链路（不始终"霸占"链路）外，分组交换因为分组的机制而具有了更高的共享性，如图 3-15 所示。A 和 C、B 和 D 同时进行通信，A 和 B 都把大的报文 m_A 和 m_B 分成了若干分组：P_{A1}，P_{A2}，$\cdots$，P_{An} 和 P_{B1}，P_{B2}，$\cdots$，P_{Bm}。那么在 R1-R2 链路上可以采用公平策略来实现 P_{A1}，P_{B1}，P_{A2}，P_{B2}，P_{A3}，P_{B3}，$\cdots$的顺序交叉发送分组，相比于报文交换技术（效果相当于 P_{A1}，P_{A2}，$\cdots$，P_{An}，P_{B1}，P_{B2}，$\cdots$，P_{Bm}）来说，共享性更高了。

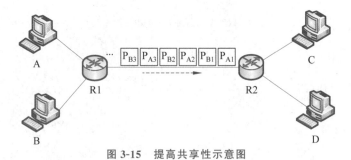

图 3-15   提高共享性示意图

5）缺点

分组在各结点存储转发时需要排队和接受处理，这会造成一定的时延。这个时延也是计算机网络中占主要部分的时延。另外，每一个分组都必须携带的首部（里面有必不可少的控制信息）也造成了一定的额外开销。

◆ 3.5   连接网络的神器——路由器

3.5.1   概述

路由器概述

互联网上存在诸多类型的网络，这些网络的连接绝不是线缆连上即可（即便是电网，也需要有设备进行电压等的转变），负责连接不同网络的设备是路由器，它也是分组转发过程的主要场所。

1. 路由器的作用

路由器有以下三个主要的作用。

• 作为桥梁和翻译，连接不同的网络，形成庞大的互联网。

• 在连接多个网络的基础上计算路由，找出所有的、较好的通信路径，使得网络上任一主机发送的信息可以被另一台任意主机所接收。这个过程就如同豪横公司为旅客规划旅游路线一样。

- 根据路由结果进行分组的转发,就是从源网络方向接收 IP 分组,通过路由器发往目的网络方向,每个路由器都这样处理分组,使分组能够向目的网络不断接近,最终到达目的网络。这个过程就如同不断转乘一样。

2. 路由器如何实现网络的互联

为了实现上面的作用,路由器需要满足以下前提。

- 所有的网络结点(包括主机和路由器)都使用同一种标准,这个标准就是 IP 协议。
- 路由器要"通晓"不同物理网络的"方言",目前来说主要是第 1 层和第 2 层的协议。

可以这样类比,IP 协议是豪横公司定义的语言规则(普通话),不同的网络相当于不同的交通设施,其管理部门(A 和 B)有自己的方言。在旅客转乘时,假设的中转服务人员(相当于路由器)必须能听懂 A 的方言,将其转换成普通话,进行相关操作后,以 B 能听懂的方言叙述旅客的下一站旅程事宜。

再来回顾一下 TCP/IP 的体系结构,如图 3-16 所示。

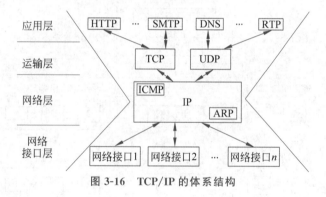

图 3-16　TCP/IP 的体系结构

可以发现,TCP/IP 的体系结构的特点是上下大而中间小,上层的各种协议都向下汇聚到 IP 协议上(everything over IP),而网络接口层的各种协议都需要支持 IP 协议(IP over everything,实际上是各种物理网络的网络接口可以被 IP 所使用)。

IP over everything 正是路由器实现对不同物理网络进行互联的基础。因此,路由器必须实现 TCP/IP 体系的中(IP 协议)、下(多种网络接口)层的内容。

3. 路由器的分类

依据路由器工作的侧重点不同,可以将路由器分为以下几类。

- 接入路由器:使得家庭和小型企业连接到互联网服务提供者(ISP),是一般用户最常见的设备。
- 企业级路由器:可以连接校园或企业内部很多的网络,组成较为庞大的园区网。企业级路由器越来越强大,很多自带防火墙、网络管理等功能。
- 骨干路由器:通常不是为用户直接服务的,主要用来连接长距离骨干网,要求路由器能对少数链路进行高速的数据转发。

早期的企业级、骨干路由器由国外公司(如思科 Cisco)把持,非常昂贵,目前国内公司(如华为等)已占有了很多市场,并把价格拉下来(几千元,甚至更便宜)。

4. 网络和路由器与人类交通的类比

高铁作为城市之间的交通,要求距离远、速度快,可以类比为广域网,满足把若干城市联接起来的任务。

公交、地铁作为城市内的交通,可以把高铁旅客运送到城市内各个方向,可以类比为城域网。高铁和高铁之间、高铁和公交/地铁之间的转换需要一个特殊的地方(如高铁站)进行人流的中转,相当于高性能的骨干路由器。

各个区、大的企业、学校、公司内的共享单车,可以让人员抵达最近的目的地,方便灵活,可以类比为局域网。公交车、地铁的站台这些中转的地方相当于一般的路由器(企业路由器、接入路由器)。

3.5.2　路由器的基本结构

路由器是一种具有多个输入、输出接口的专用计算机。图 3-17 展示了路由器的基本构造。可以看到,路由器从大的方面看可以分为上下两个层次。

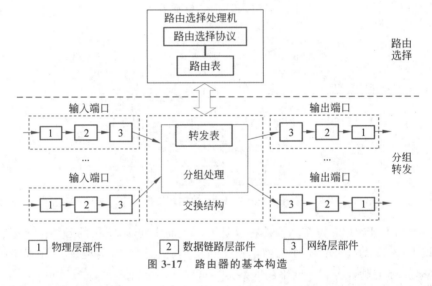

图 3-17　路由器的基本构造

- 路由选择(routing)部分:搜集网络拓扑信息,动态地计算路由(构造路径)。这一部分相当于豪横公司各中转站中的旅途规划办公室,他们之间相互交流道路的情况,计算出旅客实际的出游路线。
- 分组转发部分:将收到的 IP 分组依据路由表给出的方向,交换到指定的输出接口。这一部分相当于豪横公司各中转站中的中转服务人员。

1. 路由选择部分

1) 功能

这一层的核心是路由选择处理机,按照分布式算法经常或定期地和其他路由器交换路由信息、使用指定的路由选择算法计算和构造出路由表(routing table)。路由器需要不断地重复这个过程,防止路由信息过时。

分布式是网络中常见的一个名词,简单地说,就是很多实体分布在网络各处,共同运行,一起协作以完成同一件事情。

很显然，选择通畅快捷的路径(如近路)，能够大幅地提高通信的速度，节约网络系统资源，从而让网络系统发挥出更大的效益。因此路由器的路由选择算法是十分重要的，这一部分内容将在后续章节介绍。

2) 路由表

路由表包含很多路由表项，每个表项最少包括<目的网络地址、下一跳>这样的信息，其中下一跳可以理解为后继的传送方向。路由器收到分组时，可以获得目的地址(地址中包括网络地址和主机地址两个信息)，从中求出分组的目的网络地址，只根据该地址进行查表和转发。

只保存目的网络地址，而忽略主机的信息，使得路由表中的表项数目大幅减少，一方面减少了缓存的压力，另一方面可以提高查找的速度。就如同高铁系统只记录火车站的地址，而不必记录乘客的详细地址一样。

2. 分组转发部分

1) 抽取转发表

分组转发部分首先需要从路由表抽取出转发表(forwarding table，相当于电话号码簿)，最少包括<目的网络地址、下一跳>信息，分组处理时可以据此得到后续向哪一个方向进行转发。多数人并不区分转发表和路由表。

2) 接口

路由器一般都要连接多个网络，而连接一个网络只需要一个接口，这些接口都是双向的，既可作为输入接口，又可作为输出接口。图 3-17 中标注的输入、输出接口只是为了方便介绍而已。

路由器的接口都具有物理层、数据链路层和网络层这三层处理模块。接口类型可以不同，例如，串口、以太网接口、广域网接口等，其不同主要体现在物理层和数据链路层。

(1) 输入接口。

作为输入接口时，物理层收到信号后，形成二进制数据流交给数据链路层。数据链路层的处理模块将二进制流形成数据帧，剥去帧首和尾部后可以得到分组(相当于豪横公司的中转服务人员听懂 A 的方言，整理成普通话)，将其送到网络层。网络层的处理模块设有一个缓冲区(队列)，来不及处理的 IP 分组暂时存放在这个队列中，等待后续送到交换结构进行转发。

输入接口的查表和转发功能是非常重要的，将待处理的 IP 分组进行分析，得到目的网络地址，查找转发表，依据转发表给出的方向把数据交换到指定的输出接口。

这一部分最重要的要求是要快，这样才能及时处理缓存中的分组，不至于让分组在缓存中堆积，影响后续的分组。为此采用了很多技术，例如，不断改进的交换结构，使用影子副本(每个输入接口复制一份转发表)，使用二叉线索来提高查询性能等。

(2) 输出接口。

在输出接口中，网络层的处理模块也设有缓冲区，缓存那些需要发送出去的分组。数据链路层处理模块得到分组后，将分组加上数据链路层的帧首部和尾部(相当于豪横公司的中转服务人员把普通话改成 B 的方言)，交给物理层后发送到外部线路。

很显然，接口工作涉及排队时延和处理时延，在发送过程中涉及发送时延。

路由器中的输入或输出队列可能因为某时刻分组的突发性到达，超出了队列的容量，会产生溢出(部分分组因为无法进入相关队列而被抛弃),这种情况的出现是造成互联网上分组丢失的重要原因。

3. 交换结构

交换结构是分组转发部分中关键的部件,决定了路由器转发的性能。常用的交换方法有三种:通过存储器、通过总线、通过纵横交换结构。

1) 通过存储器

如图 3-18 所示,当路由器的某个输入接口收到一个分组时,将分组复制到存储器中。路由器查表后将分组复制到合适的输出接口缓存中。

这种方式显然效率较低,严重依赖于存储器的读写速度,每个分组要经历先写后读两次访问存储器的过程,不利于提高并行程度。

这种方式相当于一个小的旧式中转站,只有不多的中转服务人员为所有旅客服务。

2) 通过总线

如图 3-19 所示,分组从输入接口进入后,通过共享的总线传送到合适的输出接口。如果一个输入接口的分组需要通过总线,但是总线又正在被其他接口所占用的话,该接口只能等待。

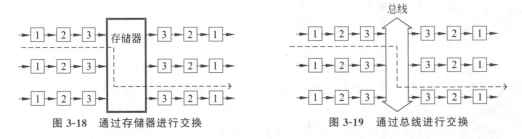

图 3-18　通过存储器进行交换　　　　　图 3-19　通过总线进行交换

这种方式传送一个分组的过程只需要经历一个步骤,效率比存储器方式有所提高,但因为总线是共享的,同一时间只能有一个分组在总线上进行传输,并行性还有待提升。另外,路由器的转发带宽受总线速率的限制,还可能受总线访问控制策略的影响。

在这种方式下,中转站比上面的方式多了更多的中转服务人员,但是很可惜,中转站硬件设施不太能体现豪横,只有一个通道。

3) 通过纵横交换结构

纵横交换结构又称为互联网络(interconnection network)。

路由器的输入接口与一个方向(如横向)的总线相连,输出接口与另一个方向(如纵向)的总线相连。如果没有分组转发时,横、纵向的总线之间是断开的,如果需要发送分组,则将相关的横、纵向总线相连(如图 3-20 中的黑点),实现输入、输出接口的直通。

这种方式可以极大地提高交换结构的并行性,实现多个输入接口与输出接口之间的并行传输。

在这种方式下,中转站比前面的方式豪横了很多,有更多的中转服务人员,通过很多的通道同时为旅客服务。

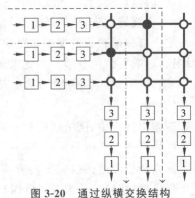

图 3-20　通过纵横交换结构

◇ 习　　题

1. 按通信范围分,计算机网络分为哪几类?

2. 计算机网络有哪些基本的拓扑结构?

3. 路由器有哪些主要的作用?

4. 路由器在收到一个数据帧后是如何工作的?

5. 为什么计算机网络不采用电路交换技术?

6. 为什么计算机网络不采用报文交换技术?

7. 分组交换技术有什么优势?

8. 分析:为什么分组交换可以打破电路交换的独占信道的情况?

9. 源和目的结点间有 k 段链路(传播时延为 d s),带宽为 b(b/s)。电路交换时电路的建立需 s s。分组交换时分组长度为 p b,忽略排队处理等时延。在怎样的条件下,分组交换的时延比电路交换(包括建立连接的时间)的要小?

10. 结点 A 向 B 发送长度为 10^7 b 的报文,经过了两个路由器(3 段链路)。链路带宽为 2Mb/s。忽略传播、处理和排队时延。

(1) 如采用报文交换,从 A 把报文传送到 B 需要多少时间?

(2) 如采用分组交换,将报文分为 1000 个等长分组(忽略分组首部),则把 1000 个分组从 A 传到 B 需要多少时间?

11. [2013 研]主机甲通过 1 台路由器(存储转发方式)与主机乙互连,两段链路的数据传输速率均为 10Mb/s,主机甲分别采用报文交换和分组大小为 10Kb 的分组交换向主机乙发送 1 个大小为 8Mb($1M=10^6$)的报文。若忽略链路传播延迟、分组头部开销和分组拆装时间,则两种交换方式完成该报文传输所需的总时间分别为多少?

12. [2010 研]在如图 3-21 所示的采用"存储-转发"方式分组的交换网络中,所有链路的数据传输速率为 100Mb/s,分组大小为 1000B,其中,分组头部大小为 20B,若主机 H1 向主机 H2 发送一个大小为 980 000B 的文件,则在不考虑分组拆装时间和传播延迟的情况下,从 H1 发送到 H2 接收完为止,需要的时间至少是多少?

13. [2023 研]两段链路的数据传输速率为 100Mb/s,时延带宽积(即单向传播时延×带宽)均为 1000b。如图 3-22 所示,若 H1 向 H2 发送 1 个大小为 1MB 的文件,分组长度为 1000B,则从 H1 开始发送时刻起到 H2 收到文件全部数据时刻止,所需的时间至少是(注: $MB=10^6B$)? (　　)

　　A. 80.02ms　　　　B. 80.08ms　　　　C. 80.09ms　　　　D. 80.10ms

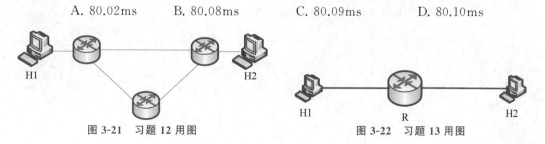

图 3-21　习题 12 用图　　　　　　　　图 3-22　习题 13 用图

14. 试简述分组交换的要点。试从多个方面分析优缺点。

第 2 部分　网络互联的实体——物理网络

　　通过第 1 部分的内容,读者应该对计算机网络、互联网有了一定的理解了。本部分介绍一些具体的物理网络,这些网络是互联网的硬件基础设施,没有这些网络,互联网也就无网可联,成为无根之木了。

　　从计算机网络发展到现在,已经产生了很多物理网络,但是绝大多数都已经消失了,目前多数物理网络的工作主要集中在物理层和数据链路层两个层次。这样一方面可以减轻物理网络的复杂度;另一方面,由于 IP 协议的存在并被广泛接受,物理网络也无须对更上层次的工作进行渗透了。需要指出的是,这样的结论并不包括 4G、5G 这样的蜂窝网,这些网络是直接采用 IP 网络的相关技术进行开发的,它们不是本书的主要内容。

第4章

底层通信相关知识

目前,多数物理网络主要是处理物理层和数据链路层的相关工作,本章主要介绍物理层和数据链路层的相关知识。

◆ 4.1 物理层的主要工作

物理层的主要工作体现在对底层物理传输介质的规定,它规定了四大特性。

- 机械特性:规定了传输介质连接时所需接插件的规格尺寸形状、引脚数量和排列情况等。如 USB 对接头、线缆方面的规定。
- 电气特性:规定了在传输介质上传输比特流时信号电平的大小、阻抗匹配、传输速率、距离限制等。
- 功能特性:各个线路信号的确切含义,即每条线缆完成什么样的功能。
- 规程特性:为了进行通信,需要执行什么样的流程,是一组操作的集合,用以建立、使用、维护和拆除物理链路上的连接。

4.1.1 传输介质

传输介质也称为传输媒体、传输媒介等,是传输系统中发送器和接收器之间的物理通路。传输介质可分为两大类:导引型传输介质和非导引型传输介质。在导引型传输介质中,电磁波被导引沿着介质(铜线或光纤)进行传播。而非导引型传输介质一般指自由空间、水下等,利用电磁波、声波等作为传输介质。

1. 双绞线

双绞线是目前最常见的引导型传输介质,最初应用在电话系统中,后来被扩展到计算机网络中。当前的双绞线可分为无屏蔽双绞线(Unshielded Twisted Pair,UTP)和屏蔽双绞线(Shielded Twisted Pair,STP)两大类,其中,无屏蔽双绞线最常见。其区别在于双绞线与外界是否存在金属屏蔽层。

双绞线由 8 根不同颜色的线分成 4 对分别绞合在一起(蓝+蓝白、橙+橙白、绿+绿白、棕+棕白)最终形成一根线缆,成对扭绞的作用是尽可能地减少外界电磁干扰和内部电线之间电磁干扰的影响。

双绞线按电气特性区分为三类线(CAT3)、四类线(CAT4)、五类线(CAT5)等,目前五类线已经很常见,并且产生了六类线(CAT6)以上的规格。

双绞线常被用于各型以太网中,包括 10BASE-T、100BASE-T 及 1000BASE-T

等。其中,最前部的数字代表带宽,例如,10 代表 10Mb/s,BASE 代表使用的是基带通信机制,最后的字母 T 代表的就是双绞线。

图 4-1(a)展示了常见的无屏蔽双绞线,图 4-1(b)展示了双绞线常用的 RJ-45 接头。双绞线的八根线按照规定的线序,插入 RJ-45 接头后会自成一排,侧面如图 4-1(c)的上图,此时使用压线钳挤压接头,结果如图 4-1(c)的下图。

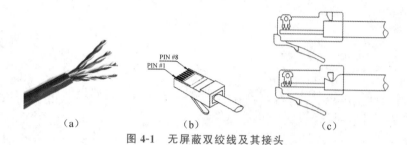

PIN #8
PIN #1

（a）　　　　　（b）　　　　　（c）

图 4-1　无屏蔽双绞线及其接头

双绞线有两种使用方法,分别是直连法和交叉连法。首先需要介绍一下线序问题。TIA/EIA-568 标准指定了双绞线连接 RJ-45 接口时的线序,如表 4-1 所示。TIA/EIA 是美国电子工业协会/电信工业协会的简写。

表 4-1　TIA/EIA-568 标准的线序

标准 \ 线序	1	2	3	4	5	6	7	8
TIA/EIA-568-A	绿白	绿	橙白	蓝	蓝白	橙	棕白	棕
TIA/EIA-568-B	橙白	橙	绿白	蓝	蓝白	绿	棕白	棕

直连法/直连线(或称直通线):双绞线两端都按 568-A(或 568-B)标准进行连接,是用得较多的一种连接方法。交叉连法/交叉线:双绞线一端按 568-A 线序连接,另一端按 568-B 线序连接。多用于结点(主机/路由器)之间的直接连接。两种线的使用场合较为复杂,有兴趣的读者可自行查找资料。

2. 同轴电缆

同轴电缆(Coaxial Cable)如图 4-2 所示,中心是一根导电铜线,线的外面有一层绝缘层包裹并起到增加导线硬度的作用。绝缘层外面是一层薄的网状导电体,一方面作为内部导线的回路,另一方面作为内部导线的电磁屏蔽层。最外层是一层绝缘保护套层作为外皮。同轴电缆具有很好的抗干扰特性。按用途来分,同轴电缆分为以下两类。

- 50Ω 同轴电缆,主要传输数字信号,又可分为粗缆(粗同轴电缆,直径 1.27cm)和细缆(细同轴电缆)。传统的以太网对于这两类同轴电缆都采用过。由于具有良好的抗干扰特性,现在控制领域仍然大量采用同轴电缆。
- 75Ω 同轴电缆,主要传输模拟信号,传统的有线电视曾经大量采用。

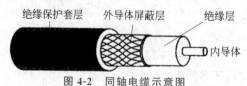

绝缘保护套层　　外导体屏蔽层　　绝缘层

内导体

图 4-2　同轴电缆示意图

3. 光纤

光纤具有容量大、质量高、性能稳定、防电磁干扰、保密性强等优点,在骨干网中有着极为重要的地位,目前在接入网中也快速发展,称为光纤接入网。

光纤可分为单模光纤和多模光纤。多模光纤是利用光的全反射原理工作的(见图 4-3),激光沿着光纤不断全反射地向前传播,能量很少外溢。多模光纤中多种模式的光同时在一根光纤中传输。单模光纤的直径很小,只有一个光的波长,可使光线沿着"管道"一直向前传播而不产生反射,能量保存得更好,因此频带更宽,容量更大,传播距离更远。多模光纤和单模光纤的对比如图 4-4 所示。

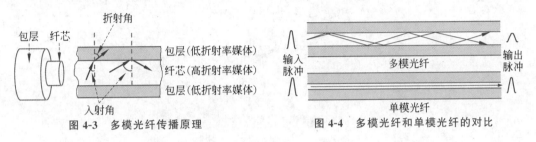

图 4-3　多模光纤传播原理　　　　　　　图 4-4　多模光纤和单模光纤的对比

为了提高光纤的经济性,一般将多根光纤汇集成光缆,如图 4-5 所示。

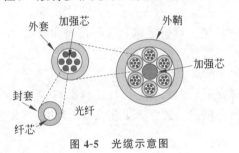

图 4-5　光缆示意图

4. 无线

在很多情况下,有线通信是很不方便的,甚至无法实现,这时候无线通信就体现出重要的价值。无线通信的介质有电磁波和声波等,其中电磁波占有重要的角色。

电磁波按频率划分包括无线电波、光波、X 射线和伽马射线等(见图 4-6)。其中的紫外线、X 射线和伽马射线等因对人体的健康会造成影响,所以较少使用。

图 4-6　电磁波谱

光波以激光的形式进行通信,功耗比无线电波低,更安全,可利用带宽大,但缺点明显:只能直线传播且无障碍物,双方需彼此对准等。其中,红外线被认为是一种对人体有益的介质,更适合家居使用(如各种遥控器)。

水下通信中有效的介质是声波,但声波通信速率低、延迟大(水下约 1400 m/s),性能提升困难,为此水下激光通信和无线电波通信也在探索之中。

不少无线通信技术在实际通信过程中受外界影响较多,如通信双方之间有障碍物、天气恶劣、信号的强度不够,甚至大气中的电离层的稳定情况等,都很容易对通信过程产生影响。另外,很多无线通信技术的信号暴露在空气中,所以安全性具有一定的隐患。

无线通信技术常见的一个问题是多径效应。图 4-7 中,基站向手机发送的信号可能被障碍物阻挡而无法直接到达手机,但基站的信号因为是广播性质的,所以可经过其他障碍物的反射到达手机,把不可能变为可能。但是多条路径的信号叠加后会产生较大的失真,通信系统应该加以处理,减少失真现象。

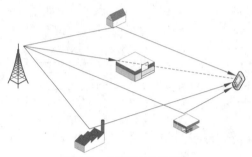

图 4-7　多径效应示意图

5. 小结

在设计一个通信技术时,第一件事情就是要对传输介质进行规定,如果把物理层类比于道路建设规划,则:

- 马路宽度对应于介质能提供的信道带宽。
- 车道方向的规划对应于是否全双工。
- 交通建设部门按规定铺设马路、架设通信设施对应于供应商提供符合规定的通信设备。

4.1.2　通信模型

传统通信领域的基本通信模型如图 4-8 所示(只是相邻两个结点之间的通信,经过多个结点/网络的传输过程需要把多个这样的传输过程连起来)。

图 4-8　基本通信模型

通信模型

模型大体可以由五部分组成:信源、发送设备、信道、接收设备、信宿。其中,信源和信宿往往被称为数字终端设备(Data Terminal Equipment,DTE),而发射设备、接收设备往往被称为数据通信设备(Data Communication Equipment,或数据电路终端设备,Data Circuit-terminating Equipment,DCE)。

1. 信源

信源一般是计算机、手机、路由器等数据处理/转发设备,数据是信息的载体。

出于经济角度,介质上的数据都是串行传输的,而计算机中的数据处理都是并行的。因此信源的第一件事就是把并行的数据转换成串行的数据。就如同很多情况下,人类社会总需要排队,就是把并行的人流变成串行的人流。

在接收方,接收的过程是串并转换,把串行的数据转换成并行的数据。

2. 编码器

在通信领域的编码是指使用可以被通信设备理解和传输的电平信号来表示二进制的数值。编码的这个过程很不简单,需要考虑的事情很多。

- 如何表示数据:使得用户的所有数据可以被计算机网络所接受。
- 效率问题:如何用波形序列代表更多的数据比特。
- 成功率问题:接收方能否保持持续的准确接收,其中一个重要的问题是双方的时间同步。
- 正确率问题:接收方接收到的信息是正确的,如果不正确能否纠正。
- 保密性问题:对信号进行特殊加密,使得信号在发送过程中,即便被截获,截获方也无法获得有用的信息。

就如同我们同远方的朋友通过纸张进行交流,希望表达一棵树,就首先需要有表达出树的方法。可以造字,也可以画画(表达数据的问题)。显然一个字比画一棵树更加高效(效率问题)。我们需要把“树”字写得尽量紧凑,不要让对方理解为木对(成功率问题);我们需要防止写错别字,不要把“树”写成“村”(正确率问题)。还要考虑这个字要不要变形以防止别人偷看(保密性问题),等等。

3. 调制器

调制是为了把编码后的信号转换为可以在信道中进行有效传输的信号。

目前,多数的调制都是把编码后的方波转换成高能量的高频率模拟波,因为方波无法在长距离通信过程中保持信号的原有特性,而低频率的模拟波由于设备尺寸较大、带宽较小、易受干扰等因素不利于远距离传输信号。

对于短途质量好的信道,这个过程是可以省略的。例如,以太网就直接把编码后的方波放到铜线上,但对于大多数通信来说,这个过程不可避免。

目前的笔记本电脑和手机,都具有无线局域网(WLAN)的网卡(一般不可见),该网卡除了编码/解码功能外,还包括调制/解调的功能。

4. 信道

信道是负责将信号传送到信宿的传输通路。提供信道的介质有很多,包括有线的双绞线、同轴电缆、光纤等,无线的激光、电磁波、声波等。

信道可以提供以下三种通信方式。

- 单向通信(单工):只能进行一个方向的通信,如收听的广播。
- 双向交替通信(半双工):通信的双方都可以发送信息,但不能同时发送,如对讲机。
- 双向同时通信(全双工):通信的双方可以同时发送和接收信息,如电话。

5. 接收设备

接收信道传输的信号,并从受到减损的信号中正确恢复出原始电信号。接收设备和发送设备是一对匹配的设备,接收过程是发送过程的逆过程。

6. 信宿

信宿即信息的目的地,将信号还原成数据,进行后期加工。对于主机,主要是数据的处理;对于路由器,主要是进行数据的存储转发。

7. 噪声源

噪声是信号在信道上传输时,所受到的不可避免的外界干扰。为此,传输介质和相关设备应该采用一定的措施来尽量避免这种干扰。

8. 转换过程

基于此模型,传输过程可以描述为:信源→并串转换→编码→调制→在信道中传输→解调→解码→串并转换→信宿。中间涉及数次数据的变化过程:并串/串并转换、调制/解调、编码/解码。

4.1.3　一些概念:基带、宽带、码元、波特率

为了方便介绍,这里先引入一些通信领域的概念。

基带信号是信源发出的、没有经过调制的原始信号,分为数字基带信号和模拟基带信号,如曼彻斯特编码(以太网采用了该编码)就是数字基带信号,平时说话的声波就是模拟基带信号。相应地,在信道中直接传输基带信号的通信技术称为基带传输,例如,以太网就是采用了基带传输方式。

基带信号往往不利于长途传输,为此需要经过调制,形成高频模拟信号后才方便进行长距离的传输,这种传输技术称为频带传输。

在通信领域,可以让多路频带传输通过信道复用技术(见 5.1 节)在同一个信道上同时进行,就是所谓的宽带传输。

在人们平时的生活中,宽带还可以指数据传输率很高,当然这个高也是随着技术水平的发展而不断提高的,最初只有几兆就可以叫宽带了。

码元是在使用时间域的波形表示数字信号时,代表不同离散数值的基本波形(方波或模拟波),主要是信息表示方面的内容。也就是由若干波的序列来表示一个基本的数据(可以是 1b 数据,也可以是多比特数据),而且这个序列不可再分了,否则就毫无意义了。

波特率是码元的传输速率,即单位时间内传输的码元个数。

4.1.4　编码

1. 不归零编码

不归零编码(Non-Return to Zero,NRZ)是最常见的一种编码,例如用高电平表示 1,低电平表示 0,如图 4-9 所示。

不归零编码还可以细分为单极性不归零编码和双极性不归零编码,有兴趣的读者自己了解。

2. RS-232 编码

RS-232 标准是常用的串行通信标准之一,采用了负逻辑的编码,如图 4-10 所示。

- －3～－15 V 的方波码元代表 1。
- ＋3～＋15 V 的方波码元代表 0。

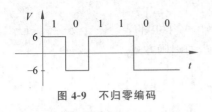

图 4-9　不归零编码

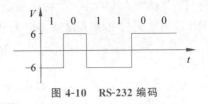

图 4-10　RS-232 编码

3. 反向不归零编码

如图 4-11 所示,反向不归零编码(Non-Return Zero Inverted Code,NRZI)中的当前波形是和上一个码元相关的,规定:

- 和上一个码元相比,波形进行了电平的翻转,此时代表 0。
- 电平不变化表示 1。

USB 2.0 采用了 NRZI。

4. 同步问题

前面介绍的编码,都是不归零制编码,这些编码都存在着一个隐患。设发送方在 1s 内发送了 100 个数字 1(一个方波 10ms),则编码后的波形将成为一条线而不振荡。但接收方和发送方的时钟往往不一致(这很正常),假设接收方按 9ms 采样(可以简单理解为读取)一次,则在 1s 内将会读到 111 个 1,这就出现了错误。

实际通信过程中,接收方可根据信号的跳变来调整自己的时间,与发送方保持一致,称为同步。但上例中信号不存在跳变,接收方无法同步,导致了错误。

NRZI 中的解决方式是在一定数量的 1 之后强行插入一个 0,也就是若信号一直持续一段时间不变,发送方强行改变信号的状态。

也可以采用归零制的编码,即每次一个方波之后都需要回到 0 电平,如图 4-12 所示,信道上会出现 3 种电平:正电平、负电平、零电平。但归零制不是一种好的编码技术,编码过程中密度低,抗干扰能力差。

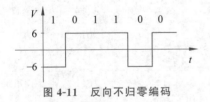

图 4-11　反向不归零编码

图 4-12　归零制编码

为了提高同步性能,很多的编码技术被提出并加以运用。

5. 曼彻斯特编码

曼彻斯特编码(简称曼码)是一个应用广泛的编码方式,是一种用电平跳变来表示数据的编码方法,其特点是由一前一后两个电平作为一个码元[①]来表示一个数据,且两个电平必须相反。曼码有两种截然相反的定义(见图 4-13)。

- 由 G.E.Thomas 等提出,规定由低到高的跳变表示 0,反之为 1。

---

① 关于码元,如曼码码元的定义,存在着认识上的差异,这一部分是通信专业的知识,本书就此咨询了三位通信领域的专家,包括资深的教授博导,给出的答复是一致的。

• IEEE 802.3(以太网)等协议规定的与上面相反。

IEEE 是电气与电子工程师协会的简写。曼码用两个电平表示一个数字,编码效率仅50％。但因为跳变的存在,使得曼码成为一种自同步的编码方式。

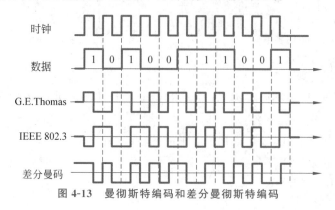

图 4-13　曼彻斯特编码和差分曼彻斯特编码

6. 差分曼彻斯特编码

由于曼码有两种不同的表示方法,可能会导致歧义。而差分曼彻斯特编码就不存在这样的问题。差分曼彻斯特编码同样要求码元中间存在电平跳变,但这种跳变只作为同步信号,而不表示数据。数据的表示在于码元开始处是否有电平跳变,有电平跳变的码元表示0,无电平跳变的码元表示1,如图 4-13 所示。

差分曼彻斯特编码用在令牌环网(目前基本不存在了)中。

7. 4B/5B 编码

4B/5B 编码将数据按每 4b 分为一个组,依照固定的映射关系(见表 4-2),将一组 4b 数据转换成 5 个方波的序列,也就是 5 个波形作为一个码元,代表一个基本数字(4b)。类似的还有 3B/4B、5B/6B、8B/10B 等。

表 4-2　4B/5B 编码映射表

数据	映射波形	数据	映射波形	数据	映射波形	数据	映射波形
0000	11110	0001	01001	0010	10100	0011	10101
0100	01010	0101	01011	0110	01110	0111	01111
1000	10010	1001	10011	1010	10110	1011	10111
1100	11010	1101	11011	1110	11100	1111	11101

4.1.5　调制

调制往往需要载波(carrier wave)的支持。载波是一个具有较高频率、专门用于辅助调制的、待处理的无线电波,一般为正弦波。所谓调制就是根据原始信号去改变载波某些参数的过程。有以下三种基本的数字调制方式。

• 幅移键控(ASK)又称调幅,用载波振幅的不同表示不同的数字信号。

• 频移键控(FSK)又称调频,用载波频率的不同表示不同的数字信号。

• 相移键控(PSK)又称调相,用载波相位的不同表示不同的数字信号。

1. 幅移键控

最基本的调幅即二进制振幅调制(2ASK),用二电平基带信号去控制载波幅度的变化。例如,当需要调制的基带信号为 1 时,传输载波;当调制的基带信号为 0 时,不传输载波(或者载波振幅小),如图 4-14(a)所示。

可以把 2ASK 扩展为 M ASK(多进制 ASK,$M=2^n$),称为 M 进制幅移键控。可以简单理解为将载波调制出 M 种幅度,则通信系统具有 M 种码元,这时可以用一段载波(码元)携带 nb 的基带信号。如 4ASK(见图 4-14(b)),每个码元可以携带(代表)2b 的数据。

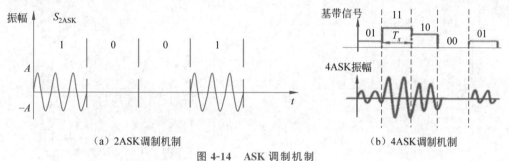

（a）2ASK调制机制　　　　　　　　　（b）4ASK调制机制

图 4-14　ASK 调制机制

多进制调制(包括下面的调频、调相)系统具有如下两个特点。

- 当信道频带受限时,可以让每个码元携带 nb 数据,增加数据传输率。不过这将增加实现上的复杂性,容易增大误码率。
- 在传输相同数据传输率的情况下,多进制方式的码元传输速率(波特率)比二进制方式低,持续时间比二进制要宽,可以减小码间干扰。

2. 频移键控

最基本的调频即二进制频率调制(2FSK),用不同频率的载波表示数字信息,如图 4-15(a)所示,令频率大的 f_1 波形代表 1,频率小的 f_2 波形代表 0。

同样,可以把 2FSK 推广到多进制频移键控(MFSK,$M=2^n$)。图 4-15(b)展示了 4FSK 的情况,同样,每个载波可携带 2b 的信息。

3. 相移键控

相移键控用不同相位的信号来表示信息,又可分为绝对相移键控(PSK)与相对相移键控(DPSK,又称差分相移键控)。

二进制绝对相移键控(2PSK)用基带二进制信号来改变载波的相位,例如,用相位 0 和 π 分别表示 1 和 0,如图 4-16(a)所示。

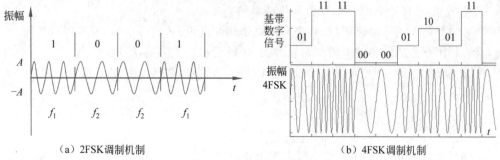

（a）2FSK调制机制　　　　　　　　　（b）4FSK调制机制

图 4-15　FSK 调制机制

相对相移键控用前后相邻码元的载波相位是否变化来代表不同的信息。如图 4-16(b)所示,设第 1 个码元相位为 0,第 2 个数字是 1,根据规定,其载波相位需要改变,这里设为 π;第 3 个数字是 1,相位仍然需要改变,为 0;第 4 个数字为 0,无须改变,相位为 0;以此类推。

同样,可将 2PSK 推广到多进制相移键控($MPSK,M=2^n$),如 4PSK 可采用 0、$\pi/2$、π、$3\pi/2$(或 $\pi/4$、$3\pi/4$、$5\pi/4$、$7\pi/4$)分别代表 00、01、10、11,星座图如图 4-17 所示。4PSK 又称为正交相移键控(QPSK)。同样可将 2DPSK 推广到 MDPSK。

通信领域中将数字信号在复平面上表示,以直观地表示信号以及信号之间的关系,称为星座图。

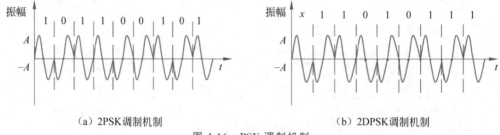

(a) 2PSK 调制机制　　　　　　　　　(b) 2DPSK 调制机制

图 4-16　PSK 调制机制

4. 组合方式

为了提供更高的效率,还可以把三种基本的调制方案进行各种组合,形成更加复杂的调制方式,组成更多种类的码元。如图 4-18 所示的星座图中,将振幅和相位相结合,产生了 16 种码元,一个码元可以携带 4b 数据。

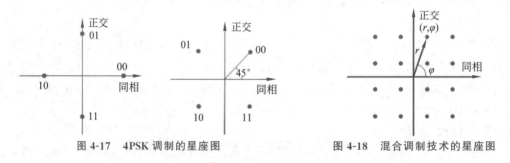

图 4-17　4PSK 调制的星座图　　　　　　图 4-18　混合调制技术的星座图

一般来说,一个码元能够携带的比特数目(n)和码元种类(M)的关系如下。

$$n = \log_2 M \tag{4-1}$$

5. 如何提高数据传输率

到此为止,可以想到两个提高数据传输率的方法:

(1) 增加码元的传输速率(波特率),数据是码元携带的,波特率高,数据率自然高。

(2) 利用复杂的调制技术增加码元种类,使码元携带更多的比特数。

那么,能否通过无限增加波特率(方法 1)和调制的复杂度(方法 2)来得到无限高的数据传输率呢?

4.1.6　奈氏准则

任何信道在传输信号时都会受到多种干扰而产生失真,如图 4-19 所示。介质性质、长度和波特率等是其中的关键因素,在前两者给定的情况下,波特率越高,则输出信号的波形失真就越严重,甚至导致接收方无法识别。

输入信号　　实际信道　　输出信号

图 4-19　信号通过信道的效果

信号越密,信号之间相互影响(码间串扰)越大。就如同多架飞机之间不能飞得太靠近,否则,前方飞机产生的气流改变会对后方飞机产生很大的干扰,导致飞机不易驾驶,容易产生事故。

1924 年,奈奎斯特推导出著名的奈氏准则,给出了理想条件下,为了避免码间串扰,波特率的上限值。奈氏准则给出了两种信道下的上限值:理想低通信道和理想带通信道。

- 理想低通信道是指信道不失真地传输信号的频率范围是 $0 \sim e\,\mathrm{Hz}$,如果超出 $e\,\mathrm{Hz}$,则不能保证。
- 理想带通信道是指信道不失真地传输信号的频率范围是 $b \sim e\,\mathrm{Hz}$,如果低于 $b\,\mathrm{Hz}$、超出 $e\,\mathrm{Hz}$ 则不能保证。

奈氏准则推导出:

在理想低通信道下,每赫兹带宽的最高码元传输速率是 2 波特(一个 Hz 可以传输 2 个码元)。设信道的带宽是 $W(\mathrm{Hz})$,则其最高波特率是 $2W$。

在理想带通信道下,每赫兹带宽的最高码元传输速率是 1 波特(一个 Hz 可以传输 1 个码元)。设信道的带宽是 $W(\mathrm{Hz})$,则其最高波特率为 W。

实际条件下,最大的波特率要小于这些上限。技术人员的一个任务是找出更好的方案,使得实际波特率接近这些上限。

针对理想低通信道,如制定的码元状态数为 M,则极限数据传输速率为

$$C_{\max} = 2W\log_2 M \quad (\mathrm{b/s}) \tag{4-2}$$

针对理想带通信道,有

$$C_{\max} = W\log_2 M \quad (\mathrm{b/s}) \tag{4-3}$$

这样的话,希望无限提高数据传输率的方法(1)被否定了。

4.1.7　香农定理

1984 年,香农推导出在带宽受限且有高斯白噪声干扰的信道中,无差错的极限数据传输速率(香农公式)为

$$C_{\max} = W\log_2\left(1 + \frac{S}{N}\right) \quad (\mathrm{b/s}) \tag{4-4}$$

其中,W 是信道带宽(Hz),S 为信号的平均功率,N 为信道内部的高斯噪声功率,S/N 称为信噪比。人们平时所说的分贝(dB)就是针对信噪比的一个衡量单位,定义如下。

$$N_{\mathrm{db}} = 10\log_{10}\left(\frac{S}{N}\right) \quad (\mathrm{dB}) \tag{4-5}$$

就如同在同一个房间讨论问题,背景有些嘈杂,为了让自己的话更容易被别人正确听

到,我们就提高自己的音量,也就使得信噪比高了。

香农公式表明:

- 信道的带宽或信道中的信噪比越大,则极限数据传输速率越高。
- 只要数据传输速率低于信道的极限值,应该可以找到某种办法来实现无差错的传输(但能不能找到,那是通信领域技术人员的事情了)。
- 实际的数据传输速率要比香农的极限值低不少。

传统音频电话使用的频率范围为 $300 \sim 3300 \mathrm{Hz}$,典型的信噪比是 $30\mathrm{dB}$,即 $S/N = 1000$,于是 $C_{\max} = 3000 \times \log_2(1 + 1000)$,近似等于 $30\mathrm{kb/s}$。

香农公式的核心思想:对于频带宽度已确定的信道,如果信噪比也不能再提高了,那么,数据传输速率是有上限的。

香农公式把所有想要无限提高数据传输速率的方法都否定了。

◆ 4.2　数据链路层的主要工作

4.2.1　概述

在物理层提供通信硬件的基础上,数据链路层通常需要处理以下主要工作,其中前 3 个是每一个数据链路层协议都应该完成的。

数据链路层的主要工作

1. 封装成帧

在一段数据的前后分别添加首部(包括地址等控制信息)和尾部,构成了一个可以在物理网络上传输的数据帧。如同给信加上信封。

2. 透明传输

用户的数据因为巧合可能和帧中的控制信息冲突,特别是当与帧的起始、结束符(或二进制串)冲突时,会产生意外的控制,进而导致传输失败。透明传输就是无论数据中包括什么样的组合,通过处理,使得这些数据都能够没有差错地通过数据链路层。也就是"如何避免乘客变成驾乘人员"。

3. 差错检测

数据链路层往往都采用一定的差错检测措施来发现传输过程中产生的错误。差错检测是可靠传输的基础条件之一。

4. 多路访问

除了用物理介质直接连接两个结点实现点对点链路通信外(如串口通信),大多数网络都要在数据链路层对多点接入(多个结点需要使用共享的物理媒体)进行控制,提供有效的方案和算法防止多个结点之间数据帧的冲突,或减少冲突的概率,以及冲突后如何处理等。

多路访问的控制就如同开会,需采用相关机制使每次只有一个人发言。

5. 寻址

网络通信还会涉及寻址的问题,即如何在网络里找到目的结点。这里的地址具有局域性,只需要在本网络里有效即可,就如同公交站准街站一样。

6. 数据链路的管理

在有些数据链路层协议中,在传输前需要建立链路,此后还要进行一定的维护(包括认证、授权、保活等),数据发送完毕还需要进行链路的释放。

7. 可靠传输

有些数据链路层协议通过通信双方的控制,完成下面的工作。

- 无丢失:数据帧如果丢失则进行重传,保证数据帧最终到达接收方。
- 流量控制:采取一定的方法,主要是控制发送方的发送速率,防止接收方来不及收下。
- 差错控制:使用差错检测检查数据帧是否出错,如果可能就进行纠错,实在不行就进行数据帧的重发。

由于当前的信道质量越来越好,在数据链路层进行可靠传输的压力也越来越小,所以这一部分内容将在传输层进行统一介绍。

4.2.2 成帧与透明传输

成帧是指在一段上层数据的前后分别添加首部和尾部以构成数据帧,一个重要的作用就是进行帧定界,以表示数据帧什么时候开始,什么时候结束。

成帧分为以下两种形式。

- 面向字节的协议:把所要传输的数据都考虑成字节流。
- 面向比特的协议:把所要传输的数据都考虑成二进制串。

成帧的过程往往涉及透明传输的问题,下面对两种方式进行介绍。

1. 面向字节的协议

一般情况下,在数据帧前后简单地加上定界符(例如,帧开始符 SOH 和帧结束符 EOT)即可,如图 4-20(a)所示。但如果数据部分中出现了定界符,则通信过程就会产生歧义,进而导致接收失败,为此引入了字符填充技术。

如果帧数据中出现了 SOH/EOT,则需要引入一个转义符(ESC),发送方自动在控制符之前加上转义符,如图 4-20(b)所示,使接收方知道后面紧跟的不是控制字符,而是帧数据中的信息。如果帧数据中出现了转义符呢?则在转义符之前再加一个转义符即可,如图 4-20(c)所示。

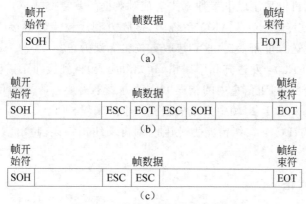

图 4-20 成帧和透明传输示意图

转义符对于接收方用户来说是无意义的,所以接收方对转义符的处理是:丢掉第一个转义符,保留后面紧跟的控制符(实际上是数据)。

以上过程就是所谓的透明传输技术。

2. 面向比特的协议

一些协议（如 5.3 节的 PPP 的同步模式）把全部的数据内容都按照比特的形式进行成帧，在帧前、后采用特殊的二进制串作为帧首和帧尾。例如，PPP 的同步模式使用 01111110 作为帧首和帧尾。为了实现透明传输（防止用户的数据中含有 01111110），PPP 采用了零比特填充法工作。

- 发送方扫描帧数据，一旦每发现连续的 5 个 1，就在其后添加一个 0。
- 在接收方，如果发现连续的 5 个 1 后是 0，就把这个 0 删除。

例如，在发送方，帧内容 0110111111111111 将会被转换成 0110111110011111100。这样就能避免连续出现 6 个 1 了，也就避免了产生歧义。

◇ 4.3　差错检测

虽然数据链路层有差错检测的功能，但是差错检测绝不仅是数据链路层的技术，这里总结了一些差错检测技术，实际上是各层都可能用到的。

4.3.1　概述

实际信道不会是理想的，数据在传输的过程中可能产生差错。在一段时间内传输错误的比特数与比特总数之比称为误码率。误码率与信道的信噪比有很大的关系，但是显然不可能无限提高信噪比，所以可以采用另外一种方法，采用差错检测的方法在通信两端进行错误的检查，以发现是否产生了差错。

差错检测在发送的数据序列中加入适当的冗余信息（校验位/校验码/检验码/检验序列），使得接收方能够根据相关算法和数据（用户数据＋校验位）发现传输中是否发生了差错。差错检测方法分为以下两类。

- 检错码：只能检查出传输中出现的差错。
- 纠错码：不仅能检查出差错，而且能自动纠正一部分差错。

基于差错检测，可以采用以下三种方式实现对数据的差错控制。

（1）自动请求重传（ARQ）：ARQ 系统中，接收方利用检错码对接收的数据进行校验，如果出错，则通知发送方重新发送，直到接收方校验无误为止。

（2）前向纠错（FEC）：发送方利用纠错码（如海明码）得到能纠正错误的校验位，接收方根据校验位和规则自动纠正信息中的错误。这种方式不需要接收方的反馈，但随着纠错能力的提高，设备会越来越复杂，帧中携带的校验位也越来越长。

（3）混合方式（HEC）：在纠错能力范围内则自动纠正错误，超出纠错范围则要求发送方重新发送。

4.3.2　奇/偶校验法

奇/偶校验法是最简单的数据检验方法。基本的奇/偶校验法分为以下两种。

- 奇校验：如果数据中 1 的个数是偶数，那么校验位就为 1，否则为 0，从而使得所传数据（包含校验位）中 1 的个数是奇数。

- 偶校验：如果数据中 1 的个数是奇数，那么校验位就为 1，否则为 0，从而使得所传数据（包含校验位）中 1 的个数是偶数。

采用奇（偶）校验的典型例子是面向 ASCII 的数据帧的传输，ASCII 是七位，用第八位作为奇偶校验位。

奇偶校验很简单，但是存在一个问题：对数据中出错比特个数为偶数个的情况（2、4、6…比特出错了）无能为力。

4.3.3　双向奇/偶校验

双向奇/偶校验又称为垂直水平奇/偶校验、二维奇/偶校验等，把数据进行分组（如 7b 为一组），一组为一行，若干行（如 6 行）组成一个数据块，如图 4-21 所示。

$$
\begin{array}{cccccccc}
D_{11} & D_{12} & D_{13} & D_{14} & D_{15} & D_{16} & D_{17} & P_{r1} \\
D_{21} & D_{22} & D_{23} & D_{24} & D_{25} & D_{26} & D_{27} & P_{r2} \\
D_{31} & D_{32} & D_{33} & D_{34} & D_{35} & D_{36} & D_{37} & P_{r3} \\
D_{41} & D_{42} & D_{43} & D_{44} & D_{45} & D_{46} & D_{47} & P_{r4} \\
D_{51} & D_{52} & D_{53} & D_{54} & D_{55} & D_{56} & D_{57} & P_{r5} \\
D_{61} & D_{62} & D_{63} & D_{64} & D_{65} & D_{66} & D_{67} & P_{r6} \\
P_{c1} & P_{c2} & P_{c3} & P_{c4} & P_{c5} & P_{c6} & P_{c7} & P_{rc}
\end{array}
$$

图 4-21　双向奇/偶校验

D_{xy} 为数据块中第 x 行第 y 列的一个比特，P_{rx} 表示横向的奇/偶校验位，P_{cy} 表示纵向的奇/偶校验位。这样，每个数据比特的校验程度比单向的校验要高。而且双向校验具有一位纠错的能力：如果发现第 i 行的横向校验、第 j 列的纵向校验出现了错误，就知道 D_{ij} 错了，把 D_{ij} 取反就可以纠正数据的错误了。

4.3.4　循环冗余校验

循环冗余校验（CRC）是一种常用的校验方法，PPP 就使用了 CRC。

先介绍一下多项式表达法。网络中传输的数据是 0 和 1 的位串，如果用单纯的位串来书写、记忆相当麻烦，为此采用多项式方法来简化书写。

例如，可以用 $G(x)=x^5+x^2+1$ 代表 100101，其中，位串中的数字相当于 x^n 的系数，多项式中的指数是 2 的指数（x^5 代表的是 2^5，其系数为 1，即位串中第一个比特；x^4 代表的是 2^4，其系数为 0，是位串中第二个比特；以此类推），这样表达的一个好处是可以省略位串中的比特 0。

通信双方首先需选择一个生成多项式 P 作为算法中的除数，P 的好坏是 CRC 检验能力好坏的一个关键，最高位和最低位应为 1。设 P 最高次为 n，即 P 所代表的二进制串的长度为 $n+1$。

CRC 计算过程描述如下。

（1）在发送方，把数据划分为组，每组 k b，计算过程是按照组来进行的。现假设待校验的一个数据组为 M。

（2）将数 M 乘以 2^n（相当于在 M 后添加 n 个 0），得到 M'，长度为 $k+n$ 位。

（3）用 M' 除以（模-2 除法，即除的过程中，将其中的减法替换为模-2 加法）P，得出余数是 R（n 位，如果不足 n 位则前面补 0）。

（4）最终要发送的数据 $T(x)=M'+R$（或者说在 M 后面追加 R）。

下面举一个简单的例子来进行说明。

设生成式 $P = x^5 + x^4 + x^2 + 1$(即 110101,$n = 5$),数据 $M = 1010001101$(即 $k = 10$),则被除数 $M' = M \times 2^5 = 101000110100000$。

计算的过程如图 4-22 所示。计算后得到的余数 R 为 01110,则最终要发送的数据 $T(x) = M' + R = 101000110101110$。

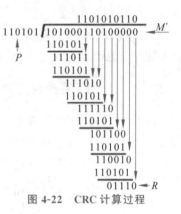

图 4-22　CRC 计算过程

在接收方,对收到的数据同样进行分组(每组 $k + n$ 位),设其中一组数据为 $T(x)$,用 $T(x)$ 模-2 除以 P,有如下可能。

- 若余数 $R = 0$,则判定这组数据无差错,进行接收。
- 若 $R \neq 0$,则判定这组数据有差错。

需要指出的是,CRC 校验方法中那些被接收的数据并非真的就没有错误,但如果生成式 P 选得合理,这些数据将以一个非常接近 1 的概率没有错误。

4.3.5　互联网校验和

互联网校验和主要用于互联网的相关协议中,在这里提前介绍计算的方法。

首先将全部数据按 16 位进行分组,然后对这些 16 位的二进制数依次进行累加,但是累加过程中产生的进位是循环进位(如果最高位有进位,将其循环进到最低位上)。累加后,将所得的结果按位取反,得到最终的校验码。

例如,把数据拆分成 3 组 16 位的二进制数,分别是 1100011001100110,1111010101010101,1000111100001100,累加过程如图 4-23 所示。

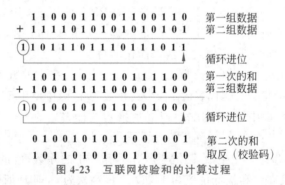

图 4-23　互联网校验和的计算过程

在接收方,将原来的数据外加校验和(上例中就变成了 4 组二进制数据)再次进行累加,如果结果为 0 就认为是正确的,否则认为是错误的。

4.3.6　海明码

海明码又称汉明码(Hamming Code),是典型的纠错码,可以做到纠 1 检 2,这里仅简单介绍纠错的原理,其思想非常厉害。

1. 找出叛徒,但是不能狼人杀

有 7 个 1 位二进制数 $n_1 \sim n_7$ 分成 3 组:$G_1\{n_1、n_3、n_5、n_7\}$,$G_2\{n_2、n_5、n_6、n_7\}$,$G_3\{n_3、$

n_4、n_6、n_7}，如图 4-24 所示。接收方如果发现数据出错了，只能有以下几种情况。

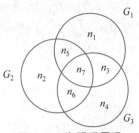

图 4-24　海明码原理

- 如果接收方发现 G_1 有数据出错了，但是 G_2 和 G_3 没有出错，很显然是 n_1 出错了。类似的还有 n_2、n_4。
- 如果接收方发现 G_1、G_2 有数据出错了，但是 G_3 没有出错，很显然是 n_5 出错了。类似的还有 n_3、n_6。
- 如果接收方发现 G_1、G_2、G_3 都有数据出错了，那只能是 n_7 出错了。

为此，海明码在发送方对数据进行分组（如 {n_3、n_5、n_7}，{n_5、n_6、n_7}，{n_3、n_6、n_7}），对每一组分别计算校验和（如 n_1、n_2、n_4），将数据与校验和统一排序（$n_1 \sim n_7$），最后发给接收方。$1 \sim 7$ 是数据位/校验和位在最终发送数据中的位置，称为海明码位置。

接收方根据数据的位置知道数据所在组，对每一组进行校验，如果出错则根据上面的规则找出出错数字的位置，把出错位置的数字取反（0 改成 1，1 改成 0）即可。

2. 数据长度的限制

依据上面的思想可知，本例中海明码每组只能有 3 个实际数字，第 4 个数字为校验和（使用奇/偶校验求得）用于判断数据是否正确。也就是 7 个数字中，只能有 4 个是数据，其他 3 个为校验和。或者说，4 位数据需要 3 位校验和。

如果数据位数再长一些是否可以呢？当然是可以的，但是是有条件的。设数据位为 n 位，校验位为 k 位（也就是把数据分为 k 组），两者必须满足：

$$2^k \geqslant n + k + 1 \tag{4-6}$$

将 $k=3$，$n=4$ 代入发现，分成 3 组的情况下，4 位数据已经是上限了。如果数据再多一些，就需要更多的分组以及校验和位。

3. 排排坐，分苹果

下面仍然以 $n=4$、$k=3$ 来介绍海明码的排序规则。

设数据（D_1，D_2，$\cdots$，D_n）被分成了 k 组，H_1，H_2，$\cdots$，H_k 分别为每一组的校验和。海明码把校验和与数据统一排列成一行 $n+k$ 位（本例是 7 位），第 i 组的校验和位置是 2^{i-1}（先暂时空着）。把 D_1，D_2，$\cdots$，D_n 按顺序见缝插针地插入空闲的位置。于是最终排列的位置如表 4-3 所示。

表 4-3　校验和在海明码中的位置

海明码位置	1	2	3	4	5	6	7
校验和位置	H_1	H_2	D_1	H_3	D_2	D_3	D_4

对于数据位，依照所处的位置按下面的思想进行分组（实际上，直接记住数据和组的映射关系也可以）。

D_1 处于第 3 位，二进制是 011。

D_2 处于第 5 位，二进制是 101。

D_3 处于第 6 位，二进制是 110。

D_4 处于第 7 位，二进制是 111。

其中,D_1、D_2、D_4所处位置(二进制)的最低位(第1位)都是1,所以划归第1组,计算其校验和H_1,填入海明码的第1位。

D_1、D_3、D_4所处位置的第2位都是1,所以划归第2组,计算其校验和H_2,填入海明码的第2位。

D_2、D_3、D_4所处位置的最高位(第3位)都是1,所以划归第3组,计算其校验和H_3,填入海明码的第4位。

4. 校验过程

每次校验过程计算n位。发送方把n位数字按顺序填入海明码的规定位置(空出校验和的位置1、2、4、8、…)。根据数据的位置进行分组,计算每一组的奇/偶校验和,也按顺序填入海明码的对应位置。

接收方根据位置可以知道分组情况,根据分组进行奇偶校验,如果有错则按照判错规则得出出错位的位置。

◇ 习 题

1.[2018研]下列选项中,不属于物理层接口规范定义范畴的是( )。

　　A. 接口形状　　　　　B. 引脚功能　　　　　C. 物理地址　　　　　D. 信号电平

2.[2015研]使用两种编码方案对比特流01100111进行编码的结果如图4-25所示,编码1和编码2分别是( )。

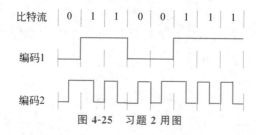

图 4-25 习题 2 用图

3.[2013研]若图4-26为10BASE-T(以太网一种)网卡接收到的信号波形,则该网卡收到的比特串是( )。

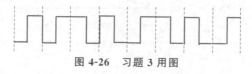

图 4-26 习题 3 用图

　　A. 00110110　　　　B. 10101101　　　　C. 01010010　　　　D. 11000101

4. 若图4-27为一段差分曼彻斯特编码信号波形,则其编码的二进制位串是( )。

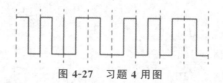

图 4-27 习题 4 用图

A. 1011 1001　　　　B. 1101 0001　　　　C. 0010 1110　　　　D. 1011 0110

5. 对于带宽为 4000Hz 的低通信道,码元采用如图 4-28 所示的星座图,按照奈奎斯特定理,信道的最大传输速率是多少?

6. 针对习题 5,每个极坐标点又各定义了两种频率,信道的最大传输速率是多少?

7. 6kHz 的低通电话信道,用调制解调器传输数字信号,采用如图 4-28 所示的星座图,最多可以获得多大数据率?

8. 极坐标下,每个象限定义 4 个相位,每个相位定义 4 个振幅,每个点定义 2 个频率,①如果希望达到 140kb/s,带通媒体下,最少需要多少带宽?②给出物理层 4 个特性;③分析以上内容属于物理层 4 个特性中的哪一个特性所关心的事情。

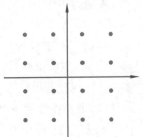

图 4-28　习题 5 和习题 7 用图

9. [2022 研]在一条带宽为 200kHz 的无噪声信道上,若采用 4 个幅值的 ASK 调制,则该信道的最大数据传输速率是(　　)。

A. 200kb/s　　　　B. 400kb/s　　　　C. 800kb/s　　　　D. 1600kb/s

10. [2023 研]某无噪声理想信道带宽为 4MHz,采用 QAM 调制,若该信道的最大数据传输率是 48Mb/s,则该信道采用的 QAM 调制方案是(　　)。

A. QAM-16　　　B. QAM-32　　　C. QAM-64　　　D. QAM-128

11. 香农公式在数据通信中的重要意义是什么?

12. "比特/秒"和"码元/秒"有何区别?

13. 数据在信道中的传输速率受哪些因素的限制?香农公式在数据通信中的意义是什么?

14. 设信道带宽为 1000Hz,最大信息传输速率为 1kb/s,若想使最大信息传输速率增加 1 倍,问信噪比 S/N 应增大多少倍?如果增大到 4 倍呢?如果增大到 8 倍呢?这说明什么问题?

15. [2017 研]若信道在无噪声情况下的极限数据传输速率不小于信噪比为 30dB 条件下的极限数据传输速率,则信号(码元)状态数至少是多少?

16. [2016 研]若连接 R2 和 R3 链路的频率带宽为 8kHz,信噪比为 30dB,该链路实际数据传输速率约为理论最大数据传输速率的 50%,则该链路的实际数据传输速率约是(　　)。

A. 8kb/s　　　　B. 20kb/s　　　　C. 40kb/s　　　　D. 80kb/s

17. [2022 研]在 ISO/OSI 参考模型中,实现两个相邻结点间流量控制功能的是(　　)。

A. 物理层　　　B. 数据链路层　　　C. 网络层　　　D. 传输层

18. 对于提高信道可靠性,有两类技术(前向纠错、出错重传),分别涉及什么相关校验技术?请分类给出。

19. 原始数据为 0110 1100,奇偶校验后发送的数据是什么?

20. 收到一个数据帧 11010011 01010100 11100010 01110101 00010100,数据帧按 8 位为一组进行组织(每组的最后一位为奇校验位),最后一组为纵向偶校验信息,请找出数据帧中哪个比特出错了。

21. 字符 S 的 ASCII 编码从低到高依次为 1100101。采用奇校验在下述收到的传输后的字符中,错误不能被检验出来的是(　　)。

    A. 11000011　　　　B. 11001010　　　　C. 11001100　　　　D. 11010011

22. 数据为 101001,采用 CRC 进行校验,生成多项式为 $P(x) = x^3 + x^2 + 1$。

(1) 试求最后发送的数据。

(2) 如何对数据校验?

(3) 采用 CRC 检验后,数据链路层的传输是否就变成了可靠的传输?

23. [2023 研]若甲向乙发送数据时采用 CRC 校验,生成多项式为 $G(x) = x^4 + x + 1$(即 $G = 10011$),则乙接收到下列比特串时,可以断定其在传输过程中未发生错误的是(　　)。

    A. 101110000　　　B. 101110100　　　　C. 101111000　　　　D. 101111100

24. 数据 1100011001100110 1111010101010101 1000111100001100,进行互联网校验和计算,得到的校验和是什么(16b 一组)?

第
5
章

广域网及相关技术

◇ 5.1 信道复用

5.1.1 概述

广域网在互联网中承担着远距离扩展通信范围的重要作用,是互联网覆盖全球的基石。由于距离很远,所以其技术考虑有着明显的不同,经济性要求高。广域网不能在信道上只走一路信号,一方面是因为目前的广域网带宽大,只走一路信号太浪费;另一方面不利于共享。

信道复用

4.1.3 节中提到,可把多路频带传输通过信道复用技术形成宽带传输,如图 5-1 所示。信道复用技术通过信号的变换,可以将若干彼此独立的信号合并为可在一个信道上同时传输的复合信号,而接收方需要能够采用相反的过程分离出独立的、正确的信号。

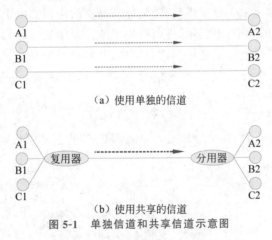

（a）使用单独的信道

（b）使用共享的信道

图 5-1　单独信道和共享信道示意图

信道复用技术的硬件建设成本低,可有效地降低总体成本、提高信道利用率。距离越远,建设成本越节省。

复用技术在事先需要安排、调度好相关资源(如频带、时间、空间、代码序列等),可以分为:频分复用、波分复用、时分复用、统计时分复用、空分复用、码分复用等。

信道复用技术和多址技术是从不同角度描述的相同技术,如果强调复用,就是 xx Division Multiplexing(如 Code DM,CDM),如果强调多址就是 xx Division Multiple Access(如 Code DMA,CDMA)。本章先介绍一些容易理解的复用技术,随后对码分复用技术进行介绍。关于多址技术的描述见 6.1.1 节。

5.1.2　信道复用技术

1. 频分复用

频分复用(Frequency Division Multiplexing,FDM)把总的信道分为若干子信道,每个子信道的频率范围是信道频率范围的子集,且互无交集(还有一定的间隔),每一对用户使用其中一个子信道,这样也可以以不同的频带实现对通信用户的区分(复用)。典型的技术如不同频道的广播电台在大气中进行广播。

频分复用的原理如图 5-2 所示。这种方式使用调制技术很容易实现,不同用户对之间使用的载波频率不同即可。

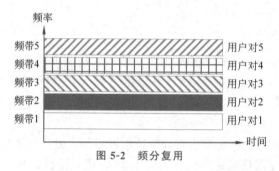

图 5-2　频分复用

2. 波分复用

波分复用(Wavelength Division Multiplexing,WDM)就是光的频分复用。光纤技术的应用使得数据传输速率大幅度提高,受到越来越高的重视。由于光载波的频率很高,因此习惯上用波长(而不用频率)来表示,进而产生了波分复用这一名词。

最初只能在一根光纤上复用两路光信号,并将这种复用方式称为波分复用。但随着技术的发展,在一根光纤上复用的光信号的路数越来越多,于是就产生了密集波分复用(Dense WDM,DWDM)这一名词。

3. 时分复用

时分复用(Time Division Multiplexing,TDM)的主要思想是,不同用户轮流使用信道,如图 5-3 所示。

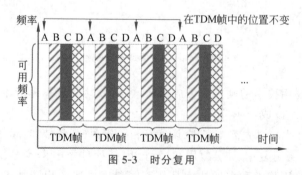

图 5-3　时分复用

时分复用把时间分成周期,称为 TDM 帧(和数据链路层的帧毫不相干),在 TDM 帧内把时间划分成若干时隙(slot),每一对用户使用一个时隙,且该时隙在 TDM 帧中的位置固定不变。

通信过程中,信道的全部频率资源全部给某一对用户使用,但是用户对只能在属于自己的时隙内使用,时隙结束后必须让给后续用户使用。当所有用户都发送完毕,开始下一个TDM 帧,再轮流使用。

如果知道了时隙在 TDM 帧中的位置,也就知道了这是哪一对用户在通信了。

4. 统计时分复用

时分复用有一个缺点,如果有些用户发送数据少,会给系统造成很大的浪费,如图 5-4所示,B、C、D 的数据少,它们的时隙被白白浪费了,而 A 产生的数据较多,却被强行划分在4 个 TDM 帧中,有数据,信道空着也不能用。为此产生了统计时分复用(Statistical TDM,STDM)。

统计时分复用的 STDM 帧长不再固定,根据数据发送的情况动态调整。在每一个STDM 帧,对所有发送者进行轮询,如果发送者有数据就发送,如果没有数据就轮空,所属时隙让给后方有数据的发送者使用。如图 5-5 所示,第一个 STDM 帧中就只发送了 A 的数据,其他发送者被轮空,该帧就结束了,进入第二个 STDM 帧,该 STDM 帧只发送了 B 和 D的数据就结束了,以此类推。

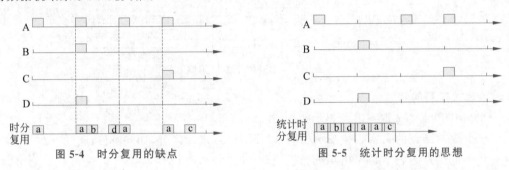

图 5-4　时分复用的缺点　　　　　图 5-5　统计时分复用的思想

可见,发送者在 STDM 帧中的位置不再固定(因此统计时分复用又称为异步时分复用,相对应地,时分复用又称为同步时分复用),为此,应该给每一个数据增加地址信息,方便对端设备根据地址来判断最终的接收者。

在发送方不都是批量发送数据的情况下,统计时分复用可显著地增加信道的利用率。

5. 空分复用

空分复用(Space Division Multiplexing,SDM)是以不同空间的信号实现对共享信道的共用。该机制下用户占用不同空间(如位置、角度等)的传输介质,形成自己独享的信道。如图 5-6 所示,基站 A 可以向两个方向发出相同频率的射频信号,同时与 B 和 C 进行通信。

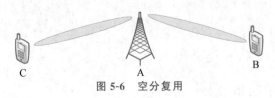

图 5-6　空分复用

5.1.3 码分复用

1. 码分复用的基础——码片序列

码分复用(Code Division Multiplexing,CDM)利用一组相互正交的码字来实现对共享信道的共用。美国的 GPS 和我国的北斗导航系统都使用了 CDM 体制,使很多通信用户能在共享的信道中同时通信而不相互干扰。

首先给每个用户安排一个设计良好的伪随机码字,又称为码片序列(实际上构成了向量)。通信过程中,发送方使用码字对数据进行转换。

- 用自己的码字代表比特 1。
- 用码字的反码代表比特 0。

如图 5-7 所示,设结点 S 的 8b(实际可能更长)码字为 00011011。S 发送 1 时就发送码字 00011011,即$(-1,-1,-1,+1,+1,-1,+1,+1)$,发送 0 时就发送其反码 11100100,即$(+1,+1,+1,-1,-1,+1,-1,-1)$。

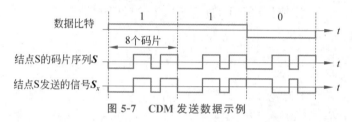

图 5-7　CDM 发送数据示例

2. 码片序列的特性

CDM 中码字的选取有着严格的规定:

- 分配给结点的码字必须互不相同,以便对结点进行区分,如同身份证。
- 不同结点的码字必须相互正交。

令向量 S_v 表示结点 S 的码字,T_v 表示结点 T 的码字。所谓正交,就是 S_v 和 T_v 的规格化内积等于 0,即满足下列公式:

$$S_v \cdot T_v \equiv \frac{1}{m}\sum_{i=1}^{m} S_i T_i = 0 \tag{5-1}$$

其中,m 为 S_v 和 T_v 的维数。

举例来说,设 T 的码字为 00101110,则 $S_v \cdot T_v = [(-1\times-1)+(-1\times-1)+(-1\times1)+(1\times-1)+(1\times1)+(-1\times1)+(1\times1)+(1\times-1)]/8=0$。即 T_v 和 S_v 满足正交关系。

如果两个码字正交,则其中一个码字与另一个码字的反码也正交。即

$$S_v \cdot (-T_v) \equiv \frac{1}{m}\sum_{i=1}^{m} S_i(-T_i) = -\frac{1}{m}\sum_{i=1}^{m} S_i T_i = 0 \tag{5-2}$$

任何一个码字和自己的规格化内积是 1。

$$S_v \cdot S_v = \frac{1}{m}\sum_{i=1}^{m} S_i S_i = \frac{1}{m}\sum_{i=1}^{m} S_i^2 = 1 \tag{5-3}$$

一个码字和自己的反码的规格化内积是 -1。

$$S_v \cdot (-S_v) = \frac{1}{m}\sum_{i=1}^{m} S_i(-S_i) = \frac{1}{m}\sum_{i=1}^{m} -S_i^2 = -1 \tag{5-4}$$

3. 如何区分用户以实现复用

任意两个结点 S 和 T 可以同时在共享信道上发送数据,即便两者的信号在空间进行了叠加,也不影响接收方对自己想要的数据的接收。

如图 5-8 所示,为了发送 1,S 发送的是 $S_x=S_v$,T 发送的是 $T_x=T_v$,两者叠加的信号 $S_x+T_x=(-2,-2,0,0,+2,0,+2,0)$,实际信号的处理很复杂,这里简单理解即可。

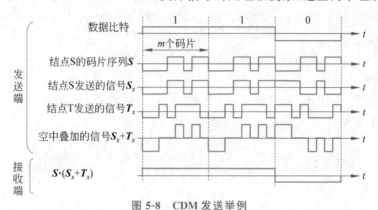

图 5-8　CDM 发送举例

接收者必须持有发送者的码字(如 S 的码字 S_v),在得到信号 (S_x+T_x) 后,将其与 S_v 规格化内积,即 $S_v\cdot(S_x+T_x)$。读者可以自己证明,这个计算过程满足分配律,即

$$S_v\cdot(S_x+T_x)=S_v\cdot S_x+S_v\cdot T_x \tag{5-5}$$

此时 $S_v\cdot(S_x+T_x)=S_v\cdot S_v+S_v\cdot T_v=1+0=1$,则接收者恢复出的数据为 1。

为了发送 0,S 发送 $-S_v$,T 发送 $-T_v$,接收方进行同样的处理,最后得出的结果为 -1,代表接收方恢复出的数据为 0。

其他两种情况(S 发送 1 而 T 发送 0,S 发送 0 而 T 发送 1)同样。

4. 结论

码片序列其实相当于硬件加密的密码,只有截获了用户的码片序列,才能截获用户的数据。因此,CDM 技术具有良好的安全性,在军事和其他需要保密的业务中,具有良好的应用。

🔷 5.2　SDH

5.2.1　概述

1. 背景和特点

20 世纪 70~80 年代出现了众多的网络技术,但这些技术扩展复杂,带宽不高,且相互不兼容,同时计算机也需要传输多种业务的数据。SDH(Synchronous Digital Hierarchy)改变了这个现状。目前,SDH 是一种成熟、标准的技术,在骨干网中被广泛采用,且价格越来越低,甚至在接入网中也采用了 SDH 技术。

SDH 的概念来自于美国的同步光网络(SONET),ITU-T(国际电信联盟电信标准分局)对其加以修改并命名为 SDH。SDH 可用双绞线、同轴电缆、微波和卫星等传输,但 SDH 用于传输高数据率则需用光纤。

SDH 具有灵活的网络拓扑,在网络性能监视、故障恢复(自愈功能强大)及可靠性方面有着相当的优势,可以提供各种数字业务,且满足电信级别的高性能通信要求(适合语音业务)。SDH 第一次在骨干网上真正实现了数字传输体制上的世界性标准,为网络的自动化、智能化以及降低网络的运维费用方面起到了积极作用。

由于以上特性,SDH 在广域网领域和专用网领域得到了巨大的发展和广泛的应用。中国移动、中国电信、中国联通等电信运营商都已大规模建设了基于 SDH 的骨干光传输网络。

2. SDH 拓扑

当前 SDH 用得最多的网络拓扑是链形和环状。其中,环状拓扑是现代大容量光纤通信网络的主要基本结构。通过链形和环状的灵活组合,可构成更加复杂的网络,例如,环带链、支路跨接网络、相切环、相交环等,如图 5-9 所示。可以说,SDH 所组成的网络非常灵活,使网络运营灵活。

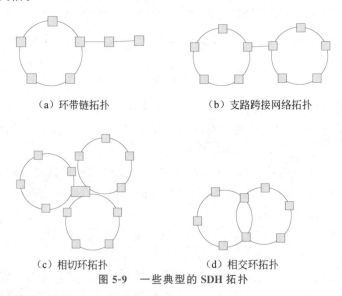

（a）环带链拓扑　　　　（b）支路跨接网络拓扑

（c）相切环拓扑　　　　（d）相交环拓扑

图 5-9　一些典型的 SDH 拓扑

5.2.2　通信技术

从 ISO/OSI 模型的观点来看,SDH 的主要工作属于物理层,未对高层有严格的限制,方便在 SDH 上采用各种上层网络技术。

如图 5-10 所示,上层数据作为载荷,通过打包成为合适的信息包,在 SDH 网络中传输。到另一端再解包,取出载荷,复原成原信号。

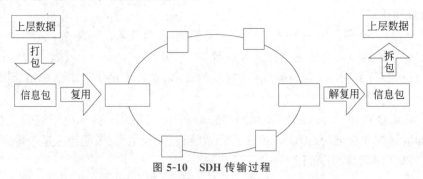

图 5-10　SDH 传输过程

1. 复用模型

为了支持各种业务的传输,SDH 确定了由低速速率经过复用获得高速速率,再由高速速率经过复用获得更高速速率的方式来获得各种通信速率。

SDH 可以实现自身数据的复用,也可以将其他(支路)网络的数据进行复用,由此可以将复用分为两类。

- 低阶的 SDH 信号复用成高阶的 SDH 信号。
- 低速支路信号复用成 SDH 信号。

SDH 采用的信息结构等级称为同步传送模块 STM-n(n 为级数,等于 1,4,16,64,…)。最基本的模块为 STM-1(155.52Mb/s),4 个 STM-1 同步复用构成 STM-4,4 个 STM-4 同步复用构成 STM-16,4 个 STM-16 同步复用构成 STM-64……依照这样的规定,可以画出 SDH 的复用模型,如图 5-11 所示。

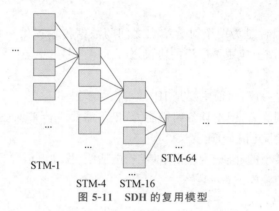

图 5-11　SDH 的复用模型

2. 复用技术

为了方便组织传输信息和复用信道,SDH 也提出了帧的概念(一般认为帧是数据链路层中的概念)。SDH 采用块状的帧结构来承载用户的信息,STM-1 帧中,净载荷由 9 行组成,每行由 270B 组成。

STM-4 是对 4 个 STM-1 进行复用,即 STM-4 的帧包含 4 个 STM-1 的帧,每帧还是由 9 行组成,但是通过字节交错间插复用方式,使得每行包含 270×4(1080)B。同样,STM-16 的帧中,每行包含 270×16B,以此类推,从而实现从低阶 SDH 到高阶 SDH 的复用。

例如,从 STM-1 到 STM-4 的复用过程中,采用字节交错间插复用方式,如图 5-12 所示。其实这个过程符合时分复用的模式。

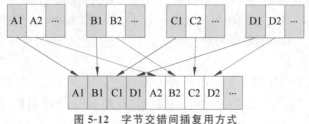

图 5-12　字节交错间插复用方式

4 个 STM-1 帧按照图 5-11 的规律被整合到 1 个 STM-4 帧中,STM-4 的数据传输速率为 STM-1 的 4 倍,向高阶的再复用与此类似,这就是 STM 复用的本质。

SDH 不同级别的码流在帧结构净负荷区内的排列非常有规律,并且网络是同步的,中间结点或接收方可以将高速信号根据在帧中的位置直接分拆出低阶/低速支路信号,实现解复用。

SDH 每秒传输 8000 帧,对 STM-1 而言,传输速率为 $9 \times 270 \times 8 \times 8000 = 155.52$ Mb/s;STM-4 的传输速率为 4×155.52 Mb/s $= 622.08$ Mb/s,STM-16 的传输速率为 2488.32 Mb/s,…,STM-256 的传输速率可达 39Gb/s。

◆ 5.3 PPP

SDH 的主要工作属于物理层,还需规定上层的相关协议后才能使用。而 PPP(Point to Point Protocol)是一个较好的选择。

1. 概述

PPP 最初的设计目标是为两个对等结点之间的数据传输提供一种数据链路层的封装协议,目前已成为互联网上应用最广泛的协议之一。

PPP 具有以下特点。

(1) 支持多种网络协议,目前主要是 IP。

(2) 具有错误检测能力,但不具备纠错能力,也不需要重传来保证正确性,所以 PPP 是一种不可靠的协议,网络开销小,速度快。

(3) 可用于多种类型的介质上,包括串口线、电话线、移动电话和光纤(如 SDH)等。

(4) 实现全双工传输模式。

2. 成帧 & 透明传输

PPP 支持两种模式,一种是异步的面向字节的模式,另一种是同步的面向比特的模式。

1) 面向字节的协议

PPP 采用 0x7E(即二进制的 01111110)作为帧的开始符和结束符。以 0x7D 作为转义符。

* 如果在帧数据中出现了 0x7E,则 PPP 将其转变成为两个字符(0x7D,0x5E)。

* 如果在帧数据中出现了 0x7D,则 PPP 将其转变成为两个字符(0x7D,0x5D)。

* 如果帧数据中出现小于 0x20 的字符(控制字符),则 PPP 将在其前加上 0x7D 后,将原有的字符值加上 0x20 形成新的字符,例如,将 0x03 转换为(0x7D,0x23)。

2) 面向比特的协议

PPP 用在 SDH 链路时,使用同步传输(一连串的比特连续传送)方式,把数据内容按照比特的形式进行成帧,此时依然使用二进制串 01111110 作为帧的定界标识。为了实现透明传输,PPP 采用 4.2.2 节中的零比特填充法。

3. PPP 的连接建立

最初 PPP 的另一个作用是支持用户通过拨号或专线方式接入互联网:用户连接 ISP(如中国电信、中国移动等),由 ISP 对用户认证后,分配 IP 地址给用户,用户只有获得 IP 地址后,才能进入互联网遨游。因此 PPP 还必须具有以下功能。

(1) PPP 具有动态分配 IP 地址的能力。

(2) PPP 具有身份验证功能。

出于以上考虑,PPP 建立了一整套连接建立和网络控制的流程。

PPP 的连接建立过程如图 5-13 所示。首先,当用户由静止状态开始申请接入互联网时,接入服务器对请求做出确认,并建立起一条物理连接。

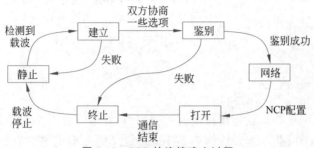

图 5-13 PPP 的连接建立过程

在建立状态下,PPP 使用 LCP(链路控制协议)来协商所需的链路配置,主要是发送一些配置报文来配置数据链路,之后的鉴别阶段使用哪种鉴别方式也是在这个协商过程中确定下来的。鉴别成功后,就进入了网络的状态。

网络状态下,使用 NCP(网络控制协议)来协商相关的网络配置,NCP 给新接入的结点分配一个临时的 IP 地址,使结点成为互联网上的一个合法设备。

经过网络阶段后,PPP 进入打开状态,PPP 链路上即可正常通信了。

通信完毕,NCP 释放网络层连接,收回原来分配出去的 IP 地址。接着,LCP 释放数据链路层连接。一次上网过程就结束了。

◆ 习 题

1. 在下列多路复用技术中,( )具有动态分配时隙的功能。

　A. 同步时分多路复用　　　　　　　　B. 码分多路复用

　C. 统计时分多路复用　　　　　　　　D. 频分多路复用

2. [2014 研]站点 A、B、C 通过 CDM 共享链路,A、B、C 的码片序列分别是(1,1,1,1)、(1,−1,1,−1)和(1,1,−1,−1),若 C 从链路上收到的序列是(2,0,2,0,0,−2,0,−2,0,2,0,2),则 C 收到 A 发送的数据是( )。

3. 四个站使用 CDM 共享链路,码片序列分别为

　A. (−1 −1 −1 +1 +1 −1 +1 +1)　　B. (−1 −1 +1 −1 +1 +1 +1 −1)

　C. (−1 +1 −1 +1 +1 +1 −1 −1)　　D. (−1 +1 −1 −1 −1 −1 +1 −1)

现收到这样的码片序列(−1 +1 −3 +1 −1 −3 +1 +1)。问哪个站没有发送数据?哪个站的码片是错误的?为什么?写出详细过程。

4. 比特串 00011111001111111001 用 PPP 传输,经过零比特填充后的比特串是什么?此时使用的是 PPP 的同步传输方式还是异步传输方式?

5. [2013 研]HDLC 协议对 0111111000111110 组帧后对应的比特串是什么?

第6章 有线局域网

局域网主要是靠近用户侧的一种网络,在各类办公室和家庭内应用广泛。以太网、令牌环网、令牌总线网曾是 IEEE 定义的三个主要的有线局域网产品,经过几十年的发展,后两者已经被淘汰。当然,现在的以太网也和最初的以太网有了很大的差别。本章主要介绍局域网相关内容,重点介绍以太网,在最后一节简要地介绍令牌环和令牌总线的工作思想。

◆ 6.1 媒体的访问控制

除了点到点(仅有的两个结点通过一根物理链路相连)的连接方式,网络中经常需要提及的一个重要问题就是对于媒体访问的控制,也就是多个用户需要使用共享的媒体(多路访问,Multiple Access)时,如何安排、调度这些用户对媒体的访问。如果设计得不合理,网络将不断产生冲突而无法工作。就如同在一个房间中,如果始终存在多个人同时说话,将无法有效交流。

对于媒体的访问控制可分为两大类:信道划分方式、动态媒体接入方式。

6.1.1 信道划分方式

这类技术通过频分多址(其实就是频分多路复用)、时分多址、码分多址等技术来实现用户无冲突地使用媒体。

以如图 6-1 所示的时分多址(Time Division Multiple Access,TDMA)为例,协议将信道按照时间进行划分,形成 TDM 帧,把 TDM 帧的 4 个时隙按照固定的顺序指派给 4 个用户,4 个用户轮流使用信道,不会产生冲突。对端根据时隙在TDM 帧中的位置来确定最终的接收方。

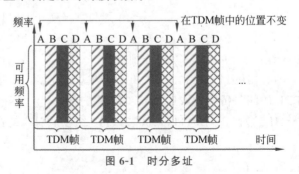

图 6-1　时分多址

其他多址技术与此类似，频分多址（FDMA）按照频率范围来确定用户，码分多址（CDMA）按照码字来确定用户……

信道划分的过程可以是静态的，也可以是动态的。静态的信道划分是事先规划好信道的资源使用，一旦运行不再改变。

动态的协议稍微麻烦一些，一般按周期运行，每个周期开始时统计一下当前的用户数目，根据用户数动态规划用户使用的信道资源（如时间、频率范围、码字等），每一个发送方使用分配给自己的资源来传输自己的数据，接收方则根据规定的资源来获得自己的数据。

6.1.2　动态媒体接入方式

1. 概述

动态媒体接入方式事先不对媒体进行资源的分割，用户按照一定的策略来实现轮流使用媒体。动态媒体接入方式又可以细分为两类。

- 随机接入：用户如有数据要发送，竞争使用信道，如果冲突就重发，这类方式有些类似会议室讨论问题，典型代表是以太网和无线局域网。
- 受控接入：通过相关机制实现用户无冲突地使用信道，例如，令牌环网和令牌总线网利用令牌（类似于古代的虎符）来协调用户发送的过程，也可以指定一个主设备的角色来集中控制发送的过程（类似于教师点名学生回答问题）。

2. ALOHA 算法

ALOHA 算法是最简单的随机接入算法，过程如下。

（1）当结点需要发送数据时，把数据发送到信道上。

（2）若其他结点也在此时发送数据，将导致冲突，发送失败。

（3）如果冲突，产生冲突的结点都算一个随机数 n 并等待 n 时间，然后重新发送，直到数据发送成功为止。

多路访问

算法简单易行。但在多个结点希望发送数据的情况下，算法可能会经过多次冲突，结点也就需要发送多次。ALOHA 算法存在不少改进的算法，例如，时隙 ALOHA 算法、帧时隙 ALOHA 算法等，感兴趣的读者可自行查询资料。

3. CSMA 算法

载波侦听多路访问（Carrier Sense Multiple Access，CSMA）协议在 ALOHA 算法的基础上改进而来，不同处在于要求每个结点发送数据前都使用载波侦听技术来判定信道是否空闲，并根据以下 3 种策略决定后续的工作。

（1）1-坚持 CSMA：结点监听到信道空闲时立即发送数据，否则继续监听。

（2）p-坚持 CSMA：结点监听到信道空闲时，以概率 p 发送数据，以 $1-p$ 的概率延迟一段时间并重新监听空闲后才能发送；否则继续监听。

（3）非坚持 CSMA：发送结点监听到信道空闲时立即发送数据，否则延迟一段随机时间后再重新监听（不是一直监听，前两个一直监听）。

如果把发送数据比作打猎，前两个是一直监视是否有猎物到来，第三个是间歇监视。发现猎物到来后，第一个是立即射箭，第二个是随心情。

◆ 6.2　局域网体系结构

IEEE 802 委员会是专门负责制定局域网等国际标准的组织。起初存在三个主要的局域网产品(三足鼎立),IEEE 802 委员会被迫制定了三个局域网的标准,分别是 802.3 以太网、802.4 令牌总线网、802.5 令牌环网。

局域网主要工作在物理层和数据链路层。为了使标准能更好地适应多种局域网,IEEE 802 委员会把局域网的数据链路层又拆成了两个子层:逻辑链路控制(Logical Link Control,LLC)子层和媒体接入控制(Medium Access Control,MAC)子层。与信道接入和控制有关的内容都放在 MAC 子层,而 LLC 子层则与信道无关,对上提供统一的视图,如图 6-2 所示。

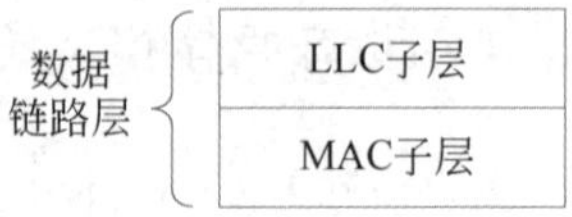

```
          ┌─────────────┐
数据      │   LLC子层    │
链路层    ├─────────────┤
          │   MAC子层    │
          └─────────────┘
```
图 6-2　局域网的数据链路层

但是随着以太网统一有线局域网的局面出现,LLC 的作用已经不大了。目前,很多厂商生产的产品就仅包含 MAC 子层。

◆ 6.3　以太网概述

1. 以太网的发展史

施乐以太网(Xerox Ethernet)是以太网的雏形,仅在公司里内部使用,20 世纪 80 年代,DEC、Intel 和施乐共同发布了 DIX Ethernet 标准并投入市场,被广泛使用。所谓以太(Ether)是曾经被认为的电磁波传播介质。IEEE 在 DIX Ethernet V2 的基础上制定了 IEEE 802.3 标准,两者只有很小的差别,因此经常不分彼此。

在工作方式上,以太网经历了以下两大阶段。

- 传统以太网,共享信道的工作方式。
- 交换式以太网,现代常用的、独占信道式的工作方式。

传统的以太网是将许多主机都连接到一根总线上(见图 6-3),认为这样的连接方法简单可靠,因为不需要额外的有源电子设备。这样的拓扑下,所有主机共享信道。总线型以太网的介质包括粗缆和细缆两类。

后来,为了提高数据传输率,发展出了基于星状、树状拓扑的交换式以太网,性能得到极大的提高,对以太网来说是一种革命式的进步,加之以太网的带宽不断以 10 倍的速度增长,使得以太网"一统江湖"。

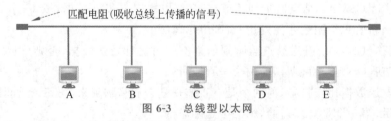

图 6-3　总线型以太网

因为局域网距离短,信道质量好,以太网采取了较为简单的工作机制。

- 采用曼彻斯特编码,方便接收方的时间同步。并且不需要将编码后的信号再调制成模拟波的过程。

- 最初在数据链路层采用了简单的随机发送机制。
- 采用无连接工作方式,对发送的数据帧不采用可靠的传输机制(确认和重传),不进行乱序控制,一切异常的处理交给上层完成。

2. 繁多的标准

以太网先后使用了很多类介质,也为此经历了不少标准(一般格式为:数据率带宽-传输机制-介质特性)。

(1) 10BROAD-36:早期的、支持长距离通信的以太网标准,传输带宽为 10 Mb/s(名称中的 10,下同),使用宽带信号(名称中的 BROAD)进行传输,一根缆最大距离 3600m(名称中的 36)。

(2) 10BASE-5:基带信号传输(名称中的 BASE,下同),介质采用粗缆,一根缆最大距离 500m(名称中的 5)。

(3) 10BASE-2:介质采用细缆,一根缆最大距离约 200m(名称中的 2,实际 185m),布线方便、成本便宜,取代了 10BASE-5。

(4) 10BASE-F:介质采用光纤(名称中的 F)。实际上是一系列的标准,包括 10BASE-FL、10BASE-FB 和 10BASE-FP 等,有兴趣的读者可自己查询资料。

(5) 10BASE-T:介质采用双绞线(名称中的 T),一根线最长距离约 100m,布线方便、成本便宜,取代了 10BASE-2。采用星状/树状拓扑,需要有中心设备,如集线器或以太网交换机,前者的工作方式属于传统以太网范畴,后者属于交换式以太网范畴。

(6) 更多:以太网的技术突飞猛进,最显著的改变就是带宽的不断提高,包括 100Mb/s、1Gb/s、10Gb/s 等,它们只使用基带(BASE)传输机制,采用双绞线或光纤,这样,标准的名称也随之改变,例如,1000BASE-T、10GBASE-T 等。

3. 硬件地址

为了完成局域网的传输工作,IEEE 为局域网规定了 48b 的全球地址,称为硬件地址、物理地址或 MAC 地址。

硬件地址中的前 3B(高 24b)由网卡生产厂商向 IEEE 申请,称为组织唯一标识符,后 3B 由厂商自行指派,称为扩展唯一标识符,厂商必须保证生产出的适配器没有重复的地址。更细节的内容(如地址中的 I/G 比特、G/L 比特),请读者自行查找资料。

4. 网卡

网卡又称为网络接口板、通信适配器或网络接口卡,是计算机接入以太网不可缺少的设备。目前在 PC 中已基本看不到网卡的模样了,其功能已集成在主板里面了。网卡的作用很强大,主要包括以下几方面。

- 进行并/串行转换:将计算机内部的并行数据转换成串行数据并编码成曼彻斯特编码,或相反。
- 对数据进行缓存:发送时需要进行暂存以完成发送过程。
- 在计算机的操作系统安装设备驱动程序。
- 实现以太网数据链路层的相关协议。

在网卡生产过程中,硬件地址被固化在网卡的 ROM 中。主机安装了网卡,就具有了网卡的硬件地址。图 6-4 展示了网卡在主机中的角色。

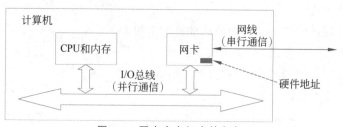

图 6-4　网卡在主机中的角色

传统以太网

◇ 6.4　传统以太网

6.4.1　工作方式

1. 寻址方式

早期以太网(标准以太网、传统以太网)使用广播信道,一个结点发送的数据会被所有其他结点收到,这就存在一个寻址的问题。

为了实现一对一的通信过程,以太网遵循"事不关己高高挂起"的原则。如图 6-5 所示,B 希望发送数据给 D,将 D 的硬件地址写入数据帧首部,发到网络上,A、C、D、E 都能够收到,都将自己的地址和数据帧中的目的地址进行对比,A、C、E 发现匹配失败,删除该帧,只有 D 匹配成功,收下该帧。

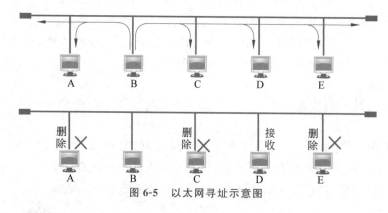

图 6-5　以太网寻址示意图

这里存在一个特例,当某个网卡被设为混杂模式时,该网卡将接收所有到达本主机的数据帧,便于网络管理员作为网络故障诊断手段,分析网络数据,但也常被黑客利用。

2. 数据传输

传统以太网的核心协议是载波侦听多路访问/冲突检测(CSMA with Collision Detection,CSMA/CD),是一种分布式控制方法,所有结点地位平等。

多路访问是指网络上的所有主机共同使用一个广播信道收发数据。

载波侦听是指主机在发送数据前,都需要探查信道是否空闲,如有其他主机在发送数据(信道忙),则不发送数据;若信道空闲,则发送自己的数据。

如果多个主机同时检测到信道空闲并立即发送数据,就会导致信号在信道上产生冲突,数据被毁坏。也就是说,主机在开始发送数据后并非万事大吉,需要发现这种不期而遇的冲突。冲突检测是指各个主机在发送数据的同时,还必须监听信道,以检查自己的数据是否和其他主机的数据产生了冲突。

3. 最小监听时间

主机发送数据帧时需要监听信道,监听的时间必须大于一个数值,否则会导致无法检测到所有冲突的情况。计算最小监听时间就需要考虑最极端的情况,设两台主机处于总线的两端,距离为总线长度(l)。

如图 6-6(a)所示,主机 A 发出帧 f,f 沿着总线向主机 E 传播(设电磁波传播速度为 v),在 f 即将到达 E 时,E 探查到信道仍然空闲,发出了自己的帧,两帧在临近 E 处发送了冲突。从 f 出发到发生冲突的这个时间可以无限接近 f 在信道上传播的时间($\tau = l/v$)。此时 A 还无法感知到冲突。

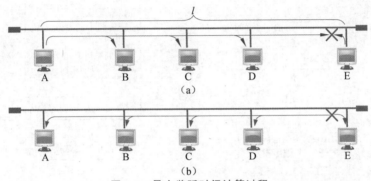

图 6-6　最小监听时间计算过程

如图 6-6(b)所示,冲突的信号会沿着总线向两端传播,从 E 传播到 A 再次经历了 τ 这么长时间,此时 A 才能检测到冲突,知道发送失败了。

因此,A 监听信道的时间不能小于两倍的传播时延,即端到端往返时延,也就是 2τ。2τ 被称为以太网的争用期,或冲突窗口。经过 2τ 时间还没有检测到冲突,才能肯定这次发送过程不会发生冲突了。

实际上,A 没有必要监听比 2τ 更长的时间,因为如果超出 τ 时间,E 肯定收到了 A 的帧,E 会延迟自己的发送过程。

对于一个最大长度为 2500m 的以太网(由 5 段粗缆连接而成)来说,往返时延约 50μs,加上一些余量,以太网取 51.2μs 为争用期的长度。

4. 冲突的解决

感知到冲突的主机须立即停止发送数据,接着发送一个强化干扰信号,以便让所有主机都知道现在发生了冲突。

随后,主机不能立即重新发送自己的数据帧,而是要推迟(退避)一个随机时间 t 后才能重新发送。t 采用二进制指数类型退避算法进行计算。

- 设定一个基本退避时间 t_{base},取值为 51.2μs。
- 设 $k = \text{Min}[\text{重传次数}, 10]$。
- 从整数集合 $\{0, 1, 2, \cdots, 2^k - 1\}$ 中随机取出一个数 c,则下次重传所需的等待时间为 $t = c \times t_{base}$。
- 当重传次数达到 16 次仍失败时,丢弃该帧并向高层报告发送失败。

5. 最小帧长

以太网取 $51.2\mu s$ 为争用期长度,意味着主机需要监听信道至少这么长时间,反过来说,就是主机发送数据帧的时间长度必须超过 $51.2\mu s$,这就要求数据帧必须足够长。对于 10Mb/s 的以太网,在 $51.2\mu s$ 内可发送 512b,即 64B,于是以太网规定了最短有效帧长为 64B,凡小于 64B 的帧都是无效帧。

对于小于 64B 的帧,可通过填充域扩充到 64B。这意味着:主机发送数据时,若前 64B 没有发生冲突,则后续的数据就不会发生冲突了。

可以得到这样的计算公式:

$$最小帧长 = 2 \times 带宽 \times 信道长度 / 电磁波传播速度 \tag{6-1}$$

下面用图 6-7 的流程图来总结传统以太网的发送过程。

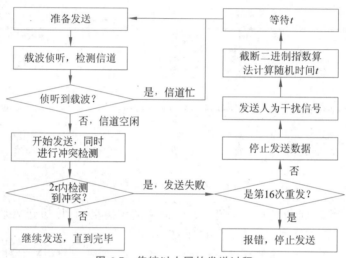

图 6-7　传统以太网的发送过程

CSMA/CD 协议的重要特性如下。

- CSMA/CD 不能进行全双工通信,只能进行半双工通信。
- 主机发送的数据存在着冲突的可能性,这种不确定性使以太网的平均数据速率远小于以太网的最高数据速率。

6.4.2　扩展以太网

1. 在物理层进行扩展——为了扩展而扩展

早期以太网采用同轴电缆作为传输介质,可采用物理层的设备(如转发器、中继器)进行扩展,形成(早期的)树状拓扑结构。如图 6-8 所示,是粗缆形成的树状拓扑,细缆与此类似,只是距离不同。该拓扑遵循 5-4-3 原则:5 个网段、4 个中继器、3 个网段有主机,总长可以达到 2500m。

在物理层扩展以太网有一个很大的问题,需引入冲突域(碰撞域)的概念:如果一个以太网内多台主机由于数据冲突而无法同时通信,则称这个网络构成了一个冲突域。冲突域中的主机可能因相互冲突而造成信道的浪费。

如图 6-9(a)所示,3 个以太网是 3 个独立的冲突域。冲突域中的主机可能会相互冲突,

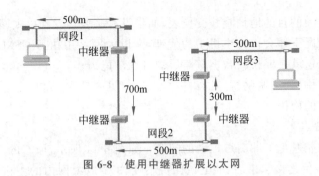

图 6-8　使用中继器扩展以太网

但冲突域之间是不会相互冲突的。

　　但如果通过物理层的设备把 3 段网络联接起来,虽然扩展了网络的距离,让更多的主机可以互通,却把 3 个冲突域合并为一个大的冲突域了,网络中冲突的概率更大了,信道的浪费也更严重了。为此可引入网桥来扩展网络。

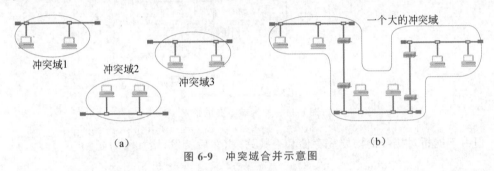

图 6-9　冲突域合并示意图

2. 在数据链路层进行扩展——聪明的扩展

　　最基本的网桥(Bridge)是两接口的二层网络设备,完成物理层和数据链路层的相关工作,结构如图 6-10 所示。网桥除了可以把以太网联接起来,一些网桥(如转换网桥)还可以连接令牌环网和令牌总线网,实现异种局域网的扩展。

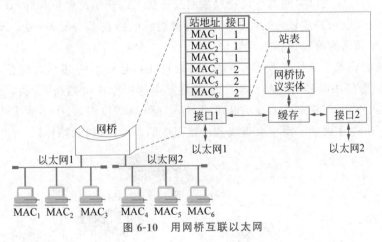

图 6-10　用网桥互联以太网

1）网桥工作原理

　　网桥的两个接口分别连接一个以太网,主机 1 发送数据帧,接口 1 收到后,把帧保存在缓存中,网桥协议实体在处理完前面的帧后处理该帧。

协议实体根据帧的目的地址查找交换表,如果没有必要转发到以太网 2 中就删除该帧,只有在有必要的情况下才会作为主机 1 的代理,在以太网 2 中执行 CSMA/ CD 协议,把帧发送给目的结点。这就是网桥在数据链路层的过滤功能。

并且大部分网桥(如透明网桥)具有自学习能力(见 6.5.2 节),自主形成交换表的内容,极大地方便了人们的使用。

2) 优点大于缺点

网桥的过滤功能避免了冲突域扩大的问题。如图 6-11 所示,原有的 3 个以太网形成了3 个冲突域,在用网桥连接起来后,冲突域保持不变,3 个以太网内的主机,只要不发送数据帧给其他以太网,就可以同时进行数据帧的发送和接收。网桥就如同在 3 个房间之间增加的传话人,如无必要就不传话,只有必要时才进行传话,3 个房间作为各自的冲突域,在增加了传话人后,基本不受影响。

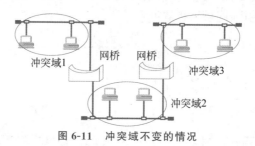

图 6-11　冲突域不变的情况

但由于网桥对接收的帧要先存储和查找站表,然后转发,增加了时延。

◆ 6.5　交换式以太网

6.5.1　渊源

10BASE-T 双绞线以太网的出现是局域网发展史上的一个重要里程碑,具有以下优点:具有良好的可扩展性、易建设性,并且随着大规模集成电路技术的发展,中心设备现在已经非常可靠了(早期认为有源设备不可靠)。

最初的中心设备是工作在物理层的集线器(Hub),是标准的共享式设备,有人称为傻 Hub、哑 Hub、多口中继器等。集线器工作特性基本等同于中继器/转发器,只对信号进行整形、放大后再重发,工作在半双工方式下,同样遵循 5-4-3 原则,每个站到集线器的距离不超过 100m。图 6-12 展示了由三个集线器连接而成的以太网(树状拓扑)。

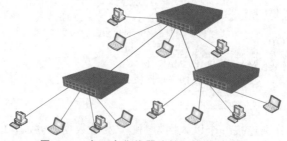

图 6-12　由三个集线器连接而成的以太网

用集线器连接而成的以太网还不是交换式以太网。集线器在内部是模拟总线型媒体的,执行 CSMA/CD 协议,造成了物理拓扑(星状/树状)和逻辑拓扑(总线型)不一致的情况。

6.5.2　以太网交换机

1. 概述

将集线器和网桥结合并加以改进,就形成了现在常用的以太网交换机(switch),又称为第二层交换机、交换式集线器、智能集线器、多接口网桥等。市面上称交换机,实际上是不太规范的称呼。以太网交换机和集线器从外形到连接网络的物理拓扑都没有区别,如图 6-12 所示。

传统以太网效率低下的一个主要原因是共享信道导致的冲突,改进的主要途径就是尽量减小冲突域。以太网交换机每个接口的工作都和网桥的接口一样,都是一个独立的冲突域,接口之间是相互独立的,只有在必要时才建立起两个接口之间的关联。以太网交换机相当于多个会议室之间的联络员。

同网桥一样,以太网交换机也有自己的交换表,记录每一台主机所连接的接口号,以太网交换机的协议实体根据目的 MAC 地址和交换表进行数据帧的过滤。以太网交换机连接而成的以太网才是交换式以太网。以太网交换机具有性价比高、高度灵活等特点,一经出现,很快就成为以太网的主流设备。

顾名思义,以太网交换机只能连接以太网这种局域网,这一点和网桥不同。

2. 数据帧转发工作——其实和决斗场景差不多

以太网交换机的每个接口在收到数据帧后,分析数据帧首部,根据其中的目的 MAC 地址(MAC_d)查表以决定数据帧的发送方向。

- 如果交换表中不存在 MAC_d 的信息,就向除来源接口外的所有接口进行广播(不知道张三住哪里,就满大街喊"张三,李四找你决斗"),结束。
- 如果查到 MAC_d 对应的接口和来源接口是同一个接口(原来张三、李四住同一个院子,自己院子里面处理吧,我不管),删除数据帧,结束。
- 否则,将数据帧发往指定的目标接口(上门投递决斗书)。

需要注意的是,如果目标接口连接的是共享式以太网(例如,用集线器连接而成的以太网),此时以太网交换机还需要执行 CSMA/CD 协议,以半双工的方式进行工作。

下面用图 6-13 来介绍数据帧的转发过程。

(1) 主机 A 发送数据帧给主机 B(MAC 地址为 MAC_b)。

(2) X 查表,发现需要转发到接口 3 上,但接口 3 连接的是集线器,不得不采用 CSMA/CD 协议,把数据帧转发给集线器 Y。

(3) Y 收到数据帧,Y 没有过滤的功能,只能广播,主机 B 和主机 C 都能收到数据帧。主机 C 发现不是自己的,删除,而主机 B 收下。

如果 A 发数据帧给 D,X 在发送过程中不需要执行 CSMA/CD 协议,执行全双工模式。

如果 B 发数据帧给 C,X 将在接口 3 收到,发现目标接口也是接口 3,不予处理。

如果 A 发数据帧给 E,X 查不到关于 E 的交换表项,只能广播。

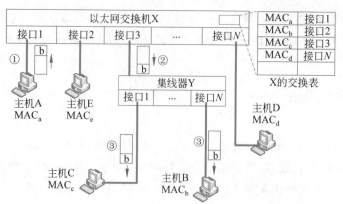

图 6-13　以太网交换机和集线器的不同处理

3. 自学习机制

同透明网桥一样,以太网交换机也实现了自学习功能(逆向学习),使得以太网交换机成为一种即插即用的设备,极大地方便了人们的使用。

这种自学习的思想并不复杂:如果某人从 x 大院出来,那么他现在就住在 x 大院。所以以太网交换机每收到一个数据帧,就记下其源地址和进入的接口,作为交换表中的一个项目。如果每个主机都发送过帧,以太网交换机就可以记住每个主机的所在方位。

图 6-14 展示了以太网交换机自学习的情况。

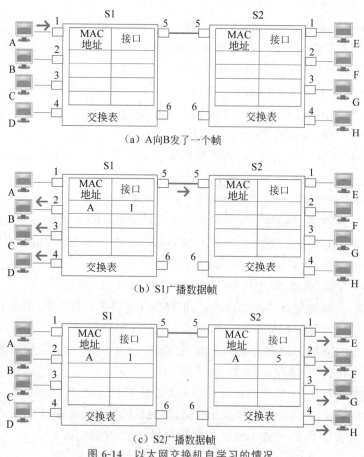

图 6-14　以太网交换机自学习的情况

图 6-14(a)中,S1 和 S2 的交换表都是空的。此时 A 发送了一个帧给 B。

图 6-14(b)中,S1 收到帧后,得到目的地址 B 和源地址 A,将<A、接口 1>登记入自己的交换表(自学习)。S1 找不到 B 的表项,于是向其他所有接口广播,只有 B 接收。

图 6-14(c)中,S2 收到数据帧,同样进行自学习(登记<A、接口 5>)和广播。

4. 与时俱进的交换表

网络中的主机可能会开/关机、更换网卡、移动地理位置等,如果交换表不进行更新处理,会导致发送的失败。为此,交换表中除了记录目的 MAC 地址和所连接口号外,还需记录最近一次数据帧的到达时间。以太网交换机周期性地扫描交换表,超出规定时间的表项将被删除(认为该主机已经离开)。

因此,交换表表项为<目的 MAC 地址,所连接口号,最新时间>。

由此可见,以太网交换机的交换表并非总能包含所有主机的信息。

- 只要主机不发送数据,交换表中就没有这个主机的信息。
- 如果主机在一段时间内不发送数据,该主机对应的表项将被删除。

5. 没有最快,只有更快——直通交换方式

虽然不少人会自然而然地认为以太网交换机对收到的帧采用存储转发方式进行处理,但实际上一些高性能以太网交换机采用了一种高速的交换方式——直通(cut-through)交换方式。这种交换方式下,不必把整个帧先缓存后再处理,而是在收到数据帧的目的地址(数据帧前 6B)后就立即按目的地址决定该帧的转发接口,极大地提高了帧的转发速度。

直通交换的一个缺点是不检查差错就直接转发出去,因此有可能将无效帧转发给目的主机,但是现在通信差错少,出现这个问题的概率也小。

在某些情况下(如需要执行 CSMA/CD 协议时,以及下面所讲的,需要进行数据率自适应时),仍需要采用存储转发方式进行交换。

6. 以太网交换机的特性

以太网交换机的工作原理如图 6-15 所示。

由以太网交换机形成的以太网具有以下特性。

1) 独占性 & 全双工

以太网交换机和网桥一样,每个接口形成一个独立的冲突域,如图 6-16 所示。

以太网交换机和网桥最大的不同在于,前者的接口连接的不是同轴电缆,是双绞线,有独立的发送和接收线路,如果对端是主机/其他以太网交换机,双方可同时收发(全双工,无冲突),表现出了独占性(每个主机独占一个接口及线路),不必使用 CSMA/CD 协议。

可以这样类比,网桥形成的以太网只在路口有立交桥,下来后立即进入菜市场,而以太网交换机形成的以太网是全程高架、立交桥——高速公路。

集线器和以太网交换机可以与交通的十字路口进行类比。集线器以太网中必须执行CSMA/CD 协议,就如同在路口必须等待红绿灯(即便如此还会在高峰期冲突),而交换机有独立的通路,如同立交桥不必等待红绿灯,也不会冲突。

2) 并行性

以太网交换机的工作具有并行性,能同时连通多对接口,使多对主机同时通信,如图 6-16 所示,a 和 b 在通信的同时,c 和 d、e 和 f、g 和 h 也可进行通信,互不干扰。

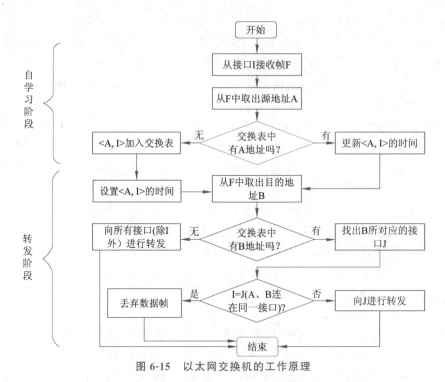

图 6-15　以太网交换机的工作原理

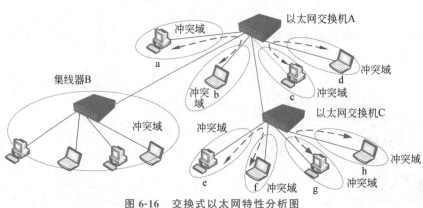

图 6-16　交换式以太网特性分析图

3) 网络总带宽

前面的特性,使得网络的总带宽得以极大地扩展,提升了用户的体验。

对于 $X(X=10$、100 等$)$Mb/s 的共享式以太网(使用 CSMA/CD 协议的以太网),若包含 n 个主机,则每个主机享有的平均带宽只有 X/n,加上冲突,每个主机实际可用带宽更低。

而使用以太网交换机组成的交换式以太网,每个主机独占接口的带宽 X,具有 n 个接口的(线速交换)以太网交换机的总带宽为 $n \times X$。

所谓线速(wire speed)交换是指能够按照网线上的数据传输率实现无瓶颈的数据交换,就是不管线缆上传输有多快,以太网交换机都能按照相同的数据率进行交换。现在多数以太网交换机采用硬件实现高速交换,在理想情况下基本达到线速交换。

4）网络适应性

以太网交换机不能够连接不同类型的局域网,但是可以连接不同带宽的以太网。如果以太网交换机和通信对端(其他以太网交换机或主机)具有不同的带宽,则通信双方将以低带宽的速率进行通信。

5）其他

以太网交换机使用了专用的交换结构芯片,用硬件进行数据帧的转发,转发速率比使用软件转发的网桥快很多。

从集线器连接的共享式以太网改进到交换式以太网时,所有接入设备的软件和网络适配器不需要做任何改动。

6.5.3　以太网回路问题

自学习有个弊端:会产生回路问题。如图 6-17 所示,S1 和 S2 之间两个线路形成了物理上的环路(这是简单的情况,更复杂的情况用户可能无法发现)。

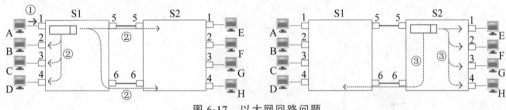

图 6-17　以太网回路问题

上电时,S1 和 S2 的交换表都是空的,于是会产生如下过程。

（1）A 发送一个数据帧给随意一个主机。

（2）S1 无法查到目的主机连在自己的哪一个接口上,只能广播。B、C、D 以及 S2 都会收到该帧,并且 S2 会收到两个一模一样的帧。

（3）这里只考虑从接口 5 进入 S2 的帧,S2 同样无法查到目的主机所在接口,也只能广播。E、F、G、H 以及 S1(从接口 6)都会收到该帧。

（4）S1 重复广播,于是数据帧在 S1 和 S2 之间一直死循环。

这种循环将极大地消耗以太网交换机的带宽。为此,IEEE 802.1D 标准制定了一个生成树协议(Spanning Tree Protocol,STP),其要点是:在不改变网络实际物理拓扑的情况下,在逻辑上切断某些链路,使得整个局域网不存在逻辑上的环路,成为一个逻辑上的树状拓扑,从而消除了死循环的现象,如图 6-18 所示。

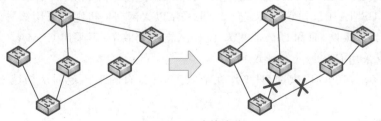

图 6-18　环路的消除

6.5.4 广播域和冲突域

虽然以太网交换机、集线器、网桥、中继器等可互联多个以太网,但形成的大型以太网仍然是一个网络,相关设备也不被认为是网络中的结点(路由器是网络中的结点)。在这个网络里,可以进行网络层的数据广播(一个主机发送数据帧,网内其他主机都可以收到),组成了一个广播域。一些上层功能(如后面的地址解析协议)借助广播才能实现。

很显然,如果广播域没有限制,互联网将面临无法预料的广播风暴,进而性能恶化,甚至无法工作。限制广播的设备一般是路由器,路由器会删除广播的数据,从而限制广播的范围。

图 6-19 展示了广播域和冲突域的不同。可见,以太网交换机的每一个接口意味着一个冲突域,而路由器的每一个接口意味着一个广播域。

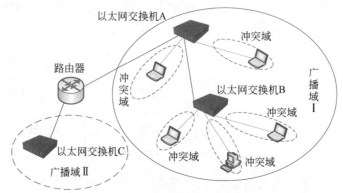

图 6-19 广播域和冲突域的不同

◆ 6.6 以太网的发展

6.6.1 带宽的不断提高

1. 概述

以太网快速发展的一个标志性的改变是带宽的不断提升。速率达到或超过 100 Mb/s 的以太网称为高速以太网,它们都使用 IEEE 802.3 协议规定的帧格式(便于升级和兼容),并且带宽都可向下兼容(高速降为低速进行自适应)。

- 100BASE-T 以太网,又称为快速以太网,采用星状/树状拓扑,如果使用集线器则仍使用 CSMA/CD 协议(半双工),如果采用以太网交换机则不采用该协议(全双工)。
- 吉比特以太网,简称 GE,带宽为 1Gb/s,支持全双工(不采用 CSMA/CD 协议)和半双工(采用 CSMA/CD 协议)。
- 10G/40G/100G 以太网,只工作在全双工方式,有的工作范围从局域网扩展到了广域网。

2. 载波延伸

在 GE 采用半双工的情况下,如果还希望主机到集线器的距离最大 100m 的网线长度,根据公式(6-1)进行计算可得,GE 的最小帧长必然大于 64B,GE 为了保证兼容性,采用了所谓的载波延伸技术。

载波延伸技术规定：凡数据帧长不足 512B 时，就使用一些特殊的字符填充在帧的后面，使数据帧的发送长度增大到 512B。而接收方在收到数据帧后，将填充的特殊字符删除后再向高层交付。

3. 分组突发

对于帧长较小的情况，载波延伸技术显然造成了极大的浪费，应该加以优化。为此 GE 规定：当发送方有很多短帧需要发送时，第一个短帧采用载波延伸的方法，一旦占用信道后，随后的一系列短帧可连续发送，不让其他站点占用信道。这样就形成了分组的突发，直到达到足够的长度（如 1500B）。

6.6.2　虚拟局域网

1. 概述

1）虚拟局域网的提出

广播通信有一定的坏处，虽然路由器可以分割广播域，但是一个企业内部可能需要组成很多小的、特殊地理分布的广播域以方便管理、增加安全性，这和路由器的主要目的（互联网络、转发分组）有些出入，路由器的支持度也不够（如路由器一般接口数不是很多）。

目前，利用一些具有特殊功能的以太网交换机也可做到限制广播的功能，即实现所谓的虚拟局域网（Virtual LAN，VLAN，IEEE 802.1Q 规范）。

2）虚拟局域网的概念

虚拟局域网并不是真正的网络，而是一种增值服务，是由局域网的一部分主机所构成的与物理位置无关的逻辑组，而这些成员具有某些共同的需求（如隶属于同一个部门），像是处于一个普通的局域网中一样。

构成虚拟局域网的站点不拘泥于所处的物理位置，而且既可以连在同一个交换机中，也可以连在不同的交换机中。如图 6-20 所示，通过设置 4 个以太网交换机，形成了 3 个 VLAN，每一个 VLAN 中的成员可以处于不同的楼层。

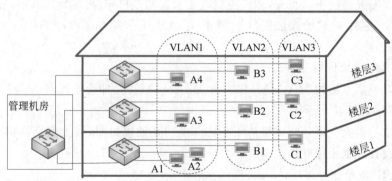

图 6-20　虚拟局域网示意图

3）虚拟局域网的优势

VLAN 是网络资源的逻辑组合，不必更改主机连接的接口/连线，通过设置 VLAN 即可实现重新组合。

每个虚拟局域网都是一个广播域。例如，B1 广播数据时，VLAN1 中的所有主机（包括

A1 和 A2)、VLAN3 中的所有主机(包括 C1)都不会收到这个数据帧。这样,每一个物理的以太网交换机都可以当作多个逻辑的交换机使用。

VLAN 使得网络的拓扑结构变化非常灵活,不受地理位置的限制,如图 6-20 所示,路由器难以实现这样的拓扑。

VLAN 还可以用于控制网络中不同部门、不同站点之间的互相访问(如可访问、不可访问等)以增加安全性。

2. 划分虚拟局域网的方法

划分 VLAN 的方法有很多,包括:基于以太网交换机接口、基于 MAC 地址、基于协议类型、基于 IP 地址、基于高层应用或服务等。

1) 基于以太网交换机接口划分 VLAN

基于以太网交换机接口实现 VLAN 是较为实用和常见的一种方法,配置相当简单,直接指定某些接口属于某个 VLAN 即可。

如图 6-21 所示,设置接口 1、2 为 VLAN10,接口 3、4 为 VLAN20。很明显,与接口相连的主机,其所属的 VLAN 等同于接口所属的 VLAN。

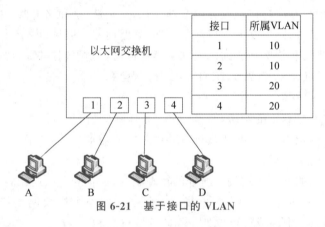

接口	所属VLAN
1	10
2	10
3	20
4	20

图 6-21 基于接口的 VLAN

这种方式的灵活性不是很好,如果主机改变所连的接口,有可能导致其不再属于原有的 VLAN。例如,主机 A 初始连接接口 1,属于 VLAN10,但是如果改变到接口 3 上,则属于 VLAN20 了。

2) 基于 MAC 地址划分 VLAN

这种方式根据主机的 MAC 地址来进行 VLAN 的划分,即设定哪些 MAC 地址属于哪个虚拟局域网,如图 6-22 所示。

这种方法的最大优点是当主机从一个接口换到其他接口时,以太网交换机不用重新配置。缺点是设置过程比较麻烦。

3) 基于 IP 地址划分 VLAN

以太网交换机根据各主机的网络层地址(IP 地址,隐含所属网络的网络号),自动分析主机属于哪一个网络,并按网络号将其划归到不同的 VLAN 里。例如,如果主机 A、B、C 的 IP 地址所隐含的网络号都是网络 1,则以太网交换机把这三台主机划归为一个 VLAN。

这种方法下,即便主机的网卡被更换(MAC 地址变化),只要 IP 地址不变,也不会改变主机所属的 VLAN。该方法的不足是要求以太网交换机要超越数据链路层去理解网络层

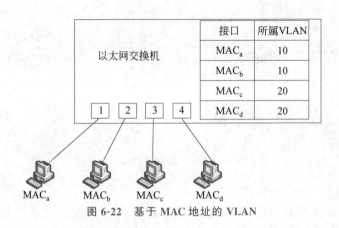

图 6-22　基于 MAC 地址的 VLAN

的内容。

3. 如何跨以太网交换机识别 VLAN

首先要知道,在以太网交换机内部通信和跨以太网交换机通信的处理是不同的。

当数据帧在一台以太网交换机中传输时,以太网交换机很容易根据用户的设置判断数据帧是在本 VLAN 内传输,还是跨 VLAN 传输。如图 6-21 所示,根据接口即可判断 A 发 B 的过程属于同一个 VLAN 中的通信。

但是当某 VLAN 跨越多个以太网交换机时,利用接口的方法就不能用了(不同的交换机具有相同的接口号)。为了使不同的以太网交换机能分辨出帧所属的 VLAN,从而判断是否跨 VLAN,IEEE 802.1Q 协议规定可以在以太网数据帧中加入 4B 的 VLAN 标签(VLAN Tag),如图 6-23 所示。

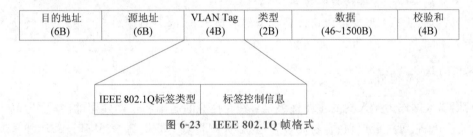

图 6-23　IEEE 802.1Q 帧格式

其中,标签类型固定为 0x8100,标签控制信息中前 4b 用处不大,最后的 12b 是数据帧发出者所属的 VLAN 标识符(VID)。

不支持 IEEE 802.1Q 的以太网交换机会将 0x8100 视为数据帧类型,但是不存在 0x8100 类型的数据帧,交换机会作为错误帧直接丢弃。而支持的以太网交换机则可以正确读出 0x8100 和后面的 VID,判断出数据帧所属的 VLAN。

这样,在不同以太网交换机间进行 VLAN 内数据帧的传输如图 6-24 所示。

如果 A 向 B 发送数据帧,以太网交换机 S1 发现 A 和 B 在一个 VLAN 中,且不用跨越以太网交换机,直接进行数据转发即可。

如果 A 向 C 发送数据帧,S1 发现需要转发到 S2 上,则将 A 的标准以太网帧添加标签成为 802.1Q 格式的帧,表示是 VLAN10 中的数据帧。S2 收到帧并得到 VID 后,去除标签,恢复成标准的以太网帧发给 C。整个过程中,不论是添加还是去除标签,数据帧的校验和都需重新计算。

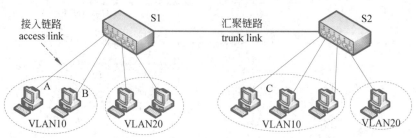

图 6-24　VLAN 内数据帧的传输示意图

4. 不同 VLAN 之间的通信

一般来说,如果未做相关设置,划分 VLAN 后,VLAN 间是无法通信的(有些以太网交换机默认同一交换机内的 VLAN 之间可以通信,也可通过设置关闭这样的通信)。VLAN之间通信的方法包括:基于路由器的通信和基于三层交换机的通信。前者需要借助额外的路由器,而后者是当前较为流行的方法。

目前市场上有许多三层交换机(甚至更高层的交换机,统称为多层交换,MultiLayer Switching,MLS)产品,将一部分路由功能集成到了以太网交换机中,主要应用于园区网中。园区网中的路由比较简单,但要求数据交换的速度要快,于是形成了一种所谓的"**一次路由、多次交换**"的技术。

一次路由、多次交换是指,三层功能只需处理数据流中的第一个分组,即只对第一个分组查询路由表,知道该发给哪一个 VLAN 并进行转发(这个过程和路由器的转发过程一样,即所谓的一次路由),后续帧全部由二层交换机制根据已知信息直接执行交换(多次交换),这样就大大地提高了数据转发的效率。

注意,不能认为三层交换机可以替代全部的路由器,两者的根本目的不同,导致功能、性能的很大不同。

6.6.3　以太接入网

利用以太网作为接入网的主要优势是:具有良好的基础和长期使用的经验,与 IP 匹配良好;性价比高、可扩展性强、容易安装开通;以太网带宽不断提高,容易升级;以太网接入技术特别适合密集型的居住环境。

以太接入网与以太网有很大的不同。首先以太接入网需要用户之间的隔离(避免盗用)。其次,以太接入网要对用户的接入进行控制与管理。以太接入网还应具有强大的网管功能(如性能管理、故障管理、安全管理和计费管理等),特别是计费管理应方便 ISP 以多种方式进行计费(如带宽、时间、包月等)。

以太接入网由局端设备和用户端设备组成,如图 6-25 所示。

- 用户端设备一般位于居民楼内,支持双绞线/光纤接口,与用户设备相连。
- 局端设备一般位于小区内,提供与 ISP 骨干网的连接,需要进行接入的控制,具有汇聚用户端设备数据和网络管理等功能。

在中国,两种设备间的链路越来越多地采用了光纤,以提供足够的带宽。

不管是用户端设备还是局端设备,都和普通的交换机不同,应参与对用户接入的控制和认证。目前,常用的用户认证协议包括 PPPOE 和 IEEE 802.1X。其中,IEEE 802.1X 协议

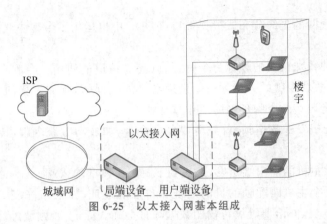

图 6-25　以太接入网基本组成

的核心是基于局域网的可扩展认证协议(EAPoL),通过接入端口(Access Port)对用户的接入进行控制。

- 在认证通过之前,IEEE 802.1X 只允许 EAPoL 的帧通过端口。
- 认证通过后,正常的数据可顺利地通过交换机端口,从而进入互联网。

IEEE 802.1X 认证过程较为复杂,有兴趣的读者可自行查找资料。

另外,以太接入网还针对那些不具备正规机房条件的接入情况制定了 802.3af—2003 标准,由正规机房通过以太网实现远程馈电,即通过以太网端口对一些远程设备进行供电,称为 PoE(Power over Ethernet)。

6.7 利用令牌控制介质访问的局域网

6.7.1 令牌环网

1. 概述

令牌环(token ring)网的标准是 IEEE 802.5,采用差分曼彻斯特编码,支持的速率为 1Mb/s、4Mb/s 和 16Mb/s 等。令牌环网现在已经很少见了。

令牌环网中各个主机之间以手拉手方式进行连接,最终形成一个环状拓扑,如图 6-26 所示。也可采用双绞线、RJ-45 接插件和令牌环集线器形成物理星状、逻辑环状的拓扑结构。

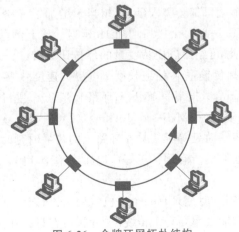

图 6-26　令牌环网拓扑结构

曾经作为城域网的光纤分布式数据接口(FDDI)中也运用了令牌协议。

2. 工作原理

网络中有一种特殊格式的帧称为令牌,用以控制信道的使用。令牌在环路上沿固定方向持续传输,只有截获令牌的主机才可以发送自己的数据帧,犹如古代的虎符一样,只有持有虎符的将军才能调兵。令牌环网的工作过程如下。

(1) 主机如希望发送数据帧,首先需要截获令牌,如成功截获令牌,转为发送方式发送数据。

(2) 数据帧从主机的输出端出发,发送到下一个主机的输入端。

(3) 途径的每个主机匹配帧的目的地址和自己的地址,如果相符,表明是发给自己的,复制一份提交给上层,并给要继续传输的数据帧打上确认标记,否则放过。最终数据帧沿着环路继续向前发送。

(4) 数据帧绕环一周后,最终回到源主机,源主机回收并检查数据帧,确定发送是否成功。

(5) 源主机恢复令牌,放置在环路上,供其他主机截获和发送数据帧。

3. 按优先级预约

令牌环网可以实现按优先级的预约过程。

数据帧的控制字段中设置了优先级预约位,希望发送数据帧的主机可以在其他主机发送的数据帧经过本主机时进行预约,将优先级写入该帧的预约位,通过预约,高优先级的主机可优先获得令牌。主机在发送并回收数据帧之后,还要负责将令牌的优先级降低。

4. 环长的比特度量

环的长度往往折算成比特数来度量,反过来,以比特度量的环长反映了环上能容纳的比特数量。

如果环的数据率为 B Mb/s,发送 1b 需 $1/B(\mu s)$,如电缆的信号传播速度为 $200m/\mu s$,则 1b 占据的长度为 $200/B$ m。对于 1Mb/s 的环网,每比特长度为 200m,如果环长 1000m,则环上只能容纳 5b,即环的比特长度为 5。

在令牌环网中,发送主机可以一边发送数据一边将返回的数据回收,因此对帧的最大长度可以没有限制,但对环的最小长度却是有限制的,因为环的长度至少要能容纳整个令牌(长度为 3B)。

实际上,环路上的每个接口都会引入延迟,相当于增加了环路上的信号传播时延,等效于增加了环路的比特长度。一般每个接口增加 1b 延迟。接上例,如环上有 10 个主机,则环的比特长度即为 15b。因此可给出以比特度量的环长计算式:

$$比特长度 = 数据传输率 \times 信道长度 / 电磁波速度 + 接口延迟比特数 \qquad (6\text{-}2)$$

假设某令牌环长度 10km,数据率为 4Mb/s,环路上有 50 个主机,每个主机的接口引入 1b 延迟,则计算可得环的比特长度 $= 4M(b/s) \times 10(km)/(2 \times 10^8(m/s)) + 1(b) \times 50 = 250b$。

特别地,当数据帧的传输时延等于信号在环路上的传播时延时,该数据帧的比特数就是环的比特长度,也就是数据帧的所有比特正好可以布满整个环路。

5. 特点

令牌环网可以确保在同一时刻只有一个主机占用信道,因此不会产生冲突,所以令牌环网在网络负载重的时候,传输效率要高于传统以太网,后者只有在网络负载较轻时才能工作良好。

在优先级相同的情况下,令牌环网具有发送时间的确定性,任意主机可以在产生数据时计算出最大等待时间,这个特性使得令牌环网适用于延迟可预测的应用程序。

令牌环网的缺点是需要维护令牌,一旦失去令牌就无法工作,需要选择专门的结点监视和管理令牌。

另外,环上只要有一台主机/链路出问题,整个环网将无法工作。

6.7.2　令牌总线网

令牌总线(Token Bus)网是一种在总线拓扑结构中利用令牌作为介质访问控制的方法,标准是 IEEE 802.4,传输介质为同轴电缆。

1. 令牌总线的拓扑

令牌总线对介质的访问控制方式类似于令牌环。如图 6-27 所示,令牌总线网在物理上是总线网,但是通过相关机制,在逻辑上形成了一个环状拓扑(虚线所示),发送的顺序是按逻辑环的排列顺序进行的。

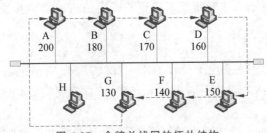

图 6-27　令牌总线网的拓扑结构

主机在逻辑环中的位置是按照地址从大到小的顺序进行排列的,最小的地址后面紧接着的是最大的地址。环中每个主机都只知道本机地址、直接前趋和直接后继的地址。图 6-27 中,假设主机名下的数字为该主机的地址。

2. 如何在广播的媒体上实现环状传输

主机发出的令牌帧会广播到总线上的所有主机,令牌帧的目的地址是后继主机的地址。

所有的主机在收到令牌帧后,只要后继主机识别出令牌帧的目的地址与自己的地址相符,就接收该令牌帧,其他主机不做处理。

每个主机都这样处理,使得令牌帧可以在逻辑环上循环流动,进而使得各主机截获令牌,轮流发送数据帧,不会产生冲突。

3. 特点

令牌总线网的优点如下。

* 控制方式可在总线型/树状结构中用以避免冲突。
* 各主机对介质的共享权力是均等的,可以设置优先级,也可以不设。
* 有较好的吞吐能力,随数据传输速率的增高而增大。

令牌总线网的缺点是控制电路较复杂、轻负载时,线路传输效率低。

◆ 习 题

1. 下列协议中,不会发生碰撞的是( )。

A. TDM   B. ALOHA   C. CSMA   D. CSMA/CD

2. 以争用方式接入共享信道和以时分复用 TDM 分配信道相比优缺点如何?

3. 试说明 100BASE-T 中的 100、BASE 和 T 所代表的意思。10BASE-5、10BASE-2 呢?

4. 2000m 长的总线型以太网数据率为 1Gb/s,信号传播速率为 2×10^8 m/s。求最短帧长。

5. 以太网上两个主机 A 和 B 同时发送数据并产生了碰撞。于是按截断二进制指数退避算法(从 $[0,1,2,\cdots,2^k-1]$ 中随机选一个数)进行重传。计算第 1 次重传成功的概率、第 2 次重传成功的概率、第 n 次重传成功的概率。

6. [2023 研]已知 10BASE-T 以太网的争用时间片为 $51.2\mu s$。若网卡在发送某帧时发生了连续 4 次冲突,则基于二进制指数退避算法确定的再次尝试重发该帧前等待的最长时间是( )。

A. $51.2\mu s$ B. $204.8\mu s$ C. $768\mu s$ D. $819.2\mu s$

7. [2010 研]某局域网采用 CSMA/CD 协议实现介质访问控制,数据传输速率为 10Mb/s,主机甲和主机乙之间的距离为 2km,信号传播速度是 200 000 km/s。请回答下列问题。

(1) 若主机甲和主机乙发送数据时发生冲突,则从开始发送数据的时刻起,到两台主机均检测到冲突的时刻止,最短需要经过多长时间? 最长需要经过多长时间(假设在主机甲和主机乙发送数据过程中,其他主机不发送数据)?

(2) 若网络不存在任何冲突与差错,主机甲总以标准的最长以太网数据(1518B)向主机乙发送数据,主机乙每成功收到一个数据帧后立即向主机甲发送一个 64B 的确认帧,主机甲收到确认帧后方可发送下一个数据帧。此时主机甲的有效数据传输速率是多少(不考虑以太网的前导码)?

8. [2009 研]在一个采用 CSMA/CD 协议的网络中,传输介质是一根完整的电缆,传输速率为 1Gb/s,电缆中的信号传播速度是 200 000km/s。若最小数据长度减少 800b,则最远的两个站距离应如何?

9. 全双工以太网传输技术的特点是( )。

Ⅰ. 能同时发送和接收帧   Ⅱ. 不受 CSMA/CD 限制

Ⅲ. 不能同时发送和接收帧   Ⅳ. 受 CSMA/CD 限制

A. Ⅰ、Ⅱ   B. Ⅰ、Ⅳ   C. Ⅱ、Ⅲ   D. Ⅲ、Ⅳ

10. 请详细分析交换机为什么要设计生成树算法。

11. 10 个主机连接在以太网上,试计算:

(1) 10 个主机通过 1000Mb/s 集线器连接,每个站的理论带宽。

(2) 10 个主机通过 1000Mb/s 以太网交换机连接,每个站的理论带宽。

(3) 10 个主机通过 1000Mb/s 以太网交换机连接,总的理论带宽。

12.［2014 研］某以太网拓扑及交换机当前转发表如图 6-28 所示。

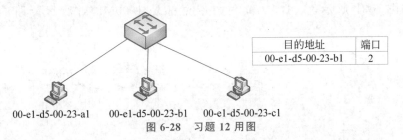

目的地址	端口
00-e1-d5-00-23-b1	2

00-e1-d5-00-23-a1　　00-e1-d5-00-23-b1　　00-e1-d5-00-23-c1

图 6-28　习题 12 用图

主机 00-e1-d5-00-23-a1 向主机 00-e1-d5-00-23-c1 发送 1 个数据,主机 00-e1-d5-00-23-c1 收到该数据后,向主机 00-e1-d5-00-23-a1 发送 1 个确认,交换机对这两个发送过程的转发端口分别是什么?

13.［2016 研］如图 6-29 所示,回答问题:

(1) 若主机 H2 向主机 H4 发送一个数据,主机 H4 向主机 H2 立即发送一个确认帧,则除 H4 外,从物理层上能够收到该确认帧的主机还有(　　　)。

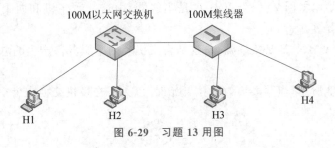

100M 以太网交换机　　　100M 集线器

H1　　　H2　　　H3　　　H4

图 6-29　习题 13 用图

  A. 仅 H2　　　　　B. 仅 H3　　　　　C. 仅 H1,H2　　　　D. 仅 H2,H3

(2) 若 Hub 再生比特流过程中会产生 $1.535\mu s$ 延时,信号传播速度为 $200 m/\mu s$,不考虑以太网帧的前导码,则 H3 与 H4 之间理论上可以相距的最远距离是(　　　)。

  A. 200m　　　　　B. 205m　　　　　C. 359m　　　　　D. 512m

14.［2013 研］对于 100Mb/s 的以太网交换机,当输出端口无排队,以直通方式转发一个 MAC 帧(不包括前导码)时,引入的转发延迟至少是多少?

15.［2010 研］下列网络设备中,能够抑制广播风暴的是(　　　)。

Ⅰ. 中继器　Ⅱ. 集线器　Ⅲ. 网桥　Ⅳ. 路由器

  A. 仅Ⅰ和Ⅱ　　　B. 仅Ⅲ　　　　　C. 仅Ⅲ和Ⅳ　　　　D. 仅Ⅳ

16.［2020 研］如图 6-30 所示的网络中,冲突域和广播域的个数分别是(　　　)。

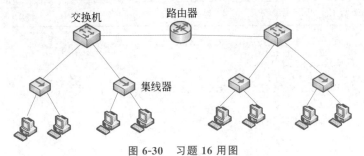

交换机　　　路由器

集线器

图 6-30　习题 16 用图

A. 2,2 　　　　　　B. 2,4 　　　　　　C. 4,2 　　　　　　D. 4,4

17. 如图 6-31 所示，A、B、C 和 S 的带宽都是 1000Mb/s，所有链路的速率都是 1000Mb/s。

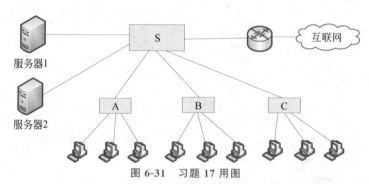

图 6-31　习题 17 用图

(1) 如果 S、A、B、C 都是以太网交换机，由这 9 台主机和两个服务器产生的总吞吐量的最大值是多少？

(2) 如果 S 是以太网交换机，A、B、C 是集线器，由这 9 台主机和两个服务器产生的总吞吐量的最大值是多少？

(3) 如果 S、A、B、C 都是集线器，由这 9 台主机和两个服务器产生的总吞吐量的最大值是多少？

18. 如图 6-32 所示，填写表 6-1(设刚开始时，以太网交换机交换表为空)。

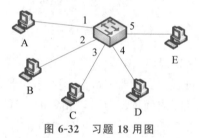

图 6-32　习题 18 用图

表 6-1　习题 18 用表

用 户 操 作	以太网交换机动作	向哪些接口发送帧
A 发送给 B		
B 发送给 A		
E 发送给 A		
A 发送给 E		

第 7 章

无 线 网 络

无线通信网络是当前通信的重要手段,本章首先介绍了一些无线网络的概念。WiFi 是当前非常流行的无线通信网络之一,建设和使用费用低廉,通信效果也越来越好,是本章的主要内容。

◆ 7.1 概　　述

7.1.1　无线网络概述

无线网络与有线网络最大的不同就是传输介质的不同,也正是由于传输介质的开放性,进而需要更多、更复杂的技术来支持通信的过程。

无线通信技术的发展,使得用户可以在移动中进行通信,具有极大的便利性。这种便利性带入互联网,形成了移动互联网,使得人们可以在移动过程中访问海量的互联网内容,进一步丰富了人们的生活。

无线通信网络虽然给人们带来了极大的便利,但是其具有的不安全因素(例如更容易窃听)给无线用户与网络经营者带来了巨大的威胁,要维护用户和经营者的权益就必须做好无线网络安全防护技术工作。

无线网络有很多种分类的方法,按照通信距离可以分为无线局域网(Wireless LAN,WLAN)、无线城域网(Wireless MAN,WMAN)、无线广域网(Wireless WAN,WWAN)以及无线个域网(Wireless PAN,WPAN)等。无线局域网如我们平时常接触的 WiFi,无线广域网如我们手机经常使用的蜂窝通信,无线个域网如蓝牙,无线城域网发展不太顺利。

无线网络按照工作机制可分为传统无线网络(有基础设施的网络)和移动自组织网络(最初的移动自组织网络不包括基础设施)。前者如 WiFi(需要有接入点这个基础设施,家庭中常见的即无线路由器),后者则是一种研究方兴未艾,但又不太受大众关注的特殊网络。下面先介绍移动自组织网络。

7.1.2　移动自组织网

1. 概念

移动自组织网又称为自组织网、Ad Hoc 网络、移动 Ad Hoc 网络(Mobile Ad Hoc Network,MANET)。网络由一系列处于平等地位的移动结点组成,结点之

移动自
组织网

间通过无线方式通信,是一种可以自动组成临时网络的自治系统。

传统意义上的自组织网没有接入点(基站),没有固定的路由器或其他辅助设备。网络中的结点自行组织成网络后,既要进行一定的数据处理,又要充当路由器,转发其他结点的数据。

结点间可以以单跳方式或多跳方式相互通信。多跳通信方式如图 7-1 所示。

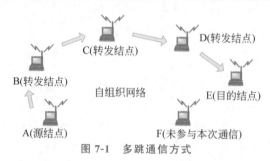

图 7-1　多跳通信方式

2. 在物理网中引入路由的思想

因为需要实现多跳通信,所以需要借助路由算法来计算路径,这种路由和互联网上的路由完全不同,最重要的是结点是可以移动的,必然导致网络拓扑结构经常变化,路由信息不太稳定,所以自组织网会经常不断动态重组。为此,自组织网中的结点应做以下几点。

- 自发现:结点能适应网络的动态变化、快速检测到其他结点的存在与否。
- 自动配置:结点通过相关的分布式算法来协调彼此的行为、确定各自的角色、作用等,并自动设置一些参数,无须人工干预。
- 自组织:可在任何时刻、地点快速形成一个有效的网络系统。
- 自愈:由于结点间路径的冗余性、路由的动态性,使得一条路径上的结点坏掉后可以安排其他路径继续传输,具有较强的抗毁性和健壮性。

3. 移动自组织网的演化

根据应用场合的不同,自组织网不断演化,衍生了几个特殊类型的自组织网。它们与最初的自组织网有一定的区别,但是都拥有本质的特点——自组织性。

1)无线传感器网络

无线传感器网络(Wireless Sensors Network,WSN)是由部署在监测区域内具有感知能力(如感知温度)、计算能力与无线通信能力的传感器结点,通过自组织的方式构成的网络系统。其目的是实现结点之间相互协作来感知对象、采集信息、对信息进行一定的处理,最后把信息通过无线通信传递到互联网。WSN 的结构如图 7-2 所示。

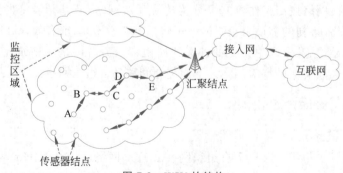

图 7-2　WSN 的结构

WSN 与传统自组织网的不同：

- WSN 结点是简单、低廉的处理单元，能量以小型电池为主，对能量消耗须严格控制。
- 结点一旦布置完毕移动较少。
- 为了将感知的数据传入互联网，一般会有一个汇聚结点（Sink，或称为接入结点、基站）进行接入。

2）无线 Mesh 网络

无线 Mesh 网络（Wireless Mesh Network，WMN）如图 7-3 所示，主要是为了延伸用户的接入距离。

WMN 中只有少量的结点（称为网关）可以直接连到互联网，其他结点只是负责将数据中转给这些网关。结点一旦布置完毕基本不动，并且一般有持续的电源进行供电，能源不是考虑的重点。

接入网/互联网

图 7-3　无线 Mesh 网络

WMN 可以由多个结点来多跳、接力地完成用户数据的接入，这一点明显不同于 WiFi 和传统的蜂窝网（它们都是单跳网络，用户的数据必须一跳传给接入点/基站，而后者通过有线的方式连入互联网）。现在的 4G 也采纳了 WMN 的技术以增加基站布置的灵活性。

3）机会网络

在一些实际应用环境中，因为结点移动、网络稀疏、信号衰减/被阻隔等原因，会导致一段时间内网络结点之间无法通信（如嫦娥卫星绕到月球背面时就无法与地球通信）。而传统自组织网一般要求路径一直存在，无法应用于这种场景。

机会网络（Opportunistic Network）利用结点（如野生动物携带的设备）移动形成的通信机会（即结点相遇，这种相遇是随机的，是可遇不可求的）将信息在结点间逐跳传输，最终发给目的结点。

4）和互联网的关系

除了无线 Mesh 网络，其他自组织网络的出发点并非是帮助互联网做什么事情，如果希望发送数据到互联网，则不得不借助网关进行数据格式的转换。

◆ 7.2　隐蔽站和暴露站问题

1. 无线通信面临的问题

很多无线通信网络都采用了竞争信道的模式，典型的例子如：WiFi 路由器（接入点（Access Point，AP））附近有多个移动设备时，谁先抢到信道谁先使用，即所谓的竞争。那么就需要处理以下几个问题。

- 如何让所有用户合理地共享通信资源，避免有两个或以上的用户同时发送信号给某一个设备。

- 如何提高通信的效率。
- 如何实现公平,避免某些用户始终不能发送数据,等等。

不少协议都采用了载波侦听多路访问(CSMA,6.1.2节)的方式。能不能采用传统以太网的 CSMA/CD 协议(CD=冲突检测)呢? 答案是否定的。

首先,信号在空气中的衰减比有线介质中的衰减要快,希望设定一个阈值,通过比较(冲突)信号强度大于阈值的方法来判定冲突不太好(是正常的信号还是冲突信号不好说)。因此在硬件上实现冲突检测机制花费较大。

另外,在无线环境下,因为通信距离有限,同一个网络中的某些结点无法相互通信(以太网中所有结点可互通),这会造成一些问题,最常见的就是隐蔽站和暴露站问题。前者的问题在于,即便有冲突检测机制,有的冲突还是检测不到;后者的问题是,通信的效率被降低了。

隐蔽站和
暴露站问题

2. 隐蔽站和暴露站问题

图 7-4(a)展示了隐蔽站(hidden station)问题。虚线圆(实际上是球形)代表结点发射信号的空间覆盖范围。A 和 C 都希望发送数据给 B,但由于彼此不在对方的通信范围内,无法检测到对方的无线信号,都以为 B 是空闲的,都向 B 发送了数据。结果在 B 处,两者的信号发生了冲突,B 无法收到有效的信号。A 和 C 互为隐蔽站。

图 7-4(b)展示了暴露站(exposed station)问题。B 正在向 A 发送数据时,C 想和 D 通信。但由于 C 检测到 B 的信号,于是不敢向 D 发送数据。实际上,C 发送信号给 D 是没有问题的,因为 C 的信号一旦向右超出 B 的通信范围,就会恢复正常了,B 也一样。B 对 C 来说是个暴露站。暴露站问题降低了整个系统的通信效率。

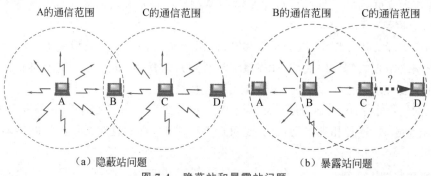

(a) 隐蔽站问题   (b) 暴露站问题

图 7-4   隐蔽站和暴露站问题

3. 采用预约模式来缓解隐蔽站和暴露站问题

针对这两个问题,不少无线协议采用了通过 RTS(Request To Send)/CTS(Clear To Send)进行预约的模式来缓解:在发送数据之前,发送者用 RTS 帧预约信道,接收者发送 CTS 帧对预约进行确认,预约成功后,发送方才开始发送数据。

如图 7-5(a)所示,A 希望和 B 进行通信,事先广播一个 RTS 帧。如果 B 正空闲,则广播一个 CTS 帧,如图 7-5(b)所示。此后双方进行正常的通信。

如 A 先向 B 发送了 RTS 进行预约,在预约成功的前提下(RTS/CTS 很短,预约过程很快),C 可以收到 B 的 CTS,知道 B 的信道已被 A 预约,于是 C 等待,不发送自己的数据,从而在一定程度上避免了隐蔽站的问题。

如果 B 和 A 通信,向 A 发送了 RTS,A 返回的 CTS 无法到达 C。C 虽然收到了 B 的 RTS,却没收到 A 的 CTS,知道 B 与 A 的此次通信不会影响到自己发向 D 的通信,所以可向 D 发送数据,这在一定程度上避免了暴露站的问题。

需要注意的是,预约帧也是有可能发生冲突的,但是因为它们都很简短,所以冲突的概率很小。

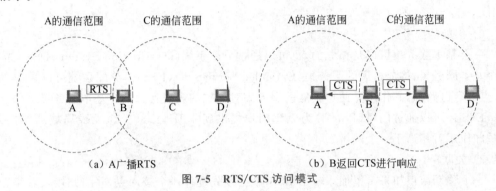

图 7-5　RTS/CTS 访问模式

◆ 7.3　无线局域网

无线局域网(WLAN)的典型代表是基于 IEEE 802.11 标准的无线局域网,也常被称为 WiFi(实际上两者并不等同)。

7.3.1　IEEE 802.11 概述

1. 概念

基于 IEEE 802.11 的无线局域网属于有基础设施的无线局域网,使用无须授权的 2.4GHz 或 5GHz 频段,可以使智能终端设备实现随时、随地、随意的宽带网络接入,为用户接入互联网提供了极大的便利。

现在许多地方,如办公室、机场、快餐店等都向公众提供有偿/无偿接入 WiFi 的服务,这样的地点叫作热点。由许多热点和 AP 连接起来的区域叫作热区(Hot Zone)。

2. 系统组成

基于 IEEE 802.11 的无线局域网的基本组成如图 7-6 所示。

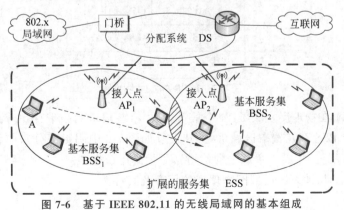

图 7-6　基于 IEEE 802.11 的无线局域网的基本组成

1) 基本服务集

IEEE 802.11 规定，无线局域网的最小组成单位为基本服务集（Basic Service Set，BSS），一个基本服务集包括一个基站和若干个移动结点，形成星状拓扑。

基本服务集内的基站叫作接入点（Access Point，AP），其作用与网桥相似。当网络管理员安装 AP 时，必须为该 AP 分配一个不超过 32B 的服务集标识符（Service Set Identifier，SSID）。

2) 扩展的服务集

一个基本服务集可以是孤立的，也可以通过分配系统（Distribution System，DS）连接另一个基本服务集，构成扩展的服务集（Extended Service Set，ESS）。分配系统可以采用以太网、点对点链路等，其作用是使得扩展的服务集对上层的表现就像一个基本服务集一样。

ESS 还可以通过门桥（Portal）为无线用户提供到非 IEEE 802.11 无线局域网的接入。门桥的作用就相当于一个网桥。

3) 关联

一个移动结点如果希望加入一个 BSS，就必须先选择一个接入点，并与此接入点建立关联。这个过程需要结点弃用原来的 BSS 信道，采用目的 BSS 的信道。例如，图 7-6 中 A 从 BSS$_1$ 转移到 BSS$_2$ 中，需要完成以上工作。

移动结点与 AP 建立关联的方法包括：

- 被动扫描，移动结点等待接收 AP 周期性发出的信标帧（Beacon Frame）。
- 主动扫描，移动结点主动发出探测请求帧，然后等待从 AP 发回的探测响应帧。

建立关联时，需要有一定的安全措施（典型的表现为需要用户输入口令），包括早期的有线等效保密（WEP）和现在更加完善的 WiFi 保护接入（WPA）。

4) 通信

所有移动结点的通信都要借助所在 BSS 的接入点进行转接。

当一个结点在移动过程中，甚至从源 BSS 晃荡到另一个 BSS 的过程中，仍可保持与另一个结点的不间断通信，真正做到藕断丝连（不过藕很快又连上了）。

3. IEEE 802.11 协议栈

IEEE 802.11 定义了物理层和 MAC 层的协议规范，如图 7-7 所示。

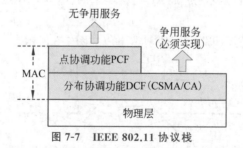

图 7-7　IEEE 802.11 协议栈

IEEE 802.11 在物理层定义了 14 个信道，其中有些信道的频带存在着重叠（信道 14 一般不用），当两个 BSS 存在覆盖区域重叠的时候（如图 7-6 中阴影部分），应将两个接入点所使用的信道重新配置（相隔 5 个以上的信道），尽量避免产生冲突。

表 7-1 展示了几种无线局域网物理层的标准及其特性。

表 7-1　几种常用的 802.11 无线局域网物理层

标准	频段	最高数据率	优　缺　点
802.11b	2.4GHz	11Mb/s	数据传输速率较低,信号传输距离远,且不易受阻碍
802.11a	5GHz	54Mb/s	数据传输速率较高,支持更多用户同时上网,信号传播距离较近,易受阻碍
802.11g	2.4GHz	54Mb/s	数据传输速率较高,支持更多用户同时上网,信号传输距离远,且不易受阻碍
802.11n	2.4/5GHz	600Mb/s	传输速率进一步提升,兼容性得到极大改善
802.11ac	5GHz	7Gb/s	支持用户的并行通信,提高了吞吐量,提供了更好的安全性
802.11ax	2.4/5GHz	9.6Gb/s	强调在密集环境下提高网络的吞吐量

IEEE 802.11 的 MAC 子层支持两种不同的工作方式。

- 分布式协调功能(Distributed Coordination Function,DCF),是 IEEE 802.11 协议中数据传输的基本方式,所有移动结点竞争信道发送数据。
- 点协调功能(Point Coordination Function,PCF),由接入点 AP 控制的轮询方式,是一种非竞争的集中式控制工作方式,不会产生冲突,传输时间可控,主要用于传输时间敏感性业务,如网络电话。

其中,分布式协调功能的核心是 CSMA/CA 技术,可以作为基于竞争的 MAC 协议的代表。点协调功能是可选的。下面主要介绍 DCF 机制。

4. DCF 工作模式

DCF 包括两种传输模式:基本传输模式和基于 RTS/CTS 的预约传输模式。

1) 基本传输模式

发送结点竞争得到信道后,发送数据帧。可能周边有多个结点收到该帧,根据帧的目的地址,只有目的结点进行接收。目的结点在检验并确认数据帧正确后,需向发送结点发送一个应答帧(ACK),表明发送成功,如图 7-8(a)所示。

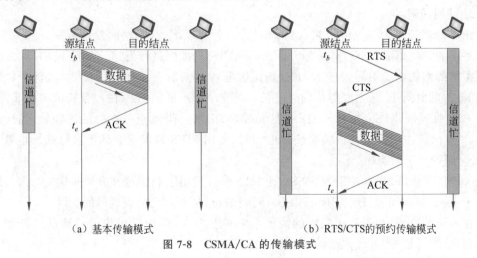

（a）基本传输模式　　　　　　　（b）RTS/CTS的预约传输模式

图 7-8　CSMA/CA 的传输模式

如果在一定的时间内,发送结点没有收到 ACK 帧,则认为发送失败,发送结点重新竞争信道并重传该帧。经过若干次失败后,将放弃发送。

在发送结点和目的结点通信的过程中,相邻结点认为信道忙,停止工作,等待当前通信的双方完成通信。

2) 基于 RTS/CTS 的预约传输模式

为了减少隐蔽站和暴露站问题,IEEE 802.11 协议也引入了 RTS/CTS 机制,但是是可选的。如图 7-8(b)所示,在传输数据前需要利用 RTS 和 CTS 两个控制帧事先进行信道的预约。

3) 保证会话的完整性

不管哪种模式,在整个会话过程中,所有帧之间的时间间隔(从完整接收一个帧,到自己发送下一个帧之间的时间)都被设定为最小,使得其他结点无法抢占信道,保证次会话的完整性(一旦被中断就是浪费)。相当于聊天过程中,对话双方像炒豆子一样说话,让别人无法插嘴。

7.3.2 IEEE 802.11 CSMA/CA 的工作

1. 虚拟载波监听

结点在发送自己的数据帧之前,需要侦听信道是否空闲。IEEE 802.11 标准使用物理载波侦听和虚拟载波侦听两种方式,并综合这两种方式得到的结果,来判定空间信道的占用情况。

IEEE 802.11 标准让源结点将自己需要占用信道的时间(包括目的结点发回确认帧所需的时间)放置在帧首部的"持续时间"中,周围听到此帧的结点知道,信道还会被占用多长时间,在这段时间内,其他结点停止发送数据。这样即实现了所谓的虚拟载波监听。

虚拟载波侦听规定,每个结点维护一个网络分配向量(Network Allocation Vector,NAV),表示信道被其他结点预留的时间长度。NAV 可以理解为一个计数器,当 NAV 的值减到 0 时,虚拟载波侦听指示信道空闲了。

一旦侦听到信道空闲,结点就可以准备发送数据帧了。

2. 帧间间隔

IEEE 802.11 规定,当一个结点判断信道是空闲时,也不能立即发送数据,而是要等待一个特定的帧间间隔时间(Inter Frame Space,IFS)后才能进行发送。并且 IEEE 802.11 给不同类型的帧规定了不同长度的 IFS,从而区分各类帧对介质访问的优先权,优先级高的帧,其等待的时间短,反之则等待的时间长。共有三个不同的 IFS,由短到长依次如下。

- 短帧间间隔(Short IFS,SIFS)时间最短,用来分隔属于一次会话的各帧,当两个结点已经占用信道并持续交换数据帧时,使用 SIFS 来确保会话不被打断。也就是前面炒豆子的类比。
- PCF 帧间间隔(PCF IFS,PIFS),比 SIFS 长。只用于 PCF 模式开始时优先抢占信道。
- DCF 帧间间隔(DCF IFS,DIFS),时间最长,是普通帧的等待时间。

在等待的过程中,若低优先级的帧还未来得及发送,其他高优先级的帧已经开始发送了,则介质变为忙态,低优先级的帧就只能再推迟发送了。

3. 争用窗口

若数据帧是结点发送的第一个数据帧,且结点检测到信道空闲(包括物理的和虚拟的),

在等待 DIFS 后,就可以立即发送数据帧。

除此之外,IEEE 802.11 规定,结点(可能多个结点同时希望发送帧)在等待 DIFS 之后也不能立即发送数据,而是进入争用窗口进行竞争,以期减少冲突的可能性(CSMA/CA 中 CA 的含义)。

所谓的竞争,就是所有的结点各自选择一个随机的退避时间(退避计数器),按照时间进行扣除,直到退避时间为 0,发送自己的数据帧。

如果某个结点在退避的过程中,信道再次被占用,结点需要冻结自己当前的退避时间。当信道转为空闲后,再次经过 DIFS 后,结点从刚才剩余的退避时间开始退避。采用冻结机制,使得被推迟的结点在下一轮竞争中无须再次产生一个新的随机退避时间。这样,等待时间长的结点最终可以优先访问信道,从而维护了一定的公平性。

结点在等待退避时间后,立即占用信道发送数据帧,并等待 ACK 帧的答复。此时可能有如下结果。

- 如果不存在冲突,则本次发送成功。
- 和其他结点产生了冲突(两个结点选择的退避时间相同),则结点进行下面介绍的冲突处理。

当多个结点同时竞争信道,通过随机退避时间可以使得多个结点发送数据的时刻得以分散,这样就大大减少了冲突发生的概率。

图 7-9 显示了多个结点发送数据前执行退避的过程。当结点 A 发送数据完毕,结点 B、C、D 都产生了数据。在等待了 DIFS 之后,B、C、D 都产生了自己的退避时间,进行退避。

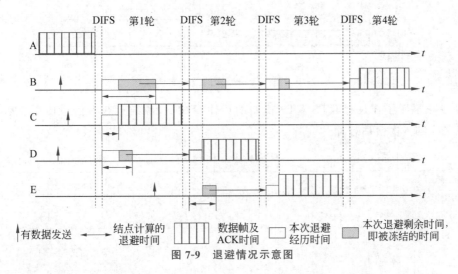

图 7-9　退避情况示意图

C 的退避时间最短,获得了第 1 轮信道的使用权,发送数据。结点 B 和 D 冻结自己的退避时间。

C 发送数据完毕,希望发送数据的结点多了一个 E,E 也产生了自己的退避时间。所有结点在等待了 DIFS 时间之后,继续退避。由于 D 的剩余退避时间最短,所以 D 获得了第 2 轮信道的使用权,发送数据。

D 发送数据完毕,由于 E 的剩余退避时间短,所以获得了第 3 轮信道的使用权。最后 B

在第 4 轮得以发送数据。

这看上去不太公平,但如果不用冻结机制,D 有可能每次都计算得到一个较大的退避时间,一直得不到发送。

4. 冲突处理

即便经过了精心的设计,但是冲突仍然有可能发生,这时,各个结点采用二进制指数退避算法来计算一个新的退避时间,等待新的退避时间后继续尝试发送。

二进制指数退避算法如下。

设当前是第 i 次退避,则算法从 $\{0,1,\cdots,2^{2+i}-1\}$ 中随机地选择一个数字 n,算法以 n 个单位时间为自己新的退避时间。若当前是第 1 次退避,则算法在 $\{0,1,2,3,4,5,6,7\}$ 中随机选择一个数字 n,第 2 次退避是在 $\{0,1,2,\cdots,15\}$ 中随机选择一个数字 n,以此类推。

5. 会话过程示例

图 7-10 展示了在基本传输模式下,源结点获得信道使用权后,与目的结点之间的一次会话过程。目的结点经过 SIFS 后需要立即返回一个 ACK 给源结点。

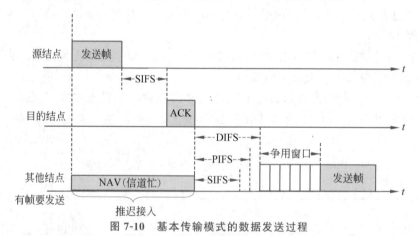

图 7-10　基本传输模式的数据发送过程

图 7-11 展示了在具有 RTS/CTS 机制的传输模式下,源结点获得信道使用权后,与目的结点之间的一次会话过程。

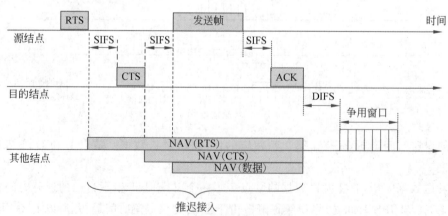

图 7-11　RTS/CTS 传输模式的数据发送过程

7.3.3　相关发展

1. MU-MIMO 技术

目前较新的标准 IEEE 802.11ac 一个显著的特点是采用了多用户-多入多出（Multi-User Multiple-Input Multiple-Output，MU-MIMO）技术，能与多个结点同时通信，极大地改善了信道的利用率。

传统 AP 信号的覆盖范围是一个球形，覆盖范围内的设备根据竞争情况与 AP 通信，每次只能是一对一的通信，如图 7-12(a)所示。

而支持 MU-MIMO 技术的 AP 则不同，它的信号可以被看作"射线"：利用波束成型和多用户分集技术，将信号在时域、频域、空域三个维度上分成多条射线，它们同时与不同的结点进行通信，而且多路信号互不干扰。也就是可以同时为多用户服务，如图 7-12(b)所示。

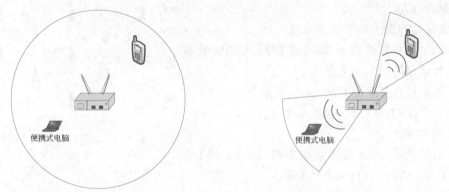

（a）传统AP工作情况　　　　　（b）支持MU-MIMO的AP工作情况

图 7-12　支持 MU-MIMO 的 AP 与传统 AP 的对比

2. 更大的信号承载密度

802.11ac 在物理层还通过加大信号承载密度来实现高数据率。

802.11n 采用了 64QAM 调制技术，其星座图如图 7-13(a)所示，而 802.11ac 则采用了 256QAM，其星座图如图 7-13(b)所示。可见，802.11ac 采用的码元状态数比 802.11n 多很多。其中，QAM 是正交振幅调制的简写，调制过程中频率不变，以振幅和相位作为参量进行变化。

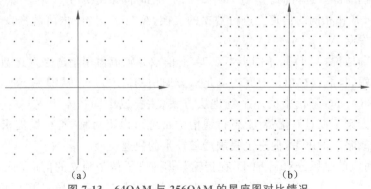

（a）　　　　　　　　（b）

图 7-13　64QAM 与 256QAM 的星座图对比情况

802.11n 中,一个码元可携带 6b,而 802.11ac 可携带 8b。假设波特率相同,802.11ac 的数据率是 802.11n 的 1.3 倍。如果说 802.11n 时代,马路上的交通工具是小轿车,而在 802.11ac 时代则改成了面包车,运输能力大不少。

7.4　无线广域网

1. 概述

无线广域网的代表就是蜂窝通信(Cellular Communication),在国内由电信、移动、联通等网络运营商经营,提供广泛范围内的无线通信服务,使手机实现移动中的通信。蜂窝的思想如图 7-14 所示,这种基站布置方式可在相同投入的情况下得到最大的覆盖面积。

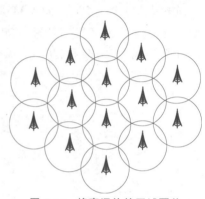

图 7-14　蜂窝通信的区域覆盖

蜂窝通信目前发展了如下 5 代。

- 第 1 代模拟蜂窝系统,如美国的 AMPS 系统和欧洲的 TACS 系统等。
- 第 2 代数字蜂窝系统(2G),如欧洲的 GSM 和美国的 CDMA 等。第 2.5 代过渡系统(2.5G),如 GPRS 等。
- 第 3 代(3G)多媒体数据通信,如 WCDMA、CDMA2000、TD-SCDMA 等。
- 第 4 代(4G)宽带多媒体数据通信,如 LTE。
- 第 5 代(5G)强调万物互联,正在积极推广。另外,第 6 代也正在积极研究当中。

目前 4G 仍是主流,其标准主要是指 LTE(Long Term Evolution,长期演进),提供下行 100Mb/s,上行 50Mb/s 的峰值速率,建立在全 IP 的基础架构上,虽然不是最终的 4G(LTE-Advanced),但是已经基本能够满足大多数用户对无线服务的要求了。

2. 双工方式

LTE 定义了 FDD(频分双工)和 TDD(时分双工)两种模式。

TDD 是通信系统中常见的一种双工方式,将信道的时间轴分为时隙,发射和接收信号是在信道的不同时隙中进行的。举个简单的例子,把时间轴分为 T_A、T_B、T_A、T_B、…这样的时隙顺序,A 和 B 在相同的信道上进行数据的交换,A 在 T_A 时隙内将数据发给 B,B 在 T_B 时隙内将数据发给 A。

其实更准确地说,TDD 属于同步半双工,通信双方轮流占用信道来发送数据,但是因为时隙规定得很短,且能够在单位时间内满足双方通信的需求,所以从宏观上根本感觉不出半双工的情况。3G~5G 通信中的一个物理层方案(主要以中国技术为主)就是采用了 TDD 的方案。这种方案不仅具有优势(上下行通信的带宽可以不对称,可根据需求调整,效率更高),而且具有战略上的思考,促进了我国通信技术的快速发展。

与 TDD 对应的是频分双工 FDD,在传输数据时需要两个独立的信道,通信双方各占用一个信道进行信息交互,3G~5G 通信中的另一个物理层方案就是采用了 FDD 方式。随着频谱资源越来越紧张,FDD 的弊端也越来越明显。

3. LTE 系统架构

LTE 系统可简单地划分为核心网(Evolved Packet Core,EPC)、基站(e-NodeB,eNB)和用户设备(User Equipment,UE)三部分,如图 7-15 所示。

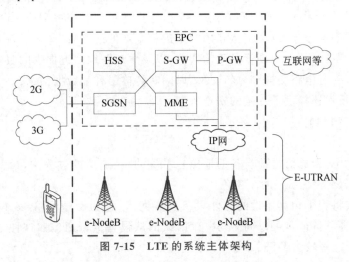

图 7-15　LTE 的系统主体架构

4G 的核心网是一个基于全 IP 的网络,具有开放的结构,允许各种空中接口接入核心网,实现不同网络的互联。核心网包括:

- e-NodeB(Evolved NodeB,演进的基站)接近用户侧,为终端的接入提供无线资源,负责用户报文的收发。
- S-GW(Serving Gateway,服务网关)负责连接 e-NodeB,实现数据加密、路由和数据转发等功能。
- P-GW(Public Data Network Gateway,公共数据网网关)实现与互联网等数据网络之间的数据转发,提供控制、计费、地址分配等功能。
- SGSN(Service GPRS Supporting Node,服务 GPRS 支持结点)相当于网关,实现 2G/3G 用户的接入。
- MME(Mobility Management Entity,移动管理实体)管理和控制用户的接入,包括用户鉴权控制、安全加密、2G/3G 与 LTE 间相关参数的转换等。正常的 IP 分组是不需要经过 MME 的。
- HSS(Home Subscriber Server,归属用户服务器)主要用于存储并管理用户签约数据,包括用户设备的位置信息、鉴权信息、路由信息等。

◈ 7.5　无线个域网

无线个域网(WPAN)连接的对象一般不是主机,而是设备,例如,利用蓝牙技术把众多的外围设备连上计算机。WPAN 多数自成体系,是非 TCP/IP 的体系结构,如果希望接入互联网,不得不借助网关。

7.5.1 蓝牙

1. 概述

蓝牙(Bluetooth)是当前无线个域网的主流技术之一,其目标是利用短距离、低成本的无线连接替代电缆,为各种外围设备(如打印机、键盘、鼠标等)提供统一的无线通信手段。

蓝牙的国际标准是 IEEE 802.15.1 和 IEEE 802.15.2,工作在无须授权的 2.4GHz 频段,可以在 10～100m 的短距离内无线传输数据。

蓝牙采用了一种无基站的组网方式,一个蓝牙设备可同时与多个蓝牙设备相连,具有灵活的组网方式。根据蓝牙协议,当蓝牙用户走进一个新的地点时,蓝牙设备就能自动查找周围的其他蓝牙设备,方便地实现设备间的通信,以及主动获取附近提供的服务。

蓝牙技术可支持电路交换和分组交换,以同时传输语音和数据信息。

另外,蓝牙技术还提供了一定的安全机制。

2. 微微网和散射网

1) 微微网

在蓝牙技术中,未通信之前设备的地位是平等的,在通信的过程中,设备则划分为主设备(Master)和从设备(Slave)两个角色。

用无线方式将若干相互靠近的蓝牙设备连成网络,称为微微网(Pico Net,或皮可网)。微微网中,一个主设备最多可以同时与 7 个活跃的从设备进行通信。这种主从工作方式的个人区域网实现起来较为经济。

微微网的信道特性由主设备所决定,主设备的时钟作为微微网的主时钟,所有从设备的时钟需要与主设备的时钟同步,满足微微网要求的信道特性。

2) 微微网的工作方式

一旦组成了微微网之后,同一个微微网内的两个从设备之间的通信,必须经过主设备进行中转。即使从设备之间相距很近,相互处在对方的通信范围之内,它们之间也不能建立直接的信道进行通信。

微微网中,在主设备的控制下,主、从设备之间以轮询的调度方式,轮流使用信道进行数据的传输,就如同教师轮流点名学生回答问题一样。

(1) 主设备首先启动发送过程,传送数据给从设备,或询问从设备是否有数据需要传送。

(2) 从设备回应是否收到主设备发送的数据,或发送数据给主设备。

(3) 没有被轮询到的从设备不被允许传送数据,直到被轮询到为止。

3) 散射网

蓝牙中,可以通过共享设备把多个独立的、非同步的微微网联接起来,形成一个范围更大的散射网(Scatter Net,或称扩散网),如图 7-16 所示,其中的共享设备被称为桥结点。

散射网不需要额外的网络设备。这样,多个蓝牙设备在某个区域内一起自主协调工作,相互间通信,形成一个独立的移动自组织网络。

7.5.2 ZigBee

1. 概述

ZigBee 技术是一种新兴的短距离、低成本的无线通信技术,被认为是针对无线传感器网络(WSN)而定义的技术标准,主要应用领域包括工业控制、汽车自动化、农业自动化和医用设备的警报和安全、监测和控制等。

ZigBee 标准是在 IEEE 802.15.4 基础上发展而来的。图 7-17 是 ZigBee 的协议栈,其中,IEEE 802.15.4 定义了物理层和 MAC 层,而网络层和应用层是由 ZigBee 联盟定义的。

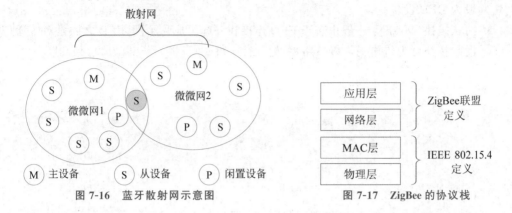

<table>
<tr><td>图 7-16　蓝牙散射网示意图</td><td>图 7-17　ZigBee 的协议栈</td></tr>
</table>

IEEE 802.15.4 的特点如下。

- 低速率：IEEE 802.15.4 提供了 250kb/s、40kb/s 和 20kb/s 三种原始数据率，除去信道竞争、应答和重传等消耗，真正可用数据率更低。
- 低功耗：发射功率仅为 1mW，发射范围 10m 左右，不需要通信时结点可进入休眠状态，因此设备非常省电。
- 低成本：协议套件紧凑简单，对通信控制器要求低，标准免专利费。
- 响应快：从睡眠到工作 15ms，结点入网 30ms，传统蓝牙和 WiFi 需秒级。
- 网络容量高：一个网络可容纳 254 个从设备和 1 个主设备，一个区域内可同时存在 100 个网络。

除了 ZigBee，许多传输协议栈（如 6LoWPAN、Microchip MiWi 等）也使用 IEEE 802.15.4 的物理层和 MAC 层。

2. 设备类型

为了降低用户系统的建设成本，IEEE 802.15.4 定义了两类设备。

- 全功能设备（Full Function Device，FFD），具备完善的功能，可完成规范规定的全部功能。
- 精简功能设备（Reduced Function Device，RFD），只具有部分功能。

而 ZigBee 将这两种设备配置为以下三种角色。

- 协调器（ZigBee Coordinator），用于初始化、设置网络信息，组织网络。
- 路由器（ZigBee Router），传递和中继信息的设备，提供信息的双向传输。
- 终端设备（ZigBee End Device），具有监控功能的结点，只能作为终端子设备进行工作。

一个 ZigBee 网络由一个协调器结点、若干路由器和大量终端设备组成。其中，协调器和路由器只能由全功能设备充当，而精简功能设备只能充当终端设备。这样，既可以进行大规模的部署，监控大面积的区域，又可以有效降低成本。

3. 拓扑结构

标准定义了三种拓扑结构，如图 7-18 所示。

- 星状拓扑：结点只能与中心的协调器进行通信，或通过协调器将数据转发到目标结点。星状网常用于结点数较少的场合。
- 树状拓扑（Tree）：树根一般为网络协调器，由 FFD 设备作为树干结点，叶子结点一般为 RFD 设备。

- 网状拓扑(Mesh)：一般由若干 FFD 连接在一起组成骨干网,FFD 之间是对等通信。网状拓扑可为传输提供多条路径,健壮性更好。

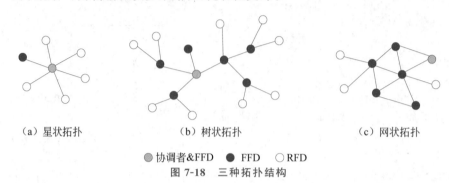

（a）星状拓扑　　　　　（b）树状拓扑　　　　　（c）网状拓扑

● 协调者&FFD　● FFD　○ RFD

图 7-18　三种拓扑结构

星状网络为单跳网络,不需要复杂的路由算法。网状或树状网络又称为多跳网络,需要多个 FFD 作为路由器。

4. 传输方式

标准定义了三种数据的传输方式。

- 父结点传输给子结点：当子结点休眠时,如有数据帧需发送给子结点,其父结点暂存这些帧,子结点开始工作后主动向父结点发起请求索取数据帧。
- 子结点传输给父结点：子结点采用 CSMA/CA 方式进行信道的竞争,并发送数据帧给父结点。
- 在对等结点之间传输数据,相邻结点没有父子关系。

在星状和树状拓扑中,只使用前两种传输方式。而在网状拓扑中,三种传输方式都可能用到。

◇ 习　题

1.（1）为什么在无线局域网中不能使用 CSMA/CD 协议而必须使用 CSMA/CA 协议？详细描述中间涉及的问题。

（2）可以采用什么机制来缓解这些问题？详细解释。

2.［2020 研］某 IEEE 802.11 无线局域网中,主机 H 与 AP 之间发送或接收 CSMA/CA 帧的过程如图 7-19 所示。在 H 或 AP 发送前所等待的间隔时间(IFS)中,最长的是(　　)。

　　A. IFS1　　　　　B. IFS2

　　C. IFS3　　　　　D. IFS4

3. 我们学过两类 WLAN,一类是有基础设施的,另一类是无基础设施的,现假设一种场景：我军坦克已经实现了数字化,可以在战斗过程中互相通信,通过交流实现对敌方坦克的发现和任务分配。请分析,这种通信符合你学过的哪一类 WLAN 技术？

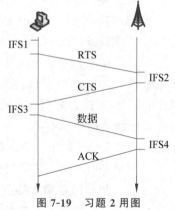

图 7-19　习题 2 用图

第3部分 如何实现网络互联

从第 1 部分可知,互联网是一个把各种物理网络互联后形成的一个庞大的、覆盖全球的虚拟网络。从第 2 部分可以看到,为我们服务的物理网络有很多种,互联网需要把这些网络互联起来,而联接物理网络的设备是路由器。

但是,怎样才能互联不同的网络呢? 这就需要借助于 IP 协议。

首先,路由器使用 IP 协议作为共同语言,实现在不同物理网络之间的"翻译",把一个网络的信息翻译为另一个网络的信息。可以说,**IP 协议是整个 TCP/IP 体系结构的核心**,涉及很多内容,还包括若干辅助协议,这是网络联接的基础。

其次,就是如何在不同物理网络之间连续地传递数据,完成数据的远程交付,这是网络联接的目的。IP 解决此问题的总体思路可以归纳如下。

(1) 定址。虽然各个物理网络都有自己的地址,但是显然不统一,无法满足互联的需求,需要定义一种全球统一的地址——IP 地址。

(2) 在定义好 IP 地址的基础上,计算路径(路由,就像豪横公司为旅客制定全部旅程一样),这是由路由器自行完成的。路由器采用路由算法进行计算,这个算法比以太网交换机的自学习算法要复杂得多。

(3) 每个路由器根据预先计算好的路由信息,转发分组,一步一步向目标方向靠近。

另外,为了让互联网更好地工作,IP 还提出了一些增强/辅助性质的协议,本部分最后介绍了 NAT 和 ICMP,前者可以让更多的人上网,后者可以帮助用户了解网络的情况,更有效地转发 IP 分组。

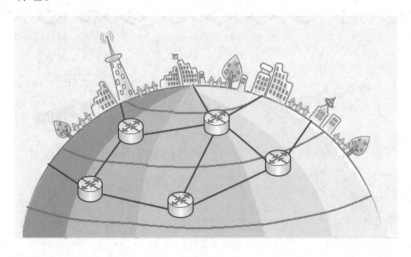

第 8 章

互联网上的地址

我们发送快递要在物品上写投递地址。在网络中也一样,如果希望发送分组给对方,就需要知道对方的全球统一地址,目前大家都接受的全球统一地址就是 IP 地址。IP 地址由互联网名字和数字分配机构(ICANN)进行分配。

◆ 8.1 IP 地址的基本知识

1. 为什么要有 IP 地址

物理网络肯定都有自己的地址,但很可惜,物理网络有很多种,相互的地址是不通用的。就好比高铁有高铁的城市地址,公交车有公交车的街道地址,在高铁中不能用公交车的地址,反之也不可以。

怎么办呢?那就在上层定义一个全球统一的虚拟地址——IP 地址,如果通信过程需要跨过网络,就交给路由器,路由器根据 IP 地址找到下一个需要经过的网络,发分组给这个网络。这就像唐僧的通关文牒,指明去西天参拜,路途上的小国之间可能互不相认,但是都认大唐的名片(源地址)和西天(目的地址)。

IP 地址就是指向最终的方向(比如西天),是全局的定位,而各物理网络的地址是局部的定位,只能在局部有用。

2. 点分十进制记法

目前常用的是第 4 版的 IP 协议,其 IP 地址是一个定长的 32b 的标识符。32b 的标识符非常不方便记忆和书写,为此,引入了点分十进制记法。

首先将 32b 分成 4 组,每 8b 为一组,将每组 8b 的二进制数转换为一个十进制数,然后在两组中间添加一个点号后进行拼接,点号的作用是防止混淆。一个 32b 串转换成点分十进制记法的过程如图 8-1 所示。这里将其称为 4 节。

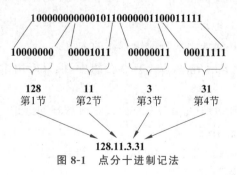

图 8-1 点分十进制记法

一台主机需要具有 IP 地址才能上网,IP 地址可以通过操作系统进行配置,如 Windows 系统下,配置 IP 地址的界面如图 8-2 所示。可以在命令行模式下输入 ipconfig 命令来查看 IP 地址的相关信息。

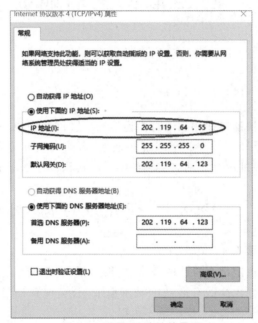

图 8-2　配置 IP 地址的界面

3. 分级管理

32b 的 IP 地址一般被分成两个字段,如图 8-3 所示。

图 8-3　IP 地址的构成

- 处于前部的字段是网络号(net-id),用来标识主机(或路由器)所在的网络,应该全球唯一。

- 处于后部的字段是主机号(host-id),用来标识网络中的一个主机(或路由器)。主机号在所在的网络内必须唯一。

IP 地址的结构实际上实现了分级管理,分级的好处是:IP 地址管理机构在分配 IP 地址时只分配网络号,而剩下的主机号则由得到该网络号的单位自行分配,方便管理。

有了分级的管理,下面需要考虑的是如何让网络上的路由器/主机知道,一个 IP 地址的网络号是什么? 因为在发分组给目标主机的时候,必须要先找到网络,才能找到这个网络中的指定主机。

4. 一些特殊的 IP 地址

有一些特殊的 IP 地址不能分配给具体的主机。

网络号为 0 表示本网络,可以出现在分组中,但只能用作源地址。其中,0.0.0.0 表示本网络上的本主机。

以 127 开头的 IP 地址(如 127.x.y.z)是主机的环回地址,可以在分组中作为源地址和目的地址,实际上指向本主机。

注意:不管 IP 地址的管理如何变化,都不能把主机号为全 0 和全 1 的 IP 地址指派给一台具体的主机/路由器,它们有特殊的含义。

- 主机号全 0 的 IP 地址意味着本网的网络号。
- 主机号全 1 的 IP 地址表示本网内的全部主机,只能用于分组的目的地址,方便在本网络内进行广播,IP 地址为全 1 的(255.255.255.255)与此表现相同。

5. 环回地址

环回地址(Loopback Address)是一个本地虚拟接口,不属于任何网络,指向本机,用得比较多的即 127.0.0.1。一个 IP 分组如果目的地址为环回地址,则该分组经过 IP 层的处理,不必发送到物理网络,直接就又回来了。就如同邻居间串门,不必经过公共交通网络,直接在小区内绕一下就到了一样。

环回地址常用来在本地调试通信程序,例如,A 进程发送给 B 进程的信息,大家都采用环回地址(后面所讲的端口号可以把两个进程区分开),A 和 B 不用分开两台计算机即可模拟网络的通信过程,大大简化了调试的过程。调试完毕后,再给通信进程配置最终的 IP 地址即可。

环回地址还有其他一些作用,是一个较为重要的概念。

◆ 8.2　分类的 IP 地址

1. 定义

最早的 IP 地址管理办法是把 IP 地址进行分类,分为 A、B、C、D、E 五类,这是最基本的编址方法,其中,E 类地址保留为今后使用,D 类地址用于多播(Multicast)。多播是一种特殊的通信方式,一次寻址可以发送分组给多个目的主机,实现一对多的通信,将在后面讲到。

为了让路由器/主机方便地知道一个 IP 地址是什么类型的,标准规定:

- A 类 IP 地址的第一比特为 0。
- B 类 IP 地址的前两比特为 10。
- C 类 IP 地址的前三比特为 110。
- D 类 IP 地址的前四比特为 1110。
- E 类 IP 地址的前四比特为 1111。

A 类 IP 地址的第一节(前 8b)为网络号,后三节(后 24b)为主机号。由于网络号的最高位是 0,并且网络号 0 和 127 有特殊用途,所以可用的 A 类网络有 2^7-2(126)个,每个 A 网络能容纳 $2^{24}-2$ 个主机(排除全 0 和全 1 的情况,下面相同)。

B 类 IP 地址的前两节(前 16b)为网络号(可用长度 14b),后两节(后 16b)为主机号。其中,网络地址 128.0 是不使用的。

C 类 IP 地址的前三节(前 24b)为网络号(可用长度 21b),最后一节(后 8b)为主机号。其中,网络地址 192.0.0 是不指派的。

表 8-1 显示了三类 IP 地址的指派范围。

表 8-1　三类 IP 地址的指派范围

类别	最大可指派网络数	第一个可指派的网络号	最后一个可指派的网络号	每个网络中最大主机数
A	2^7-2	1	126	$2^{24}-2$
B	$2^{14}-1$	128.1	191.255	$2^{16}-2$
C	$2^{21}-1$	192.0.1	223.255.255	2^8-2

IP 地址通过这样的分类,可以很容易地确定网络号的长度,以便截取和分析网络号。

2. IP 地址的使用特点

有了以上知识,下面通过举例(见图 8-4)来更加清晰地看一下网络中 IP 地址的一些使用特点。

- IP 地址一般包括网络号和主机号两部分。
- 由于一个路由器至少应连接两个网络实现它们的互联,因此一个路由器至少应有两个不同的 IP 地址。
- 在同一个局域网上的主机或路由器的 IP 地址,其网络号是一样的。如 LAN1 中,所有主机的网络号都是 202.119.1.0。路由器 R_1 的一个接口连在 LAN1 中,因此这个接口的 IP 地址(202.119.1.4)也拥有该网络号。
- 用转发器/集线器或网桥/以太网交换机联接起来的若干局域网仍为一个物理网络,因此这些局域网都具有同样的网络号,如 LAN2。
- 两个路由器直接相连的接口处,可指明 IP 地址(R_2 和 R_3 之间),也可不指明(R_1 和 R_3 之间)。如指明,则这一段连线就构成了一种特殊的网络,现在常不指明。

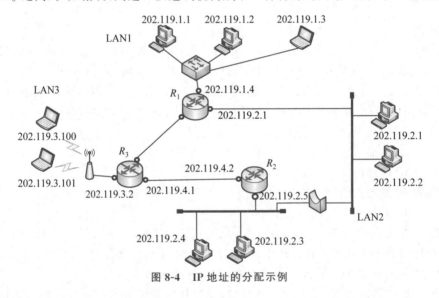

图 8-4   IP 地址的分配示例

划分子网

◆ 8.3 划 分 子 网

1. 子网的概念

分类的 IP 地址规划很不合理,主要是有的地址空间(例如 A 类、B 类网络)太大,利用率很低,为此提出了划分子网的概念。划分子网是指网络管理员将一个给定的网络分为若干更小的部分,这些更小的部分称为子网。

划分子网纯属一个单位内部的事情,对外仍然表现为没有划分子网的网络,如图 8-5 所示。对于外界来说,只看到某单位的网络 N,而该单位的路由器 R_1 则需要知道网络 N 实际上已被划分为两个子网。

既然划分子网纯属一个单位内部的事情,因此划分子网就不能从网络号上去"打主意",

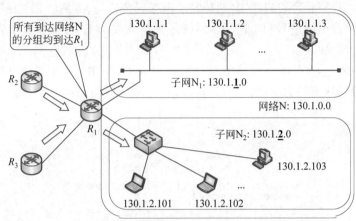

图 8-5 划分子网的情况

只能从主机号借用若干比特(一般是前部若干比特)作为子网号(subnet-id)来标识子网,相应地,主机号也就相应减少了若干比特。

于是,划分子网后 IP 地址就变成了三级结构:网络号-子网号-主机号。

图 8-5 中,将 IP 地址的第 3 节作为子网号,定义了 130.1.1.0 和 130.1.2.0 两个子网。实际上子网号长度比较灵活,不必整节。

不建议子网号为全 0 和全 1 的情况。

划分子网的好处如下。

- IP 地址使用更加合理:划分出的子网可以给更多单位使用。
- 限定广播的传播:广播通信只能在子网内进行。
- 更安全的管理网络:不同的子网可以采用不同的安全策略。

2. 如何查找子网号

图 8-5 中,R_1 收到外部发给内部的分组后,需要查找出子网号才能转发给正确的方向。为此,增加了子网掩码(subnet mask)的机制。

子网掩码同样是 32b 的二进制串,通常规定如下。

- 子网掩码左边部分为连续的 1,位置对应于网络号和子网号。
- 子网掩码右边部分为连续的 0,位置对应于主机号。

为了方便记忆,也把子网掩码写为点分十进制数。图 8-5 中的子网掩码可以记为 255.255.255.0。

如图 8-6 所示,把一个 B 类网络地址中的主机号部分拆分为两部分,前 7b 设为子网号,后 9b 设为主机号。对应的子网掩码为 255.255.254.0。

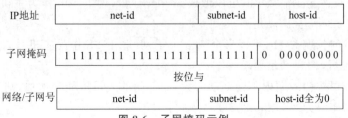

图 8-6 子网掩码示例

如果需要求得子网号,可以把 IP 地址与子网掩码按位与,得到的 32b 比特串中,主机号就全被屏蔽了,只剩下网络号和子网号。网络号根据分类的 IP 地址可以很容易求得,剩下的即为子网号。

有了这样的规定,在给主机或路由器设置 IP 地址时,附带地需要设定子网掩码。图 8-7显示了主机设置子网掩码的界面。公司内部的这些路由器的路由表中,每个项目须附有子网掩码。

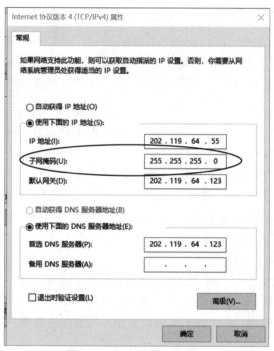

图 8-7　PC 中设置子网掩码

3. 子网规划

有了子网划分的机制,可以对单位内部的网络进行良好的规划。

- 确定部门个数(确定子网号长度)。
- 确定子网中主机个数(应该大于部门人数)。
- 可以根据单位情况进行考虑,预留一些余地。

例如,一个公司有 50 个部门,每个部门约有 500 人,现有 B 类地址 130.200.0.0,如果希望进行子网划分,如何实现?

既然为 B 类地址,只能在后两节(后 16b)中进行子网的划分。要求子网个数大于或等于 50,子网号的长度至少需要 6b(可以形成 64 个子网),剩下 10b 作为主机号,每个子网允许有 $2^{10}-2=1022$ 个主机,满足要求。

如果子网号的长度占 7b,可以形成 128 个子网,剩下 9b 作为主机号,每个子网允许有 $2^9-2=510$ 个主机,同样满足要求。

如果考虑公司架构短期内不会变动太大,而部门的人员可能会增加,则建议采用第一种规划方法。子网掩码为 255.255.252.0。

◇ 8.4　无分类编址方法

1. 无分类编址的引入

划分子网仍然无法缓解地址迅速减少的窘境,于是提出了无分类编址方法(全称是无分类域间路由选择 CIDR),可进一步优化 IP 地址的使用。如果说划分子网是对分类 IP 地址管理机制的改良的话,CIDR 则相当于对其的一个改革——CIDR 直接抛弃了传统的 A 类、B 类和 C 类地址以及划分子网的概念。

首先,CIDR 从三级编址(使用子网掩码)又回到了两级编址(只有网络号和主机号)。其次,网络号长度也不再固定为 8、16、24,而是可以灵活变化。这样,从理论上说,用户想要申请多大规模,就可以量身定做地给他定制出一个基本合适地网络地址空间,从而可以更加有效地分配 IPv4 的地址空间。

另外,CIDR 把网络号改称为网络前缀。

2. 表示方法

为了知道 CIDR 的网络前缀长度,CIDR 使用了斜线记法,在 IP 地址后加上一个斜线,外加一个数字表示网络前缀的长度。例如,128.14.32.0/20 表示网络号占用了前 20b。

为了方便主机和路由器计算网络前缀,CIDR 仍使用掩码这一机制,但不再叫子网掩码了,叫地址掩码(常简称为掩码)。斜线记法中的数字就是掩码中 1 的个数。例如,130.31.32.0/20 隐含地指出 IP 地址的掩码是 255.255.240.0。

CIDR 中,可以把点分十进制记法中低位的 0 省略,如 130.0.0.0/10 可简写为 130/10。

还有一种表示方法,在网络前缀的后面加一个星号,如 10000000 00*。

CIDR 称网络前缀相同的所有 IP 地址为一个 CIDR 地址块。例如,130.31.32.0/20 地址块共有 2^{12} 个地址:最小为 130.31.32.0,最大为 130.31.47.255(其中,主机号为全 0 和全 1 的地址不能指派给主机)。

3. 路由聚合

南航在教育网中的地址范围是 202.119.64.0~202.119.79.255,按照传统的分类 IP 地址来说,一共有 16 个 C 类网络。这种情况下,如图 8-8 所示,南航的路由器 R_1 需要发送 16 个路由信息给东大的路由器 R_2,R_2 的路由表也必须为此保存 16 个表项,每个表项的下一跳都是指向 R_1。很显然,无论是发送路由信息,还是保存路由信息,都是非常浪费的。

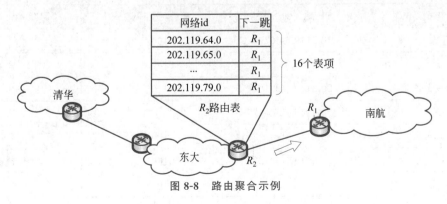

图 8-8　路由聚合示例

就如同在南京南站写导引牌：到南航江宁校区西区坐地铁 S1 号线到翠屏山站，到南航江宁校区东区坐地铁 S1 号线到翠屏山站，到南航江宁校区南区坐地铁 S1 号线到翠屏山站……

下面分析这 16 个网络号，如表 8-2 所示，可以发现这些地址的前 20b 都是相同的，于是可以把这些地址写成地址块的形式，即 202.119.64/20。

表 8-2　IP 网络地址的分析

第 1 节	第 2 节	第 3 节
202	119	64(01000000)
202	119	65(01000001)
202	119	66(01000010)
…	…	…
202	119	72(01001000)
…	…	…
202	119	79(01001111)

这样，在 R_2 的路由表中，只需要写入一个表项 **<202.119.64/20,R_1>** 即可。由此可见，一个 CIDR 地址块可能包括以前的很多网络地址，这种情况被称为路由聚合(也称为构成超网)。路由聚合可以减少路由器间交换的信息量，减少路由表的表项数目，有利于提高整个互联网的性能。

4. CIDR 地址块划分举例

南航拿到的地址块为 202.119.64/20，考虑到 1 院是一个大院，可以把其中的一半 IP 地址分给该院，于是把南航的网络前缀后面添一个 0(长度增加 1b)作为 1 院的网络前缀(202.119.64/21)，剩余的地址块为 202.119.72/21，如表 8-3 所示。

把剩余的一半 IP 地址分给 2 院，可以把 202.119.72/21 的网络前缀后面添一个 0(长度再增加 1b)作为 2 院的网络前缀，剩余的地址块为 202.119.76/22。

最后，把 202.119.76/22 的网络前缀后面添一个 0 作为 4 院的网络前缀，添一个 1 作为16 院的网络前缀。

表 8-3　CIDR 地址块划分举例

单　位	地　址　块	第 3 节	可用地址数
南航	**202.119.64.0/20**	**0100***	$2^{12}-2$
1 院	202.119.64.0/21	01000*	$2^{11}-2$
1 院分配后	202.119.72.0/21	01001*	$2^{11}-2$
2 院	202.119.72.0/22	010010*	$2^{10}-2$
2 院分配后	202.119.76.0/22	010011*	$2^{10}-2$
4 院	202.119.76.0/23	0100110*	2^9-2
16 院	202.119.78.0/23	0100111*	2^9-2

5. 大批量规划地址块

如果需要一次性规划很多部门的地址块,可以借助二叉树来配合完成。

考虑一个问题:一个系,有 4 个教研室,分别为 A(120 人)、B(60 人)、C(30 人)、D(12 人),现有一个地址块 202.119.78.0/24,请问如何给这 4 个部门分配网络前缀?

这个问题中,因为前 24b 的网络前缀已经限定,所以直接从 IP 地址的第 25b 开始考虑即可(即只需要考虑 IP 地址的第 4 节)。如图 8-9 所示,其中每个结点表示一个地址块,每个地址块还可以进行细分。结点左右分叉上的二进制串就是从第 25b 开始的网络前缀,右边的数字是这个长度的网络前缀下,每个网络允许分配的主机数目。

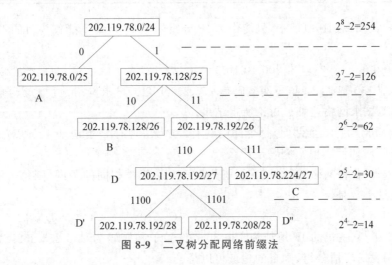

图 8-9 二叉树分配网络前缀法

在一层层往下分叉的过程中,可以根据当层容纳的主机数目,选择合适的地址块分配给各个部门,其网络前缀是前 24b(202.119.78)加上分叉上的比特串。其中,给 D 分配的地址块可以有三个选择。

 习 题

1. 试说明 IP 地址与硬件地址的区别。为什么要使用这两种不同的地址?
2. 写出表 8-4 中 IP 地址的点分十进制记法。

表 8-4 习题 2 用表

IP 地址				点分十进制
10000001	00110100	00000110	00000000	
11000000	00000101	00110000	00000011	
00001010	00000010	00000000	00100101	
10000000	00001010	00000010	00000011	

3. 写出表 8-5 中 IP 地址的类别。

表 8-5   习题 3 用表

IP 地址	类 别
10.2.1.1	
128.63.2.100	
201.222.5.64	
192.6.141.2	
130.113.64.16	

4. [2017 研]下列 IP 地址中，只能作为 IP 分组的源 IP 地址不能作为目的 IP 地址的是（　　）。

　　A. 0.0.0.0　　　　　B. 200.10.10.3　　　C. 127.0.0.1　　　D. 255.255.255.255

5. IP 地址 130.114.72.24，子网掩码是 255.255.192.0，试求网络地址。若子网掩码改为 255.255.224.0，试求网络地址。讨论所得结果。

6. 一个公司分为 40 个部门，每个部门约有 500 人，现有 B 类地址 130.200.x.x，如果希望进行子网划分，如何实现？掩码是什么？

7. [2017 研]若将网络 21.3.0.0/16 划分为 128 个规模相同的子网，则每个子网可分配的最大 IP 地址个数是（　　）。

　　A. 254　　　　　　B. 256　　　　　　C. 510　　　　　　D. 512

8. [2012 研]某主机的 IP 地址为 180.80.77.55，子网掩码为 255.255.252.0。若该主机向其所在子网发送广播分组，则目的地址可以是（　　）。

　　A. 180.80.76.0　　B. 180.80.76.255　　C. 180.80.77.255　　D. 180.80.79.255

9. [2022 研]如图 8-10 所示网络中的主机 H 的子网掩码与默认网关分别是（　　）。

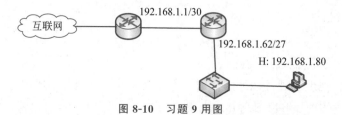

图 8-10   习题 9 用图

　　A. 255.255.255.192,192.168.1.1　　　　　　B. 255.255.255.192,192.168.1.62
　　C. 255.255.255.224,192.168.1.1　　　　　　D. 255.255.255.224,192.168.1.62

10. 一个公司有 4 个部门，分别为 A(120 人)、B(61 人)、C(29 人)、D(13 人)，给你一个 202.119.64.0/24，请问如何给这 4 个部门分配网络号？

11. [2019 研]若将 101.200.16.0/20 划分为 5 个子网，则可能的最小子网的可分配 IP 地址数是（　　）。

　　A. 126　　　　　　B. 254　　　　　　C. 510　　　　　　D. 1022

12. [2023 研]主机 168.16.84.24/20 所在子网的最小可分配地址和最大可分配地址分别是（　　）。

　　A. 168.16.80.1,168.16.84.254　　　　　B. 168.16.80.1,168.16.95.254

    C. 168.16.84.1,168.16.84.254　　　　D. 168.16.84.1,168.16.95.254

13. 四个学院的网络前缀分别为 202.119.73.0/24、202.119.72.0/24、202.119.74.0/24、202.119.75.0/24,进行最大的聚合。

14. [2018 研]某路由表中有转发接口相同的 4 条路由表项,其目的网络地址分别为 35.230.32.0/21、35.230.40.0/21、35.230.48.0/21、35.230.56.0/21,将这 4 条路由聚合后的目的网络地址为(　　)。

15. 有两个 CIDR 地址块 202.119/11 和 202.127.28/22。是否有哪一个地址块包含另一个地址?

16. [2022 研]若某主机的 IP 地址是 183.80.72.48,子网掩码是 255.255.192.0,则该主机所在网络的网络地址是(　　)。

    A. 183.80.0.0　　　　B. 183.80.64.0　　　　C. 183.80.72.0　　　　D. 183.80.192.0

17. 路由器 R1 的路由表如表 8-6 所示。

表 8-6　习题 17 用表

目的网络地址	下一跳地址	路由器接口
202.15.12/24	204.15.2.5	p2
201.15.8/24	203.16.6.2	p1
200.71/16	—	p0
204.15/16	—	p2
203.16/16	—	p1
默认	200.71.4.5	p0

画出网络拓扑,标注出 IP 地址和接口。

18. 公司拓扑如图 8-11 所示,分配到的网络前缀是 202.11.22/24,每个网络旁边的数字是其上的主机数,试给每个局域网分配一个合适的网络前缀。

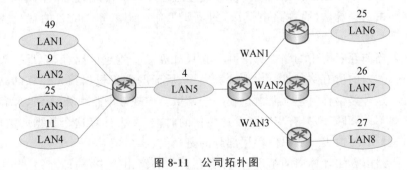

图 8-11　公司拓扑图

19. 某端口的 IP 地址为 172.16.7.131/26,则该 IP 地址所在网络的广播地址是什么?

20. [2021 研]现将一个 IP 网络划分为 3 个子网,若其中一个子网是 192.168.9.128 / 26,则下列网络中不可能是另外两个子网之一的是(　　)。

    A. 192.168.9.0/25　　　　　　　　　　B. 192.168.9.0/26

    C. 192.168.9.192/26　　　　　　　　　D. 192.168.9.192/27

第
9
章

根据 IP 地址在网络上找路

路由选择
算法概述

　　豪横公司为旅客安排好所有行程,让旅客每到一个地方,在中转服务人员的帮助下找到合适的交通工具到下一站。这个过程的基础是事先安排好所有行程。网络也一样,为了把分组从源网络发送到目的网络,也需要事先计算好路径。计算路径的工作是很多路由器(豪横公司的中转站)通过相互协作、执行路由选择算法共同完成的,计算的对象是网络(号),根据 IP 地址如何求网络号在第 8 章已经给出,本章主要介绍路由选择算法。

 9.1　概　　述

9.1.1　路由选择算法概述

1. 路由选择算法的工作

　　从任意一个地方上互联网,理论上可以发送数据到达互联网的另一个地方,而且路径可以有多条。这样就出现了两个问题:

- 如何能够从一个结点,传送数据到互联网上的任意一个结点呢?
- 如何能够走一条更好、更快捷的路呢?

　　第一个问题是找路问题,第二个问题是找一条较好的路的问题,这都是路由器路由选择算法(简称路由算法)的重要工作。路由算法的目的就是找到一条从源到目的之间的好路径。

　　当前互联网中的路由算法并不是只计算某些特定的路径,而是会周期性地把"辖区"内的所有路径都一次性计算完毕,后面的分组根据预先计算的结果转发即可。这种路由称为主动路由。在一些领域会出现被动路由算法:这些路由算法事先并不计算路径,只有当需要发送数据的时候,才去计算这个数据所需的路径,所以它们的路由表一般只保存了部分的路径信息。

　　路由算法计算出的结果,会保存在自己的路由表中,前面介绍过,路由表中的每个项目都应包括<**目的网络地址、下一跳**>这样的信息。

2. 应满足的要求

　　路由算法应尽量满足以下要求,但是,想要满足所有要求基本上是不可能的。

- 正确性:能正确算出将分组从源结点传送到目的结点的路径。
- 简单性:实现方便,相应的软件开销少。

- 健壮性：能根据网络拓扑和通信量等因素的变化而选择新的路径,避免引起业务的中断。
- 稳定性：不管运行多久,保证正确而不发生振荡。
- 公平性和最优化：要保证每个结点都有机会传送消息,又要保证路径选择最佳。

3. 分类

路由算法有很多种分类,从路由算法的自适应性考虑,分为以下两类。

- 静态路由选择：事先算好路径,后期不再改变,这种算法占用网络资源少,但是不能适应动态变化的网络情况。
- 动态路由选择：即自适应路由选择,其特点是能较好地适应网络状态的变化,但实现起来较为复杂,开销也比较大。

目前,尽管在路由器中还可以进行静态路径的设置,但是主流的路由算法都是动态的了,毕竟网络的变化需要较好的自适应性。

根据是否分级,路由算法分为以下两类。

- 平面路由选择：每个路由器与其他所有路由器是对等的,例如下面将要学习的 RIP 算法。
- 分层路由选择：网络被分成若干区域(实际上是分成组了),少数的路由器作为“组长”可以与其他“组长”通信,更多的路由器只能与域内的路由器通信。这类算法如下面将要学习的 OSPF 算法。

分层路由算法的主要优点是它模拟了社会的组织结构,从而具有很好的可扩展性。

根据路由算法触发的时机,可以分为主动路由和被动路由两类。

另外,路由算法还可以分为内部网关协议和外部网关协议,见 9.1.2 节。

4. 路由选择算法的思考

1) 计算粒度

3.5.2 节介绍路由器结构的时候就已经指出,路由器的路由表中,只保存了以网络(而不是以主机)为粒度的信息,这是因为：

- 如果细致到主机,显然需要保存的信息太多了,硬软件不允许。而仅记录网络号,可以使路由表中的表项数和计算过程大幅度缩减,从而减小了路由表所占的存储空间,加快了路由算法的计算速度。
- 路由器只需要知道大概方位即可,就如同坐高铁到某市,途经各市的细节地图不必关注。

为此,路由器在进行路由计算时,仅需要知道网络号,根据网络号进行路径的计算即可。

2) 工作过程

动态路由算法的工作过程都大体一致,主要分为以下两个阶段。

(1) 互相交换路由信息(围绕网络号的相关信息,例如,距离、是否联通等),从而对网络的相关信息(例如拓扑)进行了解。

(2) 根据交换的信息,依据给定的算法,计算出从自己到目的网络的路径(主要是下一跳)。

并且,每个路由器不必保存整条路径,只需要知道下一跳即可,每个路由器都利用下一跳发送分组给后续的路由器,可以串联成一条完整的路径。

就如同豪横公司事先并不告诉旅客全程怎么走,而是每到一站,再根据这一站的情况决定下一站如何走。

还有一类比较特殊的路由，互联网中并不多见——源路由，这一类路由要求最初的结点知道整条路径，并把整条路径写入报文，后续的路由器只需要根据源路由信息进行转发即可。这一类路由不是豪横公司的主要业务。

5. 路由度量

在网络中，从源结点到目的结点之间可能存在多条路径，那么从源结点出发的分组该走哪条路呢？需要有一种依据让路由器知道如何选择一条较优的路径。而路由度量就是路由器对路径进行择优的一个计量方法，又可以称为路由判据。

不同的路由算法有不同的路由度量，有的以路径长度为判据，有的以最小延迟为判据，还有的考虑了可靠性、带宽、负载等因素，甚至可以混合多种因素计算出一个评价值。

9.1.2 自治系统

1. 自治系统

互联网规模巨大，如果让所有路由器都参与对所有网络的路由计算，则：

- 路由表将非常巨大，保存需要很大的缓存，计算也需要花费太长的时间。
- 路由器之间交换路由信息所需的带宽会给互联网带来很大的负担。
- 转发分组时的查表将花费更多时间，严重的将影响网络性能。

另外，许多单位不愿意外界了解自己单位网络的细节和本部门所采用的路由选择协议（这属于本部门内部的事情）。为此，提出了自治系统（Autonomous System，AS）的概念。

自治系统的定义：由一个组织管理和控制的一整套路由器和网络，这些路由器对互联网表现为：在 AS 内部使用同一种路由选择协议和共同的路由度量，同时还能够完成与其他 AS 间的路由选择过程。

每个自治系统都有一个唯一的自治系统编号，由互联网数字分配机构（IANA）分配。表 9-1 展示了国内的一些 AS。

表 9-1　国内的一些 AS

自治系统编号	用　　户
AS4538	ERX-CERNET-BKB China Education and Research Network Center，CN。中国教育科研网
AS55990	HWCSNET Huawei Cloud Service data center，CN。华为
AS38369	TAOBAO Zhejiang Taobao Network Co.，Ltd，CN。淘宝
AS131486	JDCOM Beijing Jingdong 360 Degree E-commerce Co.，Ltd.，CN。京东
AS139584	CHINANET-JIANGSU-NANJING China Telecom Jiangsu Nanjing MAN network，CN。中国电信
AS55957	CNTV CCTV international network Co.，LTD，CN。CCTV

2. 内部网关协议和外部网关协议

在定义了自治系统后，路由算法可以分为内部网关协议（Interior Gateway Protocol，IGP）和外部网关协议（External Gateway Protocol，EGP）。这里的网关是历史残留遗物，确切地说应该是内部路由协议和外部路由协议。

内部网关协议（IGP）是在一个自治系统内部使用的路由协议，目前主要包括 RIP、OSPF、IGRP 等。这些路由算法因为在一个自治系统内，规模可控，所以可以要求算法求解最"佳"路径。

自治系统之间也会经常进行通信，因此需要在自治系统之间进行路径的计算，这类工作由外部网关协议（EGP）完成。外部网关协议中常用的是 BGP-4（BGP 的第四版本）。

外部网关协议考虑的因素很多，如规模巨大问题、不同的度量问题，甚至安全问题。

- 不能要求外部网关协议针对每个网络都去进行细致的计算（否则规模太庞大了），也就不能要求其算法可以求解出一条最"佳"的路径。外部网关协议退而求其次，只要求求解出较好的路线即可。
- 外部网关协议应该支持丰富的策略，例如费用问题。特别地，出于安全问题，应该尽量避免经过对我国安全有威胁的国家。

图 9-1 展示了两类路由协议所处的位置。

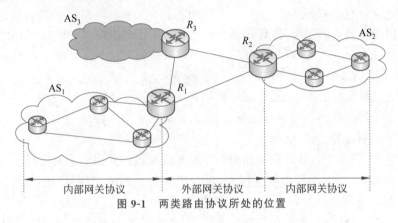

图 9-1　两类路由协议所处的位置

◆ 9.2　内部网关协议 RIP

9.2.1　相关概念

路由信息协议（Routing Information Protocol，RIP）是内部网关协议中最先得到广泛使用的协议，是一个只能适应小规模网络互联的路由选择协议，使用传输层的 UDP 在各个路由器之间进行路由信息的交互。

RIP 是一种分布式的、基于距离向量的路由选择协议。所谓距离向量，是指在路由表中存在的路由信息，每条都包括<目的网络号、距离、下一跳>这样的信息，像是包含距离信息的向量一样。RIP 中，所谓的距离是目的网络到本路由器的跳数（hop count）。

RIP 要求网络中的每个路由器都要维护从自己到本 AS 内每个网络的最短距离。并规定：

- 从路由器到直接相连的网络的距离定义为 1。
- 从路由器到非直接相连的网络的距离定义为所经过的路由器数加 1。
- RIP 中，一条路径最多只能有 15 跳，跳数为 16 时即为不可达。

RIP 认为好的路由就是路由器到目的网络所经过的跳数最少，即"距离最短"，所以 RIP

计算路由时会选择一个跳数最少的路由而忽略其他因素,哪怕还存在另一条高带宽、低时延,但跳数较多的路由。另外,RIP 不能在两个网络之间同时使用多条路由。

RIP 具有以下三个特点。

- 仅和直接相邻的路由器相互交换路由信息。
- 交换的信息是当前本路由器所知道的全部信息,即自己的路由表。
- 按固定的时间间隔(例如每隔 30s)交换路由信息。

另外,RIP 使用传输层的用户数据报 UDP 进行路由信息的传送。虽然 UDP 不可靠,但是 UDP 具有快速、简单的特点,可满足实时性需求,并且 RIP 自身增加了若干措施来保证路由信息的准确性和可靠性。

RIP 算法

9.2.2　RIP 算法

1. 算法过程

RIP 算法的过程非常简单。

(1) 路由器在刚开始工作时,只知道和自己直接相连的网络及其距离(距离为 1)。

(2) 以后每隔一段时间,每个路由器就和相邻路由器交换并更新路由信息,不断丰富完善自己的路由表。这是一个滚雪球的过程,越滚越大。

(3) 经过有限次的更新后,所有的路由器都会知道从自己到本 AS 中任何一个网络的最短距离和下一跳路由器的地址。也就是收敛过程较快。

2. 算法的择优录取

在此过程中,最关键的处理在于路由算法对相互交换的路由信息的选择。设路由器 R_x 收到相邻路由器 R_y 的一个路由信息报文(包含很多条<目的网络号、距离、下一跳>这样的表项),针对其中的每一条表项,首先进行预处理。

- 把下一跳字段中的地址改为 R_y(如果 R_x 采纳了这一条信息,表明 R_x 要经过 R_y 到达目的网络)。
- 把距离加 1(如果 R_x 采纳了这一条信息,则 R_x 到目的网络的距离是 R_x 到 R_y 的距离(1 跳)加上 R_y 到该网络的距离)。

就好比南京收到镇江发来的信息,知道镇江可以到达上海,如果南京采纳了这条路径,那么南京的下一跳是镇江,距离是南京到镇江的距离加上镇江到上海的距离。当然,不采纳也无所谓,改就改了,对自己也没有什么影响。

在此基础上,R_x 根据以下规则对每一条(修改后的)距离向量信息<**N**,**D_y**,**R_y**>进行遴选,选取更好的路径信息对自己的路由表进行填补、更新。

(1) 如果 R_x 的路由表不包含网络 N 的路由表项,则把该信息加到自己的路由表中,结束。理由:采纳没有的。

(2) 下面设 R_x 已经具有了关于网络 N 的路由信息<**N**,**D_x**,**R_z**>。

(3) 如果 R_z=R_y,则采纳该信息,结束。理由:采纳新的。

(4) 如果 D_y<D_x,则采纳该信息,结束。理由:采纳距离短的。

对于第 1 点和第 4 点很容易理解,第 3 点其实也不难理解,打个比方,以前南京经过镇江到上海,现在镇江到上海的路径变了(例如正在修路),南京也必须跟着变而已。

通过定期交换路由信息,所有的路由器最终都拥有了整个自治系统的全局路由信息,但由于每个路由器的位置不同,它们的路由表也不同。

3. 路由表更新示例

图 9-2 展示了 R_x 在收到 R_y 的路由信息后,对自己的路由表更新的过程。

图中,下一跳为"-"的表示目的网络和本路由器直接相连。

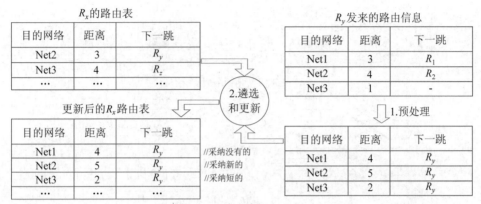

图 9-2　路由表更新示例

9.2.3　RIP 特性

1. 收敛性

RIP 的收敛过程还是比较快的。考虑最极端的线性网络拓扑,例如,N_0-R_1-N_1-R_2-N_2-R_3-N_3-…-R_6-N_6 这样一个互联的网络,刚开始时,每个路由器仅知道和自己直接相连的网络的情况,如表 9-2 中第一行(交换次数为 0)所示(出于篇幅考虑,表中数字表示对应编号的网络,例如,2 代表 N_2)。

此后,多数路由器可以收到相邻两个路由器发来的路由信息,并将路由信息相互传播。由表 9-2 可见,在第 3 次交换后,R_3 和 R_4 就可以获得自治系统中所有网络的可达情况了。

表 9-2　RIP 收敛情况

次数	可达网络情况					
	R_1	R_2	R_3	R_4	R_5	R_6
0	0,1	1,2	2,3	3,4	4,5	5,6
1	0,1,2	0,1,2,3	1,2,3,4	2,3,4,5	3,4,5,6	4,5,6
2	0,1,2,3	0,1,2,3,4	0,1,2,3,4,5	1,2,3,4,5,6	2,3,4,5,6	3,4,5,6
3	0,1,2,3,4	0,1,2,3,4,5	0,1,2,3,4,5,6	0,1,2,3,4,5,6	1,2,3,4,5,6	2,3,4,5,6
4	0,1,2,3,4,5	0,1,2,3,4,5,6	0,1,2,3,4,5,6	0,1,2,3,4,5,6	0,1,2,3,4,5,6	1,2,3,4,5,6
5	0,1,2,3,4,5,6	0,1,2,3,4,5,6	0,1,2,3,4,5,6	0,1,2,3,4,5,6	0,1,2,3,4,5,6	0,1,2,3,4,5,6

最后经过 5 次交换,线性拓扑网络的最边缘路由器可以获得自治系统中所有网络的可达情况,算法完成收敛。如果是环状拓扑,算法在第 3 次交换就可以完成收敛。

推而广之,最长 15 跳的线性拓扑网络,最多 14 次交换,RIP 算法就可以实现收敛。如果网络构成网状拓扑,则收敛速度会更快。

2. 环路问题

RIP 存在着一个 bug——环路问题,当网络出现故障时,要经过比较长的时间(例如数分钟)才能将此信息传送到所有的路由器,如图 9-3 所示。

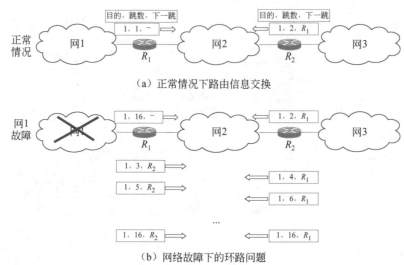

（a）正常情况下路由信息交换

（b）网络故障下的环路问题

图 9-3　环路问题

RIP 环路
问题

如图 9-3(a)所示,3 个网络通过两个路由器连接起来。正常的情况下,对于网 1,R_1 给 R_2 的路由信息是最有价值的,R_2 给 R_1 的路由信息,因为跳数较大而被 R_1 所忽略。这样,各方不会出 bug。

现在假设网 1 出现了故障,如图 9-3(b)所示,在交换路由信息的时候,R_1 发给 R_2:<网 **1,16,-**>,即"我到网 1 的距离是 16(无法到达),是直接交付"。但 R_2 可能在收到这条路由信息之前,已经发送了自己的路由信息<网 **1,2,R_1**>,即"我到网 1 的距离是 2,下一跳是 R_1"。

R_1 收到 R_2 的路由信息后,根据 RIP 的预处理规定(跳数加 1,下一跳改为来源路由器),会先将其修改为<网 **1,3,R_2**>,误认为经过 R_2 可到达网 1,距离是 3。于是 R_1 更新自己的路由表项为"网 1,3,R_2"。

在下一个路由信息交换时间,R_1 将路由信息<网 **1,3,R_2**>发送给 R_2(设 R_2 之前收到 R_1 的信息,知道网 1 不可达)。R_2 收到之后,同样预处理将其更改为<网 **1,4,R_1**>,误认为经过 R_1 可到达网 1,距离是 4,更新自己的路由表项为"网 1,4,R_1"。

这样不断地循环更新下去,直到 R_1 和 R_2 发现自己到达网 1 的距离都增大到 16 时,才知道网 1 是不可达的。这就是 RIP 的一个重要缺点:网络出故障的事件传播往往需要较长的时间。

可能有读者认为,只要路由器在遴选路由信息时判断一下来源信息就可以了,即 R_1 看到 R_2 的路由信息中的下一跳是自己,就不需要傻傻地更新自己正确的路由表项了。但问题是网络的环境很复杂,当网络和路由器很多而形成网状拓扑的时候,这个改正难以奏效。

3. RIP 的特点

RIP 的优点包括实现简单,开销较小。

RIP 的缺点是:限制了网络的规模;路由器之间交换的路由信息是路由器中的完整路

由表,随着网络规模的扩大,开销也随之增加;坏消息传播得慢的问题使得算法在网络异常时,更新过程的收敛时间过长。

◆ 9.3　内部网关协议 OSPF

OSPF 的全称为开放最短路径优先(Open Shortest Path First)。开放表明 OSPF 协议不是受某家厂商所控制的,是公开发表的。最短路径优先是因为该协议采用了 Dijkstra 提出的最短路径优先算法(SPF)。而且 OSPF 并不意味着其他的路由选择协议不采用最短路径优先算法。

9.3.1　洪泛法

OSPF 协议需要通过洪泛法(flooding)在各个路由器之间交换路由信息,所以需要先介绍一下洪泛法。

洪泛法(又称泛洪法)是一种简单的路由算法,借鉴了洪水泛滥的思想:每一个收到数据的路由器将收到的数据向自己的所有邻居路由器(来源路径上的路由器除外)传递,每一个相邻路由器在收到此数据后做同样的处理,直到数据到达目的结点为止。洪泛的过程如图 9-4 所示。

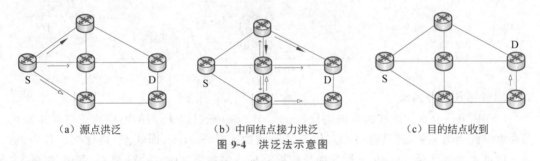

(a) 源点洪泛　　　　(b) 中间结点接力洪泛　　　　(c) 目的结点收到

图 9-4　洪泛法示意图

洪泛法的思想基本相同,但是不同的实现有不同的细节差异。OSPF 采用的是可靠洪泛法(每一个路由器对接收的信息进行确认)。

很显然,这种算法虽然比较简单,不需要计算路径,但是在传输数据时耗费很大(网络中传送的数据被复制了很多份),所以只能适用于较小的网络,或者发送次数不频繁的情况。

OSPF 协议只是借用洪泛法在路由器之间传递自己的路由信息,次数并不频繁。但是每个路由器都需要进行类似的洪泛,所以也应该进行一定的范围限制,OSPF 协议采用分区的思想进行限制,洪泛的过程只能在一个区域内进行。

9.3.2　相关概念

1. 区域

为了使 OSPF 能够应用于规模很大的网络,OSPF 将一个自治系统划分为若干更小的范围,称为区域(area)。每一个区域有一个 32b 的标识符(用点分十进制表示),其中需要有一个主干区域(backbone area),标识符固定为 0.0.0.0。主干区域的作用是连通其他区域。这体现出 OSPF 采用了分层管理的思想,如图 9-5 所示。

区域建议不能太大,一个区域内的路由器最好不超过 200 个。

划分区域的好处就是将算法所需的洪泛范围局限于一个小的区域,而不是整个自治系统,这在大面积上减少了网络上的通信量。也因此,一个区域内的路由器只知道本区域的完整网络拓扑,而不需要知道其他区域的网络拓扑情况。

主干区域内需要有一个与其他自治系统交换信息和数据的路由器,称为自治系统边界路由器,如图 9-5 中的 R_1。

主干区域内的路由器称为主干路由器,如图 9-5 中的 R_1、R_2、R_3、R_4、R_5。

区域之间的路由器称为区域边界路由器,负责在区域之间进行路由信息和数据的中转,如图 9-5 中的 R_3、R_4、R_5,每个区域至少应有一个区域边界路由器。

可见,分级后,协议的复杂度有所增加。

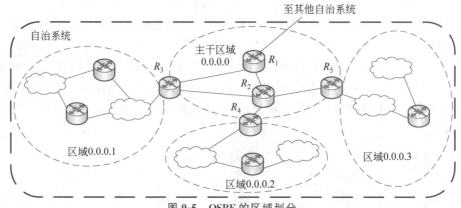

图 9-5　OSPF 的区域划分

2. 链路状态数据库

OSPF 采用分布式的**链路状态协议**(link state protocol)。所谓的链路状态就是本路由器和哪些路由器相邻(即具有链路),以及该链路的度量(metric,即状态)是什么。其中,度量可以被考虑成代价,OSPF 允许管理员根据一种或多种因素(如带宽、距离、费用、时延等)给链路代价进行赋值。

每一个路由器都使用 IP 分组传送自己的路由信息,并且采用可靠洪泛法,把自己与邻居结点的链路状态"广为宣传",因此每一个路由器最终都能建立一个完整的链路状态数据库(实际上就是所有链路状态的集合),可以构造成全网的拓扑结构图,它在全网范围内是一致的。

基于此,每一个路由器都按照最短路径优先算法计算出一个从自己到所有网络的最短路径,形成一棵最短路径树和对应的路由表,并按照路由表转发分组。

链路状态数据库和路由表等在链路无变化的情况下会保持不变,使得 OSPF 协议具有一次收集、一次计算即可的特点,不需要定期进行交换路由信息。

OSPF 规定,相邻路由器每隔 10s 相互"问候"一下对方,以判断是否可到达对方,进而判断链路是否畅通。如果链路状态发生变化时,采用洪泛法通知所有路由器,所有路由器重新计算并构建新的最短路径树和路由表。

为了防止各个路由器上网络拓扑图的不一致,OSPF 规定每隔一段时间(如 30min)要更新一次数据库中的链路状态。

9.3.3　OSPF 算法

1. OSPF 特点

OSPF 协议具有以下三个特点(读者可以和 RIP 的三个特点对比)。

- 每个路由器都向本区域内的所有路由器发送链路信息,发送信息使用的方法是可靠洪泛法,最终整个区域中所有的路由器都得到了这些信息。
- 每个路由器发送的信息是一个链路状态信息的集合,这些信息表示了自己与相邻路由器的连接情况。即只发送部分信息。
- 在一段时间内,只有当链路状态发生了变化时,路由器才会使用洪泛法向所有路由器发送此信息。

如果到同一个目的网络有多条相同代价的路径,OSPF 可以将通信量分配给这几条路径,实现多路径间的负载平衡。这使得 OSPF 比 RIP 具有更好的性能。

2. 最短路径优先算法的过程

这里需要注意,OSPF 协议最终计算出来的结果是从自己到某个网络的最短路径,因此交换的链路信息也较为复杂,但是为了便于理解,下面关于算法的介绍都是计算从本路由器到其他路由器的最短路径。

OSPF 算法

假设从路由器 A 开始计算,步骤如下。

(1) 初始化阶段。

建立一个结点集合 N,包括所有已经计算完毕的结点,目前只包含源结点 A。

建立一个结点集合 M,包括所有尚未完成计算的结点,目前包含除 A 之外的其他所有结点。

根据链路状态数据库,初始化其他各结点($v,v \in M$)与 A 的距离 $D(v)$。这里定义 $L(x,y)$ 为从 x 到 y 之间的度量。

$$D(v) = \begin{cases} L(A,v), & v \text{ 与 } A \text{ 相邻} \\ \infty, & v \text{ 与 } A \text{ 不相邻} \end{cases}$$

(2) 开始计算。

在 M 中找一个 $D(v)$ 值最小的结点 v,加入集合 N,将 v 从 M 中删除。

对 M 中所有的结点 u,调整它们到 A 的距离,即

如果 $D(u) > L(A,v) + L(v,u)$

{

　　$D(u) = L(A,v) + L(v,u)$;

　　修改从 A 到 u 的路径,即记录 u 的上一跳为 v;

}

(3) 重复执行第(2)步,直到 M 中的所有结点都加入 N 中。

下面举例说明算法的工作过程,如图 9-6 所示,是一个网络的拓扑结构,现在计算从 A 到其他各结点的最短路径。

计算过程如表 9-3 所示,7 次循环即可完成。其中,距离 D 的值中,数字表示相关结点到源结点 A 的距离,字母表示自己是通过哪一个结点得到此距离的。

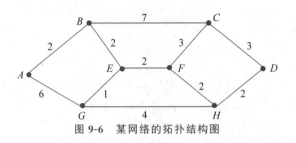

图 9-6　某网络的拓扑结构图

表 9-3　最短路径优先算法的工作过程

步骤	N	初始化/调整后的距离						
		D(B)	D(C)	D(D)	D(E)	D(F)	D(G)	D(H)
初始化	A	2/A					6/A	
第1轮	A，B		9/B		4/B		6/A	
第2轮	A，B，E		9/B			6/E	5/E	
第3轮	A，B，E，G		9/B			6/E		9/G
第4轮	A，B，E，G，F		9/B					8/F
第5轮	A，B，E，G，F，H		9/B	10/H				
第6轮	A，B，E，G，F，H，C			10/H				
第7轮	A，B，E，G，F，H，C，D							

　　处理完毕,根据计算的结果,进行回溯的过程,即从每一个结点利用上一跳信息开始反推,就可以形成由最短路径组成的网络拓扑了,也进而可以得到从 A 出发到每一个结点的路由表,如图 9-7 所示,其中结点后面的数字表示该结点到 A 的距离。

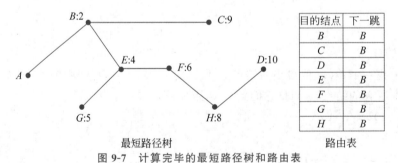

最短路径树　　　　　　　　　　　　路由表

图 9-7　计算完毕的最短路径树和路由表

◆ 9.4　外部网关协议 BGP

9.4.1　概述

　　边界网关协议(Border Gateway Protocol,BGP)是运行于互联网自治系统之间的、主要的路由协议,采用了路径向量路由选择协议。目前使用的是 BGP-4(BGP 第 4 个版本),增强的功能很大地体现为支持无分类域间路由选择 CIDR 和路由聚合来减少路由表的规模。

BGP 将自治系统分为若干类,如末梢 AS、对等 AS、穿越 AS,来适应不同的场合,有兴趣的读者可自行查找资料。

1. BGP 发言人

BGP 更关注的是自治系统之间的路由,为此,BGP 在每个自治系统的边缘需要设置若干 BGP 发言人(见图 9-8),BGP 发言人可以代表整个自治系统与其他自治系统交换路由信息,往往是 BGP 的边界路由器。

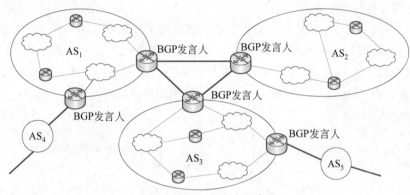

图 9-8　BGP 发言人示意图

BGP 采用传输层的 TCP,使用 TCP 连接交换路由信息的两个路由器彼此成为对方的邻站或对等站。双方的 TCP 连接一直保持着连接状态。

通过对等站之间的交流,BGP 发言人在不同自治系统之间交换相关路由信息(主要是网络可达性),这些信息有效地构造了自治系统互连的拓扑图,BGP 借此获得自治系统之间的数据转发路径。

由于前面所述自治系统产生的原因,BGP 不按照每一个网络进行路由的计算,只是力求寻找一条能够到达目的网络且比较好的路由。每一个自治系统中 BGP 发言人的数目是很少的。这些都使得自治系统之间的路由选择不至于过分复杂。另外,使用 TCP 连接能提供可靠的服务,也在一定程度上简化了协议的复杂度。

每一个 BGP 发言人除了必须运行 BGP 外,还必须运行该自治系统所使用的内部网关协议,如 OSPF 或 RIP。

2. BGP 路由相关工作过程

BGP 的大概工作过程如下。

(1) BGP 发言人之间建立 TCP 会话。

(2) 通过报文的交互建立 BGP 的邻居关系,生成邻居表。

(3) 交换路由信息。

(4) 根据选路规则将 BGP 表中最优路径加载于路由表。

(5) 邻居建立后,周期探测与邻居的 TCP 会话。

此后,若出现拓扑结构变化(如增加了新的路由,或撤销过时的路由),则触发更新过程。

9.4.2　路由交换

1. 自治系统之间交换路由信息

在 BGP 路由相关工作过程中,交换路由信息是非常重要的一个环节,这个环节要求交换的信息量必须不能巨大,交换不能太频繁。

对于前一个要求,BGP 发言人之间通过 eBGP(e 表示 external)连接,只交换网络可达性的信息,而且是要到达某个网络(用网络前缀表示,可以大大减少路由信息的数量)所要经过的一系列**自治系统**(不是所经自治系统中的所有网络所组成的路径),使得路由器处理的信息是自治系统个数的量级,比这些自治系统中的网络数要少很多。

对于后一个要求,BGP 刚刚运行时,BGP 的邻站交换整个 BGP 路由表。但以后只需要在发生变化时才更新有变化的部分。

图 9-9 给出了一个 BGP 发言人交换路径向量的例子。如图 9-9(a)所示,自治系统 AS_2 的 BGP 发言人通知主干网的 BGP 发言人:要到达网络 N_1、N_2、N_3 和 N_4 可经过(AS_2)。主干网在收到这个通知后,就发出通知:要到达网络 N_1、N_2、N_3 和 N_4 可沿路径(AS_1,AS_2)发送,如图 9-9(b)所示。同理,主干网还可发出通知:要到达网络 N_5、N_6、N_7 和 N_8,可沿路径(AS_1,AS_3)发送。

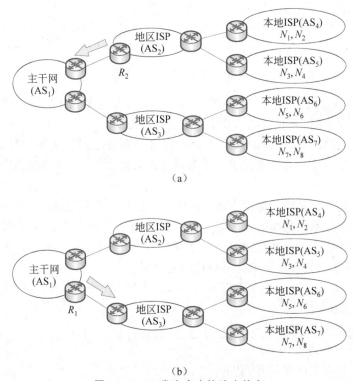

（a）

（b）

图 9-9　BGP 发言人交换路由信息

当 BGP 发言人互相交换了网络可达性的信息后,可以形成自治系统的连通图,这是一个树状的结构,BGP 发言人从中找出到达各网络的较好路由。

计算出的路由表是<目的网络前缀,下一跳路由器,须经过的自治系统序列>这样的向量的集合,以一个 AS 为一跳。

由于使用了路径向量的信息,就可以很容易地避免产生兜圈子的路由:如果一个 BGP 发言人收到了其他发言人发来的路径通知,它就要检查一下本自治系统是否在此通知的路径中。如果在这条路径中,就不采用这条路径(因为会兜圈子),避免环路的产生。

2. 自治系统内传达路由信息

仅有发言人知道"到达某网络经过什么自治系统"是没有用的,自治系统内部的路由器也需要知道。也就是 BGP 还需要在自治系统内部运行。

BGP 规定,在自治系统内部,两个路由器之间使用 iBGP(i 表示 internal)连接传送 BGP 报文。

为了防止回路,BGP 规定从自治系统内部通过 iBGP 获得的路由信息,不能再转发给本自治系统的其他路由器了。但因为 BGP 要求自治系统内部的路由器之间通过 iBGP 实现全连接,所以可以保证每个路由器都能收到必要的路由信息。

图 9-10 展示了边界路面器 R_1 在收到 R_2 发来的 BGP 路由信息后,在三个 iBGP 连接上向 AS_1 内部的三个路由器转发 BGP 路由信息。至此,AS_1 内的所有路由器都知道了这条 BGP 路由信息。

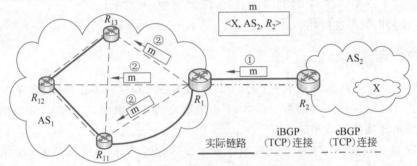

图 9-10　路由信息传送过程

当然,建立全连接对网络和 CPU 资源的消耗都太大,BGP 为此设计了路由反射机制和联盟机制,有兴趣的读者可自行查找资料。

自治系统内部的每一个路由器因为不知道 R_2 的存在(因为 R_2 不在本自治系统内),所以在通过 iBGP 收到路由信息$<\boldsymbol{X}, \boldsymbol{AS_2}, \boldsymbol{R_2}>$后,必须进行相应的转换才能使用,以 R_{13} 为例,转换过程如下。

(1) 记下临时目标为 R_1。

(2) 使用内部网关协议(例如 OSPF)求出到 R_1 的最短路径和下一跳(R_{12})。

(3) 将 R_{12} 作为自己真正的下一跳,路由表项最终为$<\boldsymbol{X}, \boldsymbol{R_{12}}>$。

这样,当 R_{13} 收到一个发往 X 的分组时,经过 $R_{12} \rightarrow R_{11} \rightarrow R_1 \rightarrow R_2$ 发往网络 X。

3. BGP 路由衰减

当路径变化时,BGP 发言人会向邻居发布路由更新报文,接收方需重新计算路由并修改路由表。如果路由变化频繁,会消耗大量的带宽和 CPU 资源,严重时会影响到网络的正常工作。而 BGP 本身就应用于复杂的网络环境中,路由变化又可能会较为频繁,为此,BGP 设计了衰减机制来抑制不稳定的路由。

BGP 衰减使用惩罚值来衡量一条路由的稳定性,惩罚值越高说明路由越不稳定。路由每发生一次振荡(路由从可用状态变为不可用状态,称为一次路由振荡),此路由的惩罚值将被增加(例如 1000)。

惩罚值不能只升不降(路由可能在一段时间后趋于稳定,只升不降不符合实际),BGP

定义了一个时间段,称为半衰期(half-life),路由每经过一个半衰期,惩罚值便会减少一半。

BGP 设置了以下两个阈值。

- 再使用阈值:如果路由的惩罚值低于该阈值,则该路由可以被采纳使用,此路由被加入到路由表中,同时向其他 BGP 对等站发布更新报文。

- 抑制阈值:如果路由的惩罚值高于该阈值,此路由将被抑制,不加入到路由表中,也不再向其他 BGP 对等站发布更新报文。

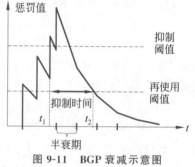

图 9-11 BGP 衰减示意图

如图 9-11 所示,某条路由经过三次振荡,惩罚值超过了抑制阈值,从这个时刻(t_1)开始抑制。第四次振荡后,达到高点,此后如果一直没有振荡,惩罚值每过一个半衰期就减少一半。在 t_2 时刻,当惩罚值降到再使用阈值时,该路由被再次使用。

9.4.3 路由选择

如果从一个自治系统到另外一个自治系统中的网络 X 存在多条路由,就存在着路由选择的问题了。BGP 选择路由的策略很多,下面简要介绍几个策略,选择的优先级由高到低。

1. 选择本地偏好值最高的路由

在 BGP 路由的属性里有一个选项叫作本地偏好,是指到同一个网络的不同路由中,挑选一个偏好值最高的路由。本地偏好的值可以由管理员根据政治、经济上的考虑来设置。

例如,在图 9-12 中,AS_1 有两条路径到达 AS_4 中的某个网络,但由于管理员认为经过 AS_2 的路径更加安全,于是令该路由的本地偏好值高于经过 AS_3 的路由,当分组要从 AS_1 转发到 AS_4 时,应优先选择从 R_{11} 离开。

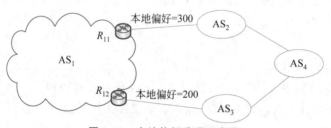

图 9-12 本地偏好选项示意图

2. 选择 AS 跳数最少的路由

参见如图 9-13 所示例子,AS_5 的发言人可能收到两个通告,分别是来自 R_4 的"要到达网络 N_1 可经过(AS_4),下一跳 R_4"和来自 R_3 的"要到达网络 N_1 可经过(AS_3、AS_2),下一跳 R_3",R_5 计算路由时,根据"AS 跳数最少的路由"这个策略,选择途径自治系统少的路径,经过 $R_5{\rightarrow}R_4$ 到 AS_1。

实际上,这样选择的结果可能并不是最优的,到达 N_1 的"最短(跳数最少)"路径反而可能是经过自治系统多的那条路径($R_5{\rightarrow}R_3{\rightarrow}R_2{\rightarrow}AS_1$)。

3. 路由器 BGP 标识符最小的路由

BGP 中,路由器被赋予一个 32b 的 BGP 标识符(必须在自治系统内唯一),可以手工配

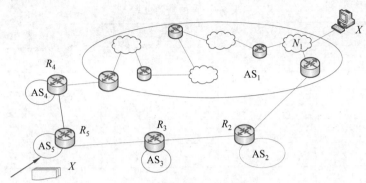

图 9-13　求得较好的路径

置,也可以让路由器自动选取(路由器有多个接口,每个接口一个 IP 地址,没有其他机制产生 BGP 标识符的时候,BGP 标识符一般使用其中最大的 IP 地址)。

当需要在多条路由中选择时,选择经过 BGP 标识符最小的那个路由器的路由。

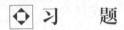 习　题

1. 回答下列问题。

(1) RIP 有哪三个工作特点?

(2) 路由器 A 收到路由器 B 的信息中包括$<net1,16,B>$,这意味着什么?

(3) 使用 RIP 路由选择,路由器 A 的路由表如表 9-4 所示,路由器 A 收到来自 B 的路由表(见表 9-5)。计算如表 9-6 所示的 A 的新路由表。

表 9-4　路由器 A 的路由表

目 的 网 络	下 一 跳	距 离
1	B	5
2	K	9
3	C	4
4	C	7
5	B	3

表 9-5　路由器 A 收到来自 B 的路由表

目 的 网 络	下 一 跳	距 离
1	E	6
2	F	5
3	J	9
5	G	16

表 9-6 A 的新路由表

目 的 网 络	下 一 跳	距 离	修改/保留原因
1			
2			
3			
4			
5			

2.[2016 研] 如图 9-14 所示,假设 R_1、R_2、R_3 采用 RIP 交换路由信息,且均已收敛。若 R_3 检测到网络 201.1.2.0/25 不可达,并向 R_2 通告一次新的距离向量,则 R_2 更新后,其到达该网络的距离是( )。

A. 2   B. 3   C. 16   D. 17

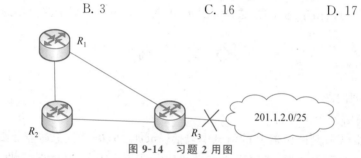

图 9-14 习题 2 用图

3.[2021 研]某网络中的所有路由器均采用距离向量路由算法计算路由。若路由器 E 与邻居路由器 A、B、C 和 D 之间的直接链路距离分别是 8、10、12 和 6,且 E 收到邻居路由器的距离向量如表 9-7 所示,则路由器 E 更新后的到达目的网络 Net1～Net4 的距离分别是( )。

表 9-7 习题 3 用表

目的网络	A 的距离向量	B 的距离向量	C 的距离向量	D 的距离向量
Net1	1	23	20	22
Net2	12	35	30	28
Net3	24	18	16	36
Net4	36	30	8	24

A. 9,10,12,6   B. 9,10,28,20   C. 9,20,12,20   D. 9,20,28,20

4. 图 9-15 中每个圆圈代表一个网络结点,每一条线代表一条通信线路,线上的标注表示两个相邻结点之间的代价。请根据则 Dijkstra 最短通路搜索算法找出 A 到 J 的最短路径及代价。要求写出过程。

5. 设学校内部各个学院之间的拓扑如图 9-16 所示,采用 OSPF 路由算法,完成表 9-8 的路由查找过程。

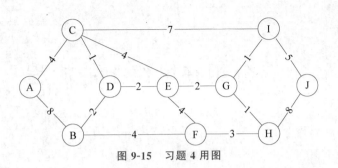

图 9-15　习题 4 用图

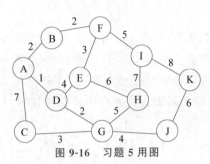

图 9-16　习题 5 用图

表 9-8　习题 5 用表

N	D(B)	D(C)	D(D)	D(E)	D(F)	D(G)	D(H)	D(I)	D(J)	D(K)	新增路径(形如 X→Y→Z⋯)

6. [2017 研]直接封装 RIP、OSPF、BGP 报文的协议分别是(　　)。

A. TCP、UDP、IP

B. TCP、IP、UDP

C. UDP、TCP、IP

D. UDP、IP、TCP

分组在网络上的旅程

IP 地址定好了,路径也通过路由算法计算完毕,剩下的就是根据一系列路由表中的"下一跳"信息,让分组在网络上进行"长途旅行"了。就如同旅行的人,先到公交车站上公交车,到高铁站转高铁,到了目的城市到地铁站转地铁……每次中转都需要根据豪横公司事先规划好的计划来找下一站。

◆ 10.1 总 体 过 程

10.1.1 分组交换的分类

因为设计思想和出发点不同(可靠性是应该由网络来实现,还是应该由源、目的主机来实现),分组的传输过程有如下两种迥异的实现方式。

1. 数据报分组交换

数据报分组交换很容易理解,面向无连接,分组一旦产生就进行发送,到了路由器再根据路由表向目的方向转发。

在这种机制下,网络不负责可靠性(如分组可能丢失、乱序等),尽最大努力交付(best-effort),如果需要,由两端的主机负责数据的可靠性,满足前面所提的"边缘智能,核心简单"原则,因此路由器可以设计得相对简单,网络建设费用低。这种方式,在一个路径产生故障的时候,可以通过重新路由等方式找到其他路径继续传输分组,所以对故障不是很敏感。

目前互联网采用的就是数据报分组交换方式,取得了市场的胜利。

2. 面向连接的虚电路分组交换

虚电路分组交换则明显不同,区别主要是在信息交换之前需要在发送方和接收方之间先建立一个逻辑连接(虚电路,并非实实在在的物理电路),然后才开始传送分组,属于同一虚电路的分组按照同一路径进行传输,通信结束后再拆除该逻辑连接。在这种方式下,分组只需要携带较少的信息(例如虚电路的编号),减少了分组的开销。

网络自身保证所传送的分组按发送的顺序到达接收方,网络提供的通信服务也是可靠的。但是虚电路需要路由器也参与可靠性的保证,使得路由器较为复杂。另外,在这种方式下,一旦连接出现故障,信息传输就中断了,除非重新建立连接,所以对故障较为敏感。

遵循 ISO/OSI 标准的代表——X.25 网络,提供了虚电路分组交换,已不多见。

3. 类比

我们可以把电路交换的通信方式类比为豪横公司提供给国家首脑乘坐的总统客机,独占资源,不能他用。

剩下的服务都是共享资源的,但是虚电路分组交换有点像豪横公司提供的 VIP 通道,在各个环节都替乘客多想一些,不过这类服务似乎不太受欢迎。数据报分组交换则是真正面向大众的,提供尽力而为的服务。

10.1.2　分组的交付过程

因为数据传输的过程中有了路由器的参与,数据的交付过程被分为两类:直接交付和间接交付。

1. 直接交付

如果数据在同一个网络中可以被交付给目的结点,这种交付称为直接交付,如图 10-1 所示。这种交付过程实际上是在物理网络内部,由物理网络完成的,和 IP 层分组转发没有关系。

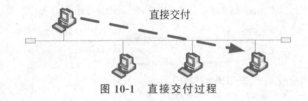

图 10-1　直接交付过程

2. 间接交付

如果发送方和接收方不在同一个网络中,则无法进行直接交付,这个过程就麻烦一些,需要先经过若干次的路由器分组转发(间接交付),在到达目的网络中后,才能实现直接交付。

如图 10-2 所示,结点 Hs 无法直接把分组发给 Hd,只能先发送分组给路由器 Ra,进行间接交付,Ra 发给 Rb,继续进行间接交付,Rb 和 Hd 在同一个网络中,可以直接交付分组给 Hd。

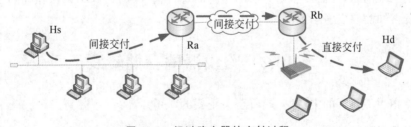

图 10-2　经过路由器的交付过程

很显然,经过路由器的交付过程是互联网最常用的方式,在这种方式下,要经过多个路由器的接力传递,才能实现数据的长途传输。每一个路由器都完成一样的工作:存储分组→查路由表→转发分组,即一次分组转发过程。

3.间接交付需要解决的问题

间接交付需要解决以下三个问题。

（1）Hs 如何知道需要间接交付。

（2）Hs 如何知道需要把分组交给 Ra。

（3）Ra 如何知道需要把分组交给 Rb。

对于第一个问题，Hs 只要对比一下自己与目的主机的网络号（如果有子网，还要比对子网号）是否相同，如果不相同，自然知道两者不在同一个网络中，需要间接交付。

对于第二个问题，Hs 可以根据主机上配置的信息（见图 10-3），得到距离自己最近的路由器的 IP 地址，把分组交给该 IP 地址即可。

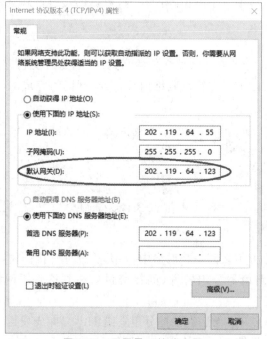

图 10-3　配置最近的路由器

对于第三个问题，是需要路由算法的支持的，路由算法的计算结果保存在路由表中，Ra 根据路由表得知需要发送给 Rb。

◆ 10.2　路由器的存储转发

路由器相当于旅客的中转站，起着至关重要的作用。

10.2.1　深挖路由表

在 3.5 节中我们知道，路由器在分组转发部分采用了转发表（从路由表中抽取而来，很多时候不必区分转发表和路由表）。转发表中最主要的信息是<目的网络地址，下一跳地址>。

当收到一个分组时，路由器根据分组的目的 IP 地址获得目的网络地址，然后根据目的网络地址去查找转发表，如果查到了就可以得到下一跳的信息，表示分组后续发送的方向。

下一跳分为以下两种情况。

- 如果目的网络和本路由器的某个接口直接相连,则分组只要交给这个接口就行了,后续传输由目的物理网络自己完成直接交付的过程即可。
- 否则,下一跳为下一个路由器上某个接口(和本路由器处于同一网络内)的 IP 地址。前面所提的"下一跳为发送方向上的下一个路由器",只是为了方便说明而已。

如图 10-4 所示,设有四个网络通过三个路由器连在一起,其中,路由器 R_2 的转发表如图 10-4 所示。R_2 如果希望发送分组到网络 N_2,发现 N_2 直接连在自己的接口 0 上,那么 R_2 把分组直接通过接口 0 发到 N_2 上,完成直接交付即可。

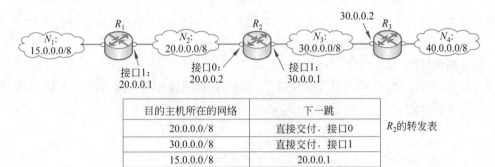

目的主机所在的网络	下一跳
20.0.0.0/8	直接交付,接口0
30.0.0.0/8	直接交付,接口1
15.0.0.0/8	20.0.0.1
40.0.0.0/8	30.0.0.2

R_2 的转发表

图 10-4　路由表示例

如果 R_2 希望发送分组到网络 N_1,根据转发表得到的下一跳为 20.0.0.1,这实际上是 R_1 的接口 1 的 IP 地址,R_2 将分组通过 N_2 发送给 R_1 的接口 1 即可。

这样,IP 分组每次经过路由器都被转发到下一跳,最终可以找到目的网络上的一个路由器(这个过程中可能需要多次间接交付),由这个路由器向目的主机进行直接交付。

需要注意的是,在给路由器接口设置 IP 地址的时候,需要让路由器知道如何获得这个 IP 地址的网络地址,例如,路由表应具有子网掩码/地址掩码或网络前缀长度等信息。

10.2.2　相关概念

转发表中最主要的信息是<目的网络地址,下一跳地址>。但实际上,其中的"目的网络地址"可能并不一定是一个实实在在的网络。

1. 特定主机路由

路由器允许为某个特定的目的主机指明一个路由,称为特定主机路由。采用特定主机路由可使网络管理员更方便地控制和测试网络,同时也可在需要考虑某种安全问题时采用这种路由。

图 10-5 展示了特定主机路由的例子,在 R_1 的转发表中为主机 A 配置了一条特定主机路由,其中,目的网络地址是主机 A 的 IP 地址(不是主机 A 所在网络的网络地址)。掩码为 255.255.255.255(或网络前缀长度为 32)。

2. 默认路由

在某个网络只有一条对外链路时,路由器还可以配置一条默认路由(default route),默认路由在很多情况下可以大大减少路由表的空间和搜索转发表的时间。

如图 10-6 所示,某单位具有多个内部网络,但是只有一条连接互联网的链路,此时不需

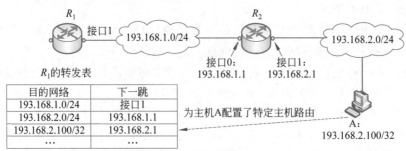

图 10-5　特定主机路由示意图

要对互联网上很多的网络配置路由条目,只需要配置一条默认路由:只要分组不是发给本单位内部的,都通过这条默认路由发送即可。

默认路由的 IP 地址为 0.0.0.0。

默认路由就好比南京地铁 S1 号线中,如果不是到途中各站点的,那么都是到终点站——南京南站的。

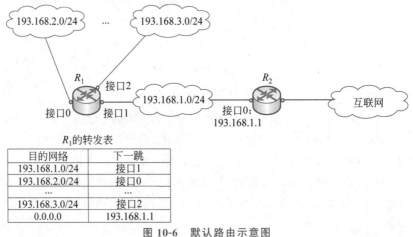

图 10-6　默认路由示意图

10.2.3　路由器分组转发算法

在收到一个 IP 分组后,路由器的转发算法如下。

(1) 从分组首部提取目的 IP 地址 A。

(2) 根据转发表中的每一个表项 i,进行网络地址的匹配。

① 将 A 与表项 i 中的掩码(或子网掩码)按位与,可以得出目的网络地址为 N。

② 若 N 与本路由器直接相连,则把 IP 分组直接交付给目的主机,结束。

③ 若转发表中有目的地址为 A 的特定主机路由,则把 IP 分组传送给指定的下一跳路由器,结束。

④ 若表项 i 的网络地址等于 N,则把 IP 分组传送给 i 所指定的下一跳路由器,结束。

⑤ 若转发表中有一个默认路由,则把 IP 分组传送给默认路由所指定的下一跳路由器,结束。

(3) 报告转发分组出错。

10.2.4　最长前缀匹配

在 CIDR 的机制下考虑如下例子(见图 10-7)，N_1 把自己的一部分地址分给了 N_2，N_2 把自己的一部分地址分给了 N_3，但是由于一些特殊原因，N_3 又另外申请了一个链路。

当 R_1 收到一个分组(目的 IP 地址＝202.119.78.100)，希望发给 A 时，在自己的路由表中可以查到两个结果都符合要求。202.119.78.100 与掩码 255.255.240.0(11111111 11111111 11110000 00000000)按位与，得到网络地址 202.119.64.0，与路由表第一行的网络地址匹配；与掩码 255.255.254.0(11111111 11111111 11111110 00000000)按位与，得到网络地址 202.119.78.0，与第二行的网络地址匹配。那么 R_1 应该把分组传送到哪个方向呢？很显然，向 R_3 传送，因为匹配得更加准确，意味着距离更近，是更理想的方向。

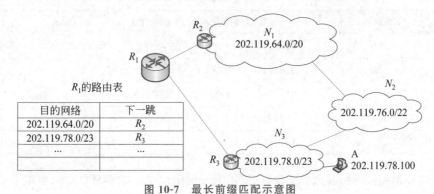

图 10-7　最长前缀匹配示意图

就好比豪横公司已经知道了南航江宁校区的地址了，就没有必要再转到江宁区某个中转站，再到南航江宁校区了。

不太合理的网络前缀聚合(即聚合后的网络前缀太短，包含本不应该包含在内的、其他单位的网络前缀)也是造成这种(多个路由表项都匹配成功)情况的原因之一。例如图 10-7 中，如果去掉 N_2 和 N_3 之间的相关连接，N_3 申请到的地址空间很少，但是 N_1 希望聚合网络前缀来减少路由表项，就使用了 202.119.64.0/20 这个前缀(显然包含 N_3 的网络前缀)并发给了 R_1，导致 R_1 的路由表实际上是有漏洞的。

最长前缀匹配(longest-prefix matching)机制是几乎所有的路由器都默认采用的一种路由查询机制，是指在所有能够匹配的网络前缀集合中，以网络前缀最长的一个路由表项为最终的选择项。最长前缀匹配可以圆满地解决以上问题。

10.2.5　使用二叉线索查找转发表

使用 CIDR 后，网络前缀长度可变，对目的 IP 地址进行匹配时，必须将目的 IP 地址和转发表的每一行掩码进行按位与后才能确定网络地址，而且可以匹配出多个结果，使得转发表的查找过程变得更加复杂了。

当转发表的行数很大时，如何缩短查找时间是一个非常重要的问题，对网络的性能具有很大的影响。现在的路由器需要每秒钟处理上百万个分组(常记为 Mpps)，一个分组的处理性能相差一点点，总的差别将是非常巨大的。单纯靠简单的循环查找显然无法满足要求。

为了更加有效地查找，可以把转发表以层次的数据结构进行组织，然后自上而下地按层次进行查找,最常用的就是二叉线索。二叉线索是一棵特殊的树,每一层对应于 IP 地址中的一个比特,IP 地址中从左到右的比特值决定了从根结点逐层向下层延伸的路径方向,0 表示向本结点的左子树方向继续查找,1 表示向右子树方向继续查找。如此设计使得在二叉线索中,从根结点出发的各个路径可以区别出每个可能的网络前缀。

经过路由算法的计算过程,路由器可以事先知道自己能够到达的网络及其前缀,所以可以对这些网络前缀进行一定的分析来提高建树和查询的性能。例如,不必采用完整的网络前缀来建树,只要找到足够区分所有网络前缀的前若干比特(即唯一前缀)即可。如张三丰和张四封,只需要取前两个字即可区分两人。

表 10-1 展示了 5 个网络前缀的唯一前缀。

表 10-1　5 个网络前缀的唯一前缀示例表

标识	网络前缀	网络前缀的二进制表示				唯一前缀
A	70.0.0.0/8	**0100**0110	00000000	00000000	00000000	0100
B	86.0.0.0/10	**0101**0110	00000000	00000000	00000000	0101
C	97.0.0.0/20	**011**00001	00000000	00000000	00000000	011
D	176.2.0.0/16	**10110**000	00000010	00000000	00000000	10110
E	187.10.0.0/20	**10111**011	00001010	00000000	00000000	10111

由于唯一前缀比网络前缀要短,所以使用唯一前缀建二叉线索显然要简单很多。表 10-1 的 5 个网络前缀形成的二叉线索如图 10-8 所示。

因为采用了唯一前缀建树,所以每一个包含网络前缀的结点因为路径太短,所代表的二进制串不能等同于网络前缀,所以结点中必须包含网络前缀和网络掩码的信息。

实际上,从二叉线索的根结点自顶向下的深度最多有 32 层即可(读者可以自行思考为什么不需要 30 层)。也就是一次查询顶多匹配 30 次即可。显然,二叉线索提供了一种可以快速在转发表中找到匹配结点的机制。

为了提高二叉线索的查找速度,还可以使用各种压缩技术,例如,只要网络前缀的前 nb 是一样的,就可以跳过前面 nb,直接从第 $n+1b$(从二叉树第 $n+1$ 层)开始比较。这样就可以有效地减少查找的时间。例如,图 10-8 中,网络前缀 D 和 E 的前 4b 都是 1011,如果一个分组目的地址的前 4b 是 1011,则可以直接从第 5b 开始匹配。当然,这也增加了建树的复杂度。

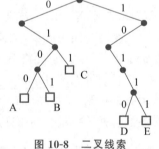

图 10-8　二叉线索

◈ 10.3　网络连接设备小结

到目前为止,已经把网络的主要连接设备都涉及了,如表 10-2 所示,这些设备主要工作在网络体系结构的底下 3 层,再往上就统称为网关了,主要由软件实现,不是本书关注的内容。

表 10-2　网络的主要连接设备

工作所在层次	设备名	处理数据的名称	特　　点	算法计算对象	备　　注
物理层	中继器、转发器、集线器	二进制流	(1) 放大、整形信号。 (2) 联接的如果是以太网,形成的以太网是一个大的冲突域。 (3) 联接的如果是以太网,每个主机分享网络带宽(平均带宽＝网络带宽/主机个数)	—	以太网情况下,是半双工方式,执行 CSMA/CD 协议
物理层 数据链路层	网桥	数据帧	(1) 透明网桥的站表/交换机的交换表通过自学习方式获取。 (2) 联接的多个局域网被认为是一个网络。 (3) 使用 MAC 地址(又称物理地址、硬件地址等),设置在网卡上。 (4) 隔离以太网的冲突域,但不隔离网络层的广播域。	主机 MAC 地址	(1) 采用存储转发机制。 (2) 可以互联不同局域网。 (3) 最基本的网桥只有两个接口。 (4) 发送数据给以太网时,采用半双工方式,执行 CSMA/CD 协议
	以太网交换机		(5) 联接而成的以太网,不同的网段独享网络带宽,线速交换交换机联接而成的网络的总带宽＝单个接口的带宽×接口个数		(1) 主要适用于以太网,但是可以向下自适应不同的网络带宽。 (2) 可采用更加快捷的直通式进行帧转发。 (3) 一般有多个接口。 (4) 全双工方式下不使用 CSMA/CD 协议。 (5) 有些以太网交换机可用来实现虚拟局域网
物理层 数据链路层 网络层	路由器	分组/IP 数据报	(1) 采用存储转发机制。 (2) 通过分布式的路由算法来计算生成路由表。 (3) 使用 IP 地址,是一种逻辑地址,使用时保存在内存中。 (4) 联接若干网络,形成互联的网络,甚至互联网。 (5) 隔离以太网的冲突域,隔离网络层广播域,每个接口就是一个广播域	IP 地址中的网络地址	(1) 互联各种网络。 (2) 曾经叫网关

◇ 习　题

1. 给出 5 个网络设备：集线器(10M)、中继器、交换机(100M)、网桥、路由器，分别将图 10-9 中①～⑤处的内容填入表 10-3，要求不能重复，且性价比最高。

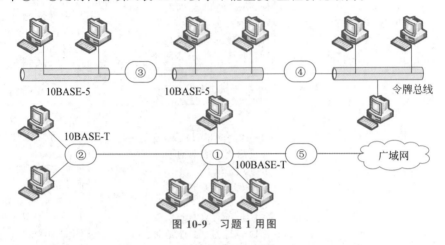

图 10-9　习题 1 用图

表 10-3　习题 1 用表

1	2	3	4	5

2. [2020 研]下列关于虚电路网络的叙述中，错误的是(　　　)。

A. 可以确保数据分组传输顺序

B. 需要为每条虚电路预分配带宽

C. 建立虚电路时需要进行路由选择

D. 依据虚电路号(VCID)进行数据分组转发

3. [2011 研]某网络拓扑如图 10-10 所示，路由器 R_1 只有到达子网 192.168.1.0/24 的路由。为使 R_1 可以将 IP 分组正确地路由到图中所有子网，则在 R_1 中需要增加的一条路由(目的网络，子网掩码，下一跳)是(　　　)。

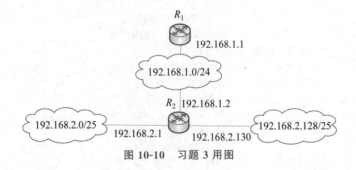

图 10-10　习题 3 用图

A. 192.168.2.0　　255.255.255.128　　192.168.1.1

B. 192.168.2.0　　255.255.255.0　　192.168.1.1

  C. 192.168.2.0　255.255.255.128　192.168.1.2

  D. 192.168.2.0　255.255.255.0　192.168.1.2

4. 设转发表如表 10-4 所示。

表 10-4　习题 4 用表

前 缀 匹 配	下 一 跳
202.4.153.0/26	R3
201.96.39.0/25	接口 m0
201.96.39.128/25	接口 m1
201.96.40.0 /25	R2
0.0.0.0/0	R4

  现收到 5 个分组,其目的地址分别为:201.96.39.10、201.96.40.12、201.96.40.151、202.4.153.17、202.4.153.90。

  试分别计算其下一跳。

  5. 请根据图 10-11 所示网络,回答下列问题。

  (1) 给出图 10-11 中 R_1 的路由表,要求包括到达题中子网 192.1.x.x 的路由,且路由表中的路由项尽可能少。

  (2) 当主机 192.1.1.130 向主机 192.1.7.211 发送一个 TTL=64 的 IP 分组时,R_1 通过哪个接口转发该 IP 分组? 主机 192.1.7.211 收到的 IP 分组的 TTL 是多少?

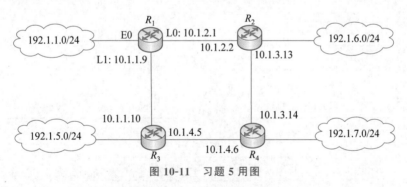

图 10-11　习题 5 用图

  6. [2015 研]某路由器的路由表如表 10-5 所示。

表 10-5　习题 6 用表

目 的 网 络	下 一 跳	接 口
169.96.40.0/23	176.1.1.1	S1
169.96.40.0/25	176.2.2.2	S2
169.96.40.0/27	176.3.3.3	S3
0.0.0.0/0	176.4.4.4	S4

  若路由器收到一个目的地址为 169.96.40.5 的 IP 分组,则转发该 IP 分组的接口是哪

一个?

7. 网络拓扑结构如图 10-12 所示,Router A 位于核心层,Router B 和 Router C 位于汇聚层,Router D 至 G 位于接入层,其具体接入的网络地址如下。请填写 Router A、Router B 和 Router C 的路由表(表 10-6~表 10-8),要求目的网络地址是进行汇聚后的网络地址,下一跳路由的 IP 地址可以用路由器号+端口号表示。

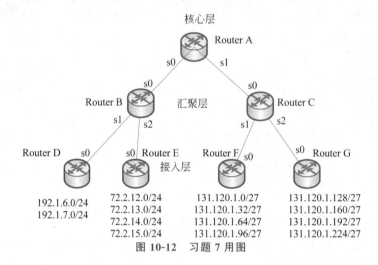

图 10-12　习题 7 用图

表 10-6　Router B 的路由表

目的网络	下一跳路由地址
Default	Router A 的 s0

表 10-7　Router C 的路由表

目的网络	下一跳路由地址
Default	Router A 的 s1

表 10-8　Router A 的路由表

目的网络	下一跳路由地址

8. [2019 研]某网络拓扑如图 10-13 所示,其中,R 为路由器,主机 H1~H4 的 IP 地址配置以及 R 的各接口 IP 地址配置如图中所示。现有若干以太网交换机(无 VLAN 功能)和路由器两类网络互联设备可供选择。请回答下列问题。

(1) 设备 1、设备 2 和设备 3 分别应选择什么类型的网络设备?

（2）设备 1、设备 2 和设备 3 中，哪几个设备的接口需要配置 IP 地址？并为对应的接口配置正确的 IP 地址。

（3）为确保主机 H1～H4 能够访问 Internet，R 需要提供什么服务？

（4）若主机 H3 发送一个目的地址为 192.168.1.127 的 IP 数据报，网络中哪几台主机会接收该报文？

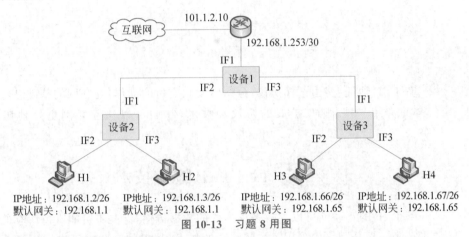

图 10-13　习题 8 用图

9. ［2012 研］下列关于路由器功能的描述中，正确的是（　　　）。

Ⅰ. 运行路由协议，设置路由表

Ⅱ. 监测到拥塞时，合理丢弃 IP 分组

Ⅲ. 对收到的 IP 分组头进行差错校验，确保传输的 IP 分组不丢失

Ⅳ. 根据收到的 IP 分组的目的 IP 地址，将其转发到合适的输出线路上

    A. 仅Ⅲ、Ⅳ　　　　　　　　　　　　B. 仅Ⅰ、Ⅱ、Ⅲ

    C. 仅Ⅰ、Ⅱ、Ⅳ　　　　　　　　　　　D. Ⅰ、Ⅱ、Ⅲ、Ⅳ

10. ［2016 研］在 ISO/OSI 参考模型中，路由器、以太网交换机、集线器实现的最高功能层分别是（　　　）。

    A. 2、2、1　　　　　　B. 2、2、2　　　　　　C. 3、2、1　　　　　　D. 3、2、2

第11章

让互联网更好地服务

有了 IP 地址、路由选择协议、分组转发和交付的动作,互联网的基础已经打好了,本章介绍一些辅助、扩展的协议和技术,它们可以让互联网更好地工作和服务。

◇ 11.1　IP 隧道技术

基于 IP 的互联网可以支持多种多样的数据传输,但是不可能支持所有的通信技术。当一部分网络中采用了一些特殊的技术(一般的互联网不支持),又希望它们之间能够顺利地通过互联网进行通信,IP 隧道技术是一项常用的技术手段。

其实用隧道来描述这种通信技术并不形象,用轮渡来类比更加形象。图 11-1 说明了 IP 隧道技术是如何工作的。

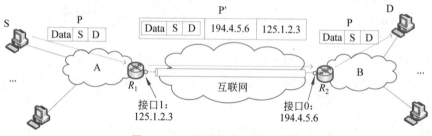

图 11-1　IP 隧道技术工作示意图

有两个网络 A 和 B,它们内部都支持一种特殊的技术(通常的互联网不能支持),现在希望两个网络之间也能够利用该技术进行通信。为此,A 和 B 都需要有一个路由器(R_1 和 R_2)具有合法的 IP 地址,支持 IP 隧道技术且互相知道彼此。则 A 网络的主机 S 要发送特殊分组给 B 网络的主机 D,过程如下。

(1)S 向 D 发送的分组 P 包括目的地址 D 和源地址 S。这里分组 P 相当于运输危险物质的汽车,危险物质对应于 P 的数据。

(2)P 在 A 网中传输,将到达路由器 R_1。相当于汽车在本海岸一侧运输,到达豪横公司的港口。

(3)R_1 收到 P 后,通过事先的配置,知道需要发送到 B 网,并根据事先的设置知道需要发送给 R_2 的接口 0。于是把整个 P 作为数据,再进行一次 IP 分组的封装,其中,源地址是 R_1 的全球 IP 地址 125.1.2.3,目的地址是 R_2 的全球 IP 地址

194.4.5.6,形成 IP 分组 P′。相当于汽车被装入豪横公司的渡轮(轮渡不能处理危险品,但是汽车可以)。

(4) P′可以正常在互联网上传输,最后到达 R_2。相当于轮船在海上航行,到达对岸港口。

(5) R_2 收到 P′后,将其数据部分取出,恢复出 P。相当于把汽车开出轮船。

(6) P 在 B 网中传输,最后交付给主机 D。相当于汽车在对岸运输到达目的地。

使用这项技术传递的数据可以是不同协议的数据帧或分组(包括 IP 分组,此时称为 IP-in-IP),传递过程中,封装出的 IP 分组(包含路由所需的 IP 地址信息)在公共互联网络上传递时所经过的逻辑路径称为隧道(图 11-1 中画出的管道)。一旦到达网络终点,数据将被解包并转发到最终目的地。简而言之,隧道技术是指包括数据封装、传输和解包在内的全过程。

IP 隧道技术的实质是利用现有互联网协议传输另一种网络协议的技术。这种方式能够使来自许多特殊网络业务的数据在同一个互联网基础设施中通过隧道进行传输。通过 IP 隧道的建立,可实现:

- 隐藏私有的网络地址(见下面的虚拟专用网)。
- 在 IP 网上传递非 IP 数据包。
- 提供数据安全支持,等等。

实际上,隧道协议有很多,包括二层隧道协议与三层隧道协议两大类,二层的隧道如 PPTP、L2TP 等,三层的如 GRE、IPSec 等,这里不再展开。

◆ 11.2　专用网、虚拟专用网和网络地址转换

11.2.1　概述

1. 为什么需要引入专用网

互联网需要有 IP 地址才能上网,但是 IP 地址理论上只有 2^{32} 个(不到 43 亿,实际可用的更少),目前亚太区所有的 IPv4 地址已经耗尽。

而目前需要上网的设备却远远超过了这个数量,更有甚者,一个人拥有几台上网的设备在如今已经非常普遍,再加上还有很多的设备无人值守但却需要对外提供服务,例如,路由器(一个路由器往往具有两个以上的 IP 地址)和各种服务器(例如 Web 服务器),等等。

同时,很多单位可以在本组织的内部采用互联网的技术进行组网,使用一些不属于正规发放的 IP 地址组成自己的内部互联网,这些网络中的一些主机如果想要连上互联网,却因为 IP 地址的不合法性而会遇到困难。

为此,引入了专用网的概念及相关技术。

2. IP 地址的使用范围分类
首先,IPv4 的地址根据使用范围被分为以下两类。

- 公网 IP 地址(如全球地址、公有 IP 地址等),在因特网上全球唯一的 IP 地址,须申请,通过它可以直接访问公共的因特网。
- 内网 IP 地址(如私有 IP 地址、本地 IP 地址、专有 IP 地址等),指那些只能在组织内

部网络中使用的 IP 地址,不能在外部公网上使用。

相关标准在原来的 A、B、C 三类网络地址空间中分别规定了一个保留的内网 IP 地址空间给单位内部网络使用,分别为

- 10.0.0.0/8,即 10.0.0.0～10.255.255.255。
- 172.16.0.0/12,即 172.16.0.0～172.31.255.255。
- 192.168.0.0/16,即 192.168.0.0～192.168.255.255。

这三个范围的地址段只能在内部使用,不允许在公网上使用。也就是说,出了单位的网络范围,这些地址就不再有意义了,无论是作为源地址,还是目的地址,都会被认为是非法的而删除。

11.2.2　专用网和虚拟专用网

1. 专用网

在单位内部采用内网 IP 地址组织而成的、互联的网络被称为专用互联网,简称专用网,其工作机制与互联网没有什么差异。

很显然,世界上可以有非常多的单位采用专用网及内网 IP 地址,数量庞大的专用网主机就可以不再都需要公网 IP 地址了。依据这种模型,使得部分 IP 地址可以重复使用,但这并不会引起麻烦,因为这些地址仅在单位内部使用。

专用网及内网 IP 地址极大地扩展了 IP 地址的数量规模,也极大地化解了 IPv4 的地址危机。但是,使用内网 IP 地址的主机如何与互联网上的其他主机通信呢? 这分为两种情况,可以采用不同的技术予以解决。

- 专用网和其他专用网之间的通信。
- 专用网和公网之间的通信。

2. 虚拟专用网

不少单位的多个部门存在地理上的分布,又希望能够互通,于是出现了利用互联网作为通信设施,实现多个专用网互联的技术,采用这样的技术互联为一体的多个专用网被称为一个虚拟专用网(Virtual Private Network,VPN)。

所谓虚拟是指在效果上和真正的专用网一样,但是实际上中间却通过了互联网。一个单位如果希望构建 VPN,必须为每一个场所购买支持 VPN 的设备,并通过配置将多个场所的专用网联成一体。

由不同部门的专用网所构成的 VPN 又称为内联网(Intranet),表示这些部门属于同一个单位。

有时若干单位(通常是合作伙伴)的 VPN 需要进行联接,这样的 VPN 称为外联网(Extranet)。

实现 VPN 的一个常用技术是隧道技术。

3. 利用隧道技术实现 VPN

图 11-2 说明了如何使用 IP 隧道技术来实现虚拟专用网的通信。

设某单位在两地的部门分别建立了专用网 A(10.1.0.0/16)和 B(10.2.0.0/16),每个部门需有一个路由器具有公网 IP 地址。部门 A 的主机 S 和部门 B 的主机 D 的通信过程如下。

（1）主机 S 向主机 D 发送的 IP 分组 P,目的地址是 10.2.0.1。

（2）分组 P 在专用网 A 中传输,将到达路由器 R_1。

（3）R_1 收到 P 后,发现目的网络是专用网 B,根据事先的设置知道需发送给 R_2 的接口 0,于是把 P 整个进行加密(保证安全性),然后再加上一个新的 IP 分组首部(即所谓的 IP-in-IP),源地址是 125.1.2.3,目的地址是 194.4.5.6,形成新的分组 P'。

（4）P' 正常在互联网上传输,最后到达 R_2。

（5）R_2 收到 P' 后,将其数据部分取出进行解密,恢复出 P(目的地址是 10.2.0.1)。

（6）P 在专用网 B 中传输,最后交付给主机 D。

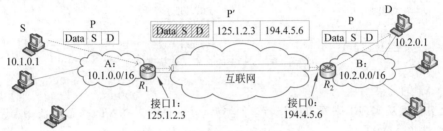

图 11-2　使用隧道技术实现 VPN

4. 远程接入 VPN

在很多场合下,在单位外部的流动员工需要访问单位 VPN 上的资源,远程接入 VPN 可以满足这样的需求。在外地工作的员工可以使用专用的 VPN 软件(如 EasyConnect),通过登录操作,在员工的计算机和公司的 VPN 之间建立起一个 VPN 隧道,访问 VPN 内部的资源,好像员工在公司内部办公一样。

11.2.3　网络地址转换 NAT 技术

如果专用网内的主机希望访问互联网中的公开资源,隧道技术就不方便了,此时可以采用 NAT 技术来实现。NAT 是 IP 层一个重要的、辅助性的协议,全称是网络地址转换(Network Address Translation)。

1. 基本思路

在 NAT 技术的支持下,在单位的网络出口位置需要部署一个 NAT 网关(装有 NAT 软件的设备,如路由器、防火墙等),它们至少需要具有一个有效的公网 IP 地址,在分组需要离开专用网而进入互联网时,NAT 网关将源 IP(专用网的内网 IP 地址)替换为公网 IP 地址,分组才可以在互联网上传送。

如图 11-3 所示,主机 A 向公网上的服务器 S 发送了一个请求,该 IP 分组的源 IP 地址是内网 IP 地址(192.168.0.3,不能在公网上出现)。IP 分组到达 NAT 网关后,NAT 网关使用自己的一个公网 IP 地址(172.38.1.5)替换了 IP 分组中的源 IP 地址(192.168.0.3),这个 IP 分组就可以在公网上畅通无阻地进行传送了,直至到达 S。

当 S 返回一个应答分组给 A 时,以 NAT 网关的公网 IP 地址(172.38.1.5)为目的地址,自然会回到 NAT 网关,NAT 网关将目的地址改为 A 的内网 IP 地址(192.168.0.3),再把 IP 分组在专用网中进行发送,IP 分组将到达 A。

这样在通信双方均无感知的情况下(对用户透明),完成了一次专用网主机访问互联网服务器的过程。

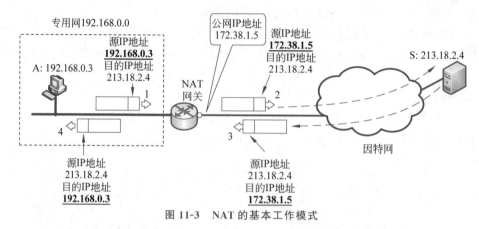

图 11-3　NAT 的基本工作模式

2. NAT 的分类

NAT 技术从实现上来看可以分为三种类型,分别是静态 NAT、动态地址 NAT 和网络地址端口转换 NAPT。

1) 静态 NAT

静态 NAT(Static NAT),要求 NAT 网关有足够的公网 IP 地址,以便将内网 IP 地址一对一地转换为公网 IP 地址,并且,这种映射关系是一直不变的。静态 NAT 方法实现起来最简单,能够解决专用网主机上网的问题,但是却无法解决扩展 IP 地址的问题。

如果想让连接在公网上的主机能够使用某个专用网上的服务器(如 Web 服务器),那么静态映射是必需的。并且,如果想要考虑这些服务器/应用程序的安全性,NAT 需要配合防火墙来一起使用。

2) 动态地址 NAT

动态地址 NAT(Pooled NAT)方式下,NAT 网关拥有一些合法的公网 IP 地址(形成公有 IP 地址池),当 NAT 网关收到专用网发来的 IP 分组时,将随机地从地址池中抽取一个 IP 地址,替换 IP 分组中的源 IP 地址(内网 IP 地址)。

这种 NAT 技术下,专用网和公网的 IP 地址之间的映射是不确定的,当然,在这台主机同公网主机进行会话的期间,它们的映射关系是不会变的,当会话结束后,这个公网 IP 地址会被返还到公网 IP 地址池中。所以,这种映射关系是临时性、动态的。

该方式下,内部网络的主机轮流使用公网 IP 地址,不能让更多的主机同时上网(有几个合法的公有 IP 地址,就有几台主机能同时上网)。

3) 网络地址端口转换 NAPT

网络地址端口转换(Network Address Port Translation,NAPT)借用了第四层(传输层)的端口(port)信息,使得专用网的所有主机可以共享一个合法的公网 IP 地址即可实现对互联网的同时访问,从而最大限度地节约 IP 地址资源。NAPT 还可以隐藏网络内部的所有主机,使之有效地避免来自于互联网的攻击,是当前非常流行的 NAT 模式。

3. NAPT 的工作原理

NAPT 的工作过程中,NAT 网关是一个关键的设备,NAT 网关需要维护一个 NAT 转换表(即映射表),用来把非法的内网 IP 地址映射到合法的公网 IP 地址上去,但是 NAPT

做得更加精细。

为了最大程度地重复使用公网 IP 地址,NAPT 借用了传输层的端口号(将在第 15 章介绍),当内部分组被传送到 NAT 网关时,NAT 网关用公网 IP 地址和自己产生的一个端口号来代替分组的源 IP 地址和端口号,并在转换表中记录这样的对应关系。当外部的应答信息返还时,会根据转换表内的内容,将地址和端口信息转换回去。

下面以图 11-4 举例说明。

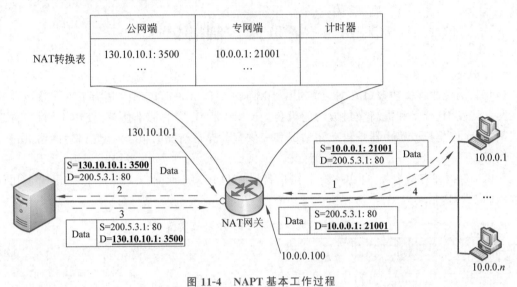

图 11-4　NAPT 基本工作过程

NAT 网关具有一个公网 IP 地址 130.10.10.1,右侧为一个专用网。专用网具有 n 台主机,IP 地址在图中写明。

(1) 设一个主机(IP 地址为 10.0.0.1)向公网的 Web 服务器(IP 地址为 200.5.3.1,端口号为 80)发起请求。该分组的源地址信息为 10.0.0.1：21001(冒号前是 IP 地址,冒号后是端口号),目的地址信息为 200.5.3.1：80。

(2) 分组到达 NAT 网关,网关选取一个端口号(3500),使用 130.10.10.1：3500 替换分组的源地址信息。NAT 网关将修改后的分组发送给 Web 服务器,并在自己的 NAT 转换表中建立一个 130.10.10.1：3500 到 10.0.0.1：21001 的映射关系。

(3) Web 服务器处理请求后,返回应答消息,该消息的源地址信息为自己的 200.5.3.1：80,而目的地址信息则指向 NAT 网关 130.10.10.1：3500。所以 NAT 网关将收到该分组。

(4) NAT 网关收到分组后,到转换表中进行查找,发现 130.10.10.1：3500 对应的是 10.0.0.1：21001,于是用 10.0.0.1：21001 替代应答分组中的目的地址 130.10.10.1：3500。并将该分组发给了最终的源主机。

在第(2)步,之所以要由网关选取一个端口号,而不是利用专用网主机原有的端口号,是因为不同专用网内的主机有可能选择相同的端口号(尽管看上去概率不大,但是伤害很大)。读者可以试试看,如果保留源端口,并且两个主机选择相同的端口号,NAT 网关的转换表将会出现什么问题。

大多数家庭的路由器(包括无线路由器)就可以完成这个任务。

NAPT 又可以根据 IP 地址和端口号是否受限分为两大类:锥形 NAT 和对称型 NAT。

具体内容读者可以自行查找资料。

4. NAT 的优缺点

NAPT 这种技术有些"不上台面",违背了网络体系结构分层独立的原则。但是 NAPT 技术却非常有用、实效,可以为各种专用网提供良好的支持,规范了本地 IP 地址的使用。这种方法取得了广泛的使用,从目前情况看,NAPT 的出现使 IPv4 起死回生。

另外,NAPT 技术还有一些其他的技术缺点,请读者自己查找资料。

◇ 11.3 互联网控制报文协议

1. 概述

互联网控制报文协议(Internet Control Message Protocol,ICMP)是为了更有效地在互联网上转发 IP 分组和提高交付成功的机会。ICMP 是 IP 层的标准协议,使用 IP 封装自己的报文,允许主机或路由器报告差错情况和提供有关异常情况的报告,还允许对网络进行一些询问。

ICMP 报文有两大类,即 ICMP 差错报告报文和 ICMP 询问报文。表 11-1 给出了几种常用的 ICMP 报文类型。

表 11-1 几种常用的 ICMP 报文类型

报文种类	类型	类型说明	备　注
差错报告报文	3	终点不可达	当路由器或主机不能交付分组时,向源主机发该报文
	4	源站抑制	当路由器或主机由于拥塞而丢弃分组时,向源主机发送该报文,要求源站放慢分组的发送速率
	5	改变路由(Redirect)	路由器发送该报文给源主机,让主机下次将分组发送给另外的路由器
	11	时间超过	当路由器收到生存时间(TTL)为零的分组,或目的主机在规定时间内不能收齐一个分组的全部内容(丢弃该分组已收的部分内容)时,向源主机发送该报文
	12	参数问题	如果路由器或目的主机收到的分组首部中存在字段值不正确的情况,就丢弃该分组,并向源主机发送该报文
询问报文	8 或 0	回送(Echo)请求或回送应答	通过向特定结点发出请求和接收应答来测试目的结点是否可达
	13 或 14	时间戳请求或时间戳应答	通过向特定结点发出请求和接收应答的过程,利用报文中记录的时间戳(如报文的发送时间和接收时间)计算当前网络的往返时延

2. 报文格式

ICMP 报文格式如图 11-5 所示,前 4B 是统一的格式,共有三个字段:即类型、代码和校验和。随后的 4B 以及 ICMP 数据部分的内容与 ICMP 的类型有关。

其中,所有的差错报告报文中的数据字段都具有同样的格式(见图 11-6)。包括:

- ICMP 差错报告报文的前 8B(ICMP 差错报告报文的首部)。
- 本结点收到的、需要进行差错报告的 IP 分组的首部和数据部分的前 8B(ICMP 差错报告报文的数据部分)。

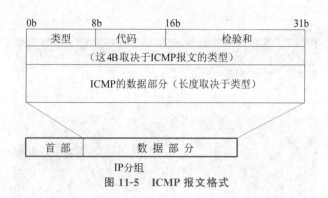

图 11-5　ICMP 报文格式

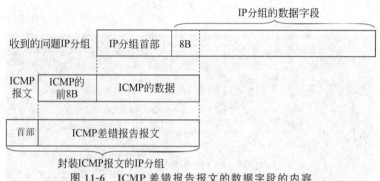

图 11-6　ICMP 差错报告报文的数据字段的内容

在 ICMP 差错报告报文的数据部分中,包含出错 IP 分组中数据的前 8B,目的是得到传输层的相关信息(后面章节介绍的端口号和发送序号等)。这些信息对源结点通知高层协议有用。

3. ICMP 应用

1) PING

ICMP 的一个重要应用就是通过 PING(Packet InterNet Groper)来测试两台主机之间的连通性。PING 使用了 ICMP 回送请求与回送应答报文,是应用层跨越传输层直接使用网络层服务的一个例子。

一台主机对某个结点发出回送请求报文,如果目的结点正常且同意响应请求(有的主机为了防止恶意攻击,会通过设置拒绝响应),就发回回送应答报文。

在控制台/命令操作模式下,输入"ping baidu.com"(可以换为其他地址,IP 地址和域名均可),回车后就可以看到结果(见图 11-7):从本机一共发出 4 个 ICMP 回送请求报文,全部得到了对方的响应,并且由于往返的 ICMP 报文上都带有时间戳,因此很容易可以得出往返时间。该命令还在最后显示出统计的一些结果。

2) traceroute

另一个非常有用的应用是 traceroute,用来探寻一个分组从源点到终点所经过的路径,Windows 中的命令是 tracert,执行结果如图 11-8 所示。

traceroute 的工作原理如下。

* 从源主机向目的主机依次发送一连串的 IP 分组(封装的是无法交付的 UDP 用户数据报),每次发送一个分组后,等待收到相关 ICMP 报文,才能发送下一个。

```
命令提示符

C:\>ping baidu.com

正在 Ping baidu.com [39.156.66.10] 具有 32 字节的数据:
来自 39.156.66.10 的回复: 字节=32 时间=32ms TTL=49
来自 39.156.66.10 的回复: 字节=32 时间=31ms TTL=49
来自 39.156.66.10 的回复: 字节=32 时间=33ms TTL=49
来自 39.156.66.10 的回复: 字节=32 时间=32ms TTL=49

39.156.66.10 的 Ping 统计信息:
    数据包: 已发送 = 4, 已接收 = 4, 丢失 = 0 (0% 丢失),
往返行程的估计时间(以毫秒为单位):
    最短 = 31ms, 最长 = 33ms, 平均 = 32ms

C:\>
```

图 11-7 PING 示例

```
C:\Users\Think>tracert www.nuaa.edu.cn

通过最多 30 个跃点跟踪
到 www.nuaa.edu.cn [2001:da8:1006:1001::125] 的路由:

  1    60 ms     2 ms     2 ms  240e:3a0:207:2430:e6c2:d1ed:73da:ce0f
  2     3 ms     4 ms     3 ms  240e:3a0:207::1
  3    64 ms     5 ms     8 ms  240e:1a:2000:1285::2
  4     4 ms     *        6 ms  240e:1a:2000:f203::2
  5    31 ms    28 ms    30 ms  240e::32:61:7202
  6     *        *        *     请求超时。
  7    30 ms    42 ms    30 ms  240e::e:3:2200:203
  8    35 ms    37 ms    79 ms  240e::e:3:2008:403
  9    33 ms    42 ms    32 ms  2001:da8:257:0:101:4:114:75
 10    49 ms    47 ms    44 ms  2001:da8:257:0:101:4:45:2
 11    49 ms    51 ms    47 ms  2001:da8:257:0:101:4:5:5
 12    55 ms    52 ms    52 ms  2001:da8:257:0:101:4:56:2
 13    67 ms    57 ms    91 ms  2001:da8:257:0:101:4:6:1
 14    60 ms    58 ms    58 ms  2001:da8:257:0:101:4:6:1b
 15    76 ms    76 ms    75 ms  2001:da8:2:707::1
 16    80 ms    76 ms    77 ms  2001:da8:2:107::2
 17    78 ms    79 ms    79 ms  cernet2.net [2001:da8:a3:11::2]
 18    82 ms    82 ms    78 ms  cernet2.net [2001:da8:a3:a004::2]
 19    78 ms    82 ms    76 ms  2001:da8:1006:4405::21
 20    80 ms    77 ms    77 ms  2001:da8:1006:1001::125

跟踪完成。
```

图 11-8 用 tracert 命令获得去往目的主机的路由信息

- 每次的发送,源主机都通过 IP 分组中的生存时间(TTL,见 14.3 节,表示源主机允许分组通过的路由器的个数,每经过一个路由器减 1,减到 0 就删除)来进行控制,使得 IP 分组经过的路由器个数依次递增,从而探得分组传输路径上每一个路由器的信息。

具体来说,源主机将第 1 个 IP 分组的 TTL 设置为 1,当该分组到达路径上的第 1 个路由器 R_1 时,R_1 根据规定把 TTL 值减 1,由于 TTL 等于 0,因此 R_1 把分组丢弃,并向源主机发送一个 ICMP 时间超过差错报告报文,源主机据此报文可以知道路径上的第 1 个路由器 R_1 的信息。

源主机接着发送第 2 个 IP 分组,令 TTL 为 2。在分组到达第 2 个路由器 R_2 之前,TTL 已经被 R_1 减为 1 了,R_2 继续把 TTL 减 1,由于 TTL 等于 0,因此 R_2 把分组丢弃,向源主机发送时间超过差错报告报文,源主机据此报文可以知道路径上第 2 个路由器 R_2 的信息。

这样一直循环下去,每次都将 TTL 增1,可以得到路径上一系列路由器的信息。当最后一个分组到达目的主机时,因分组中封装的是无法交付的 UDP 用户数据报,因此目的主机向源主机发送 ICMP 终点不可达差错报告报文。这样,源主机可以知道一路上所经过的所有路由器的信息了,以及到达其中每一个路由器的往返时间。

图中每一行有三个时间,是因为针对每一个路由器,源主机发送了三次同样的 IP 分组。

另外,按理说 IP 分组经过的路由器越多,所花费的时间也应该越长,但从图中看,并非完全符合这样的趋势,这是因为互联网的工作情况随时都在变化,往返时间较为随机。

◇ 11.4　拥 塞 控 制

11.4.1　概述

1. 什么是网络拥塞

首先联想一下城市的交通,特别是上下班高峰期,车辆太多了,都要行驶的时候,整个城市都拥挤不堪,这是交通的拥塞。出现这种情况的原因主要有两个:交通道路不够顺畅,道路资源少;车辆太多。

计算机网络中也存在类似的情况,当某个时段上网的人数突然增多,业务流量突增的时候,网络会异常拥堵,用户的感觉是网速非常缓慢,甚至感觉网络不可用。这种情况在 20 世纪90 年代末到 21 世纪 10 年代初体现得尤为突出。

在计算机网络中,各个链路的带宽、交换结点中的缓存和处理机等,都是网络的资源,在某段时间,如果用户对网络中资源的需求量超过了网络的可用资源(这是根本的原因),网络的性能就会变坏,这就是网络中的拥塞(congestion)问题。此时,整个网络的吞吐量将随输入的增大反而下降。

例如,当一个路由器没有足够的缓存空间时,它就会丢弃一些新到的分组。但当分组被丢弃时,发送这一分组的源点(如果采用了 TCP)就会重传这一分组,甚至可能还要重传多次。这样会引起更多的分组流入网络并被网络中的路由器丢弃,陷入死循环。即拥塞引起的重传会加剧网络的拥塞。

可见,网络拥塞带来的问题如下。

- 网络性能变差:表现为分组多次丢失、多次重新发送所导致的时延增大。
- 网络资源的浪费:表现为分组被多次重发,网络不得不使用网络资源来发送重复的分组。

2. 如何解决网络拥塞

既然拥塞是以上两个因素导致的,自然而然可以从这两个方向进行解决。

1)增加资源

有人可能认为:"只要增加资源,就可以解决网络拥塞的问题。"其实网络拥塞是一个非常复杂的问题,简单地采用上述做法,有时不但不能解决拥塞问题,而且还可能使网络的性能更坏。

举例来说,当某结点缓存容量太小时,到达该结点的分组因无法排队而被丢弃,导致发送方重新发送,增加了网络负担。现设结点的缓存很大,能否解决问题?由于处理机的速度和输出链路的带宽均未提高,队列中的多数分组的排队时间将大大增加,发送方的上层认为分组超时,会重传分组,网络的负担更重了。

如果增加瓶颈处的资源,在相同流量的情况下,可能在一定程度上缓解拥塞,但是又会将瓶颈转移到其他地方,还会产生拥塞。

为此,只能整体增加网络资源,并且合理地调配网络资源,才能尽量推迟拥塞的出现,实现服务质量的整体提高。就如同现在人们不会再有 20 世纪 90 年代到 21 世纪 10 年代初的感觉一样。

但是,资源是永远低于人们的(同时使用的)需求的,就如同马路建得再多、再宽,也承受不住所有汽车一起上路一样。

2) 合理调控

对网络的行为,特别是对边缘结点的网络行为进行合理地控制,这才是最有效的方法。就如同城市交通一样,如果有交警提前布防,特别是在进入城市的道路入口处限制一些流入车辆,情况就会好很多。这也是当前国内很多景区限制游客数量的出发点。

研究和实践均表明,追加网络瓶颈资源的方法无法从根本上解决网络拥塞问题,只有通过引入适当的拥塞控制方法,才能从源上来避免拥塞。

从发送方来说,如果网络拥塞,将导致自己享受的通信质量大大降低,所以应该根据网络的情况调整自己的行为——如果网络出现了问题,就不要再毫无节制地发送数据了。

11.4.2　进行拥塞控制

1. 控制模型

从控制论的角度来看,拥塞控制可以分为开环控制和闭环控制两种。开环控制是在设计网络时事先将可能发生拥塞的全部因素都尽量考虑周到,力求网络在工作时不产生拥塞。但因为这种模型没有反馈的机制,所以所有结点都按照制定的策略发送。

闭环控制是基于反馈的模型,主要有以下几个步骤。

(1) 监测网络系统以检测拥塞的信息。

(2) 把拥塞信息反馈到可采取行动的角色。

(3) 调整网络行为以解决、缓解网络拥塞。

有很多指标都可以用来监测、评价网络的拥塞,包括超时重传的分组数、平均队列长度、平均分组时延等。这些指标的上升都意味着拥塞程度的增长。而监测的实体可以是路由器、接收方主机,甚至是发送方主机。

监测到拥塞发生时,一般都是将拥塞信息传送到源主机,源主机从而根据策略减少重发/新发的数据量。

实践证明,拥塞控制是很难设计的,因为这是一个动态的问题,闭环控制更加合理一些。

2. 拥塞控制的代价

进行拥塞控制是需要付出代价的。

1) 拥塞控制会增加网络的消耗

收集网络内部流量分布的信息、计算相关指标等,会增加结点额外的存储和处理消耗。拥塞控制时需要在结点之间交换信息和各种指令,会进一步消耗链路的带宽。有的拥塞控制需要将一些资源分配给个别用户,等等。如果设计得不合理,拥塞控制机制本身也是可能成为网络性能恶化甚至死锁的原因的。

2）拥塞控制不可能达到完美的效果

图 11-9 中的横坐标是当前所有用户注入网络中的负载（单位时间内输入网络的分组数），纵坐标是吞吐量，代表网络单位时间内输出的分组数。

理想中的拥塞控制如曲线 1 所示，在吞吐量饱和之前，网络吞吐量应等于网络负载，但当负载超过网络的最大吞吐量后，吞吐量不再增长而保持为水平直线，负载中有一部分损失掉了（即注入网络中的某些分组被丢弃了）。

网络无拥塞控制的实际工作情况如曲线 2 所示，随着负载的增大，网络吞吐量的增长速率逐渐减小，但仍逼近理想的曲线。当网络进入轻度拥塞时，曲线 2 距离理想曲线越来越远。当负载超过某一数值时，网络的吞吐量反而下降了，网络进入了拥塞状态。当负载继续增大，直至网络的吞吐量下降到 0，已无法工作，即所谓的死锁。

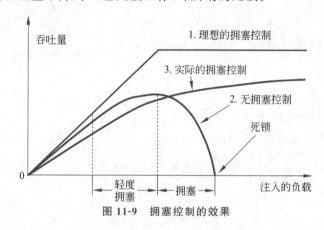

图 11-9 拥塞控制的效果

而常用的拥塞控制从一开始就注意抑制负载的注入，使得发送方不能肆意发送数据到网络上（此时横坐标改为"期望注入的负载"比较合适），减少网络拥塞的概率。

11.4.3 主动队列管理

1. 思想

网络层的策略对拥塞控制影响最大的就是路由器的分组丢弃策略。在最简单的情况下，路由器的队列通常都是按照先进先出（FIFO）的规则处理到来的分组。由于队列长度总是有限的，当队列已满时，以后再到达的所有分组将被丢弃。这就叫作尾部丢弃策略。

路由器的丢弃行为往往会导致一连串分组的丢失，同时路由器此时可向各源结点发送 ICMP 报文，告知对方需要进行"源点抑制"。

这种到了"最后关头"才采取措施不是一种好的策略，往往会让网络需要花费更多时间才能恢复过来。就如同市内交通，非要等到塞到不能动为止才采取措施，市内交通很长时间才能恢复正常。

主动队列管理（Active Queue Management，AQM）是其中一个重要思想。所谓主动就是不要等到路由器的队列长度已经达到最大值时才不得不丢弃后面的分组。

AQM 的思想是：路由器在队列长度达到某个程度时（表明网络有拥塞的征兆），就主动丢弃一些到达的分组，从而提前提醒发送方放慢发送的速率，希望使网络拥塞的程度减轻，甚至不出现网络拥塞。

AQM 有不同的实现方法,其中曾经流行的是随机早期检测/随机早期丢弃(Random Early Detection/Random Early Discard,RED)。

2. RED

RED 需要路由器维持两个参数:队列长度最小阈值(Th_{min})和最大阈值(Th_{max})。每当一个新的分组到达路由器时,RED 都按照规定的算法先计算当前的平均队列长度(L_{AV}),然后根据下列方法进行处理。

(1) 若 $L_{AV} <$ Th_{min},则把新到达的分组放入队列进行排队。

(2) 若 $L_{AV} >$ Th_{max},则把新到达的分组丢弃。

(3) 若 L_{AV} 在两者之间,则按照一个丢弃概率 p 把新到达的分组丢弃。

RED 中最难处理的就是丢弃概率 p 的选择,因为 p 并不是个常数。例如,让 p 按线性规律进行变化,从 0 变到 p_{max},如图 11-10 所示。

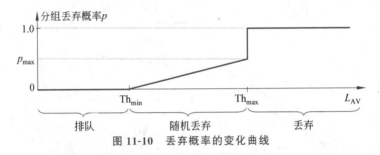

图 11-10 丢弃概率的变化曲线

习 题

1. 读者自己查找资料,分析 NAT 有什么缺点。

2. [2020 研]某校园网有两个局域网,通过路由器 R_1、R_2 和 R_3 互联后接入 Internet,S1 和 S2 为以太网交换机。局域网采用静态 IP 地址配置,路由器部分接口以及各主机的 IP 地址如图 11-11 所示。

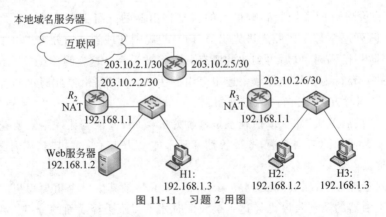

图 11-11 习题 2 用图

设 NAT 转换表结构如表 11-2 所示。

表 11-2　习题 2 用表

外网		内网	
IP 地址	端口号	IP 地址	端口号

请回答下列问题。

(1) 为使 H2 和 H3 能够访问 Web 服务器(使用默认口号),需要进行什么配置?给出具体配置。

(2) 若 H2 主动访问 Web 服务器时,将 HTTP 请求报文封装到 IP 数据报 P 中发送,则 H2 发送的 P 的源 IP 地址和目的 IP 地址分别是什么?经过 R_3 转发后,P 的源 IP 地址和目的 IP 地址分别是什么?经过 R_2 转发后,P 的源 IP 地址和目的 IP 地址分别是什么?

3. [2016 研]见图 11-12。

(1) 假设连接 R_1、R_2 和 R_3 之间的点对点链路使用 201.1.3.x/30 地址,当 H3 访问外部 Web 服务器 S(130.18.10.1)时,R_2 转发出去的封装 HTTP 请求报文的 IP 分组的源 IP 地址和目的 IP 地址分别是(　　　)。

A. 192.168.3.251,130.18.10.1　　　　　　B. 192.168.3.251,201.1.3.9

C. 201.1.3.8,130.18.10.1　　　　　　　　D. 201.1.3.10,130.18.10.1

(2) 假设 H1 与 H2 的默认网关和子网掩码均分别配置为 192.168.3.1 和 255.255.255.128,H3 和 H4 的默认网关和子网掩码均分别配置为 192.168.3.254 和 255.255.255.128,则下列现象中可能发生的是(　　　)。

A. H1 不能与 H2 进行正常 IP 通信

B. H2 与 H4 均不能访问 Internet

C. H1 不能与 H3 进行正常 IP 通信

D. H3 不能与 H4 进行正常 IP 通信

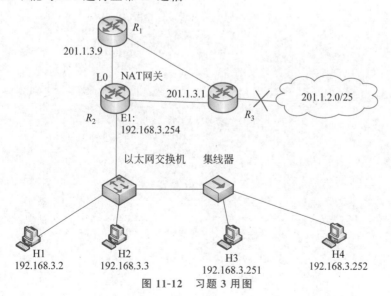

图 11-12　习题 3 用图

4. [2012 研]在 TCP/IP 体系结构中,直接为 ICMP 提供服务的协议是(　　)。

    A. PPP　　　　　　B. IP　　　　　　C. UDP　　　　　　D. TCP

5. [2010 研]若路由器 R 因为拥塞丢弃 IP 分组,则此时 R 可向发出该 IP 分组的源机发送的 ICMP 报文类型是(　　)。

    A. 路由重定向　　　B. 目的不可达　　　C. 源点抑制　　　D. 超时

第
12
章

IP 的不断发展

IP 是互联网的核心,从诞生到目前,经历了长时间的运营,有了不少新的技术和发展。

◆ 12.1　IP 多播

1. 概述

1) 出发点

有许多应用需要由一个源点发送数据到许多个终点,即一对多的通信,如赛事直播等。如果按照常规的做法,从源点给每一个终点都单独发送一份数据,路径上传输了很多完全相同的数据,非常浪费,如图 12-1(a)所示。

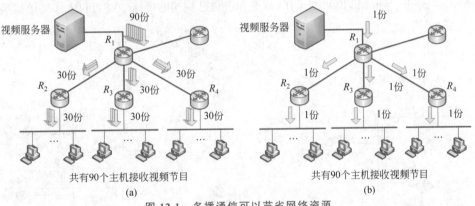

图 12-1　多播通信可以节省网络资源

多播(也称为组播,multicast)技术可以有效减少这种带宽浪费的情况,大大节约网络资源。如图 12-1(b)所示,视频服务器在发送数据的时候,只需要发出一份数据,而途中的路由器(需要支持多播技术,称为多播路由器)只有在需要时才复制出相同的数据,沿着不同的路径发送出去。当分组到达目的局域网时,局域网具有硬件多播功能,在局域网上的接收者都能收到这个数据。多播的接收者越多,网络中节省资源的效果越明显。

在互联网上进行多播就叫作 IP 多播。

2) 如何标识不同的多播

由相同爱好和目标组成的、需要多播传输数据的团队称为一个**多播组**。为了标识不同的多播组,需要给多播组一个标识——多播 IP 地址(IP 地址中的 D 类地址),凡是发给某个多播地址 A 的数据(目的地址为 A),这个团队的成员都应该能够收到。

D 类地址的前 4b 是 1110,只能用于目的地址,地址范围是 $224.0.0.0 \sim 239.255.255.255$。每个多播组占用一个 D 类地址,共可标识 2^{28} 个多播组。为了方便后面的介绍,会将多播地址和多播组等价。

多播分组也是尽最大努力交付,多播时不需要保证数据能可靠地到达每一个组内成员。

3) 多播的使用特点

多播组内的成员极具动态性,随时可能加入和退出多播组。

多播组内的成员,可以发送多播分组给本多播组。

多播组外的成员,也可以发送多播分组给某个多播组。

4) 多播分类

多播按照运行范围可以分为两种,两种多播需要配合才能完成整个 IP 多播的过程。

- 在互联网的范围进行多播。
- 在局域网内进行的硬件多播。

第一种是 IP 多播的主体,第二种是 IP 多播的最后一步。这里先介绍第一种。

5) 多播需要两种协议

如图 12-2 所示,4 台主机加入了一个多播组,多播路由器 R_1、R_2 和 R_3 需要知道自己"下辖"的网络中有主机加入了该多播组,并向外报告这种情况,才能让已经参与该多播组的多播路由器多发送一份多播分组给自己。为此,路由器使用互联网组管理协议(Internet Group Management Protocol,IGMP)工作,从而知道自己相连的网络中是否包含多播组成员。

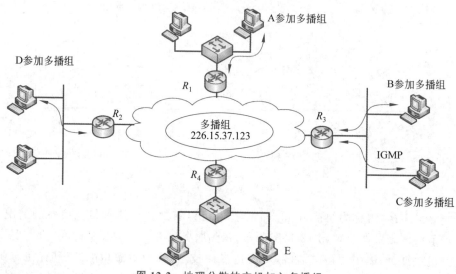

图 12-2　地理分散的主机加入多播组

在组管理的基础上,所有参与的多播路由器必须协同工作,执行多播路由选择协议,把多播分组传送给所有的组成员。

2. 互联网组管理协议 IGMP

IGMP 并不需要细致到管理某个多播组所有成员的信息,仅粗枝大叶地让某个多播路由器知道自己连接的网络上是否有主机参加了多播组而已(具有本地性)。

IGMP

IGMP 的工作有以下要点。

（1）当主机要加入某多播组（A）时，向本地多播路由器 R 发送 IGMP 报文，目的地址是 A。

（2）R 利用多播路由协议把这种信息转发给互联网上的其他多播路由器，告知后者：以后也要向我这个方向发送多播分组了。

（3）R 周期性地发送 IGMP 查询报文，探询所连网络上的主机，只要有一台主机进行响应，R 就认为 A 是活跃的。

（4）当主机离开多播组时，不会发送离开请求，而是不再对查询报文进行响应。

（5）如果经过几次探询，R 未收到一个响应，就认为本网络上的主机已经都离开了 A 这个组，也就不再向其他多播路由器汇报。

3．多播路由选择协议

多播路由协议要比单播路由协议复杂得多，其中一个重要特点是多播转发必须动态地适应多播组成员的变化（哪怕网络拓扑并未发生变化）。

另外，多播路由器在转发多播分组时，不能仅根据分组中的目的地址，还要考虑这个分组的来源。如图 12-2 所示，从 A 发出的多播分组要转发给 R_2 和 R_3，从 D 发出的需转发给 R_1 和 R_3，从 E 发出的要转发给 R_1、R_2 和 R_3。

多播路由选择实际上是按照一棵（以源主机为根结点的）**多播转发树**的路径来发送多播分组，分组从根结点出发经历每一个树枝到达叶子结点。每个源主机都有自己的转发树，而且经常因为成员变化而导致转发树的变化。

多播路由协议包括距离向量多播路由选择协议（DVMRP）、基于核心的转发树（CBT）、多播最短路径优先（MOSPF）、协议无关多播-稀疏方式（PIM-SM）和密集方式（PIM-DM）等，但并未成为互联网标准。下面简要介绍转发多播分组时使用的一些方法。

1）洪泛与剪除

这种方法适合于较小的多播组，且组成员所在的局域网是相邻接的。

最初，路由器使用洪泛法（9.3.1 节）转发多播分组，并采用反向路径广播 RPB（Reverse Path Broadcasting）的思想（叫反向路径洪泛更加合适，广播一词有些敏感）。RPB 的要点如下。

多播路由器在收到一个多播分组时，检查其是否是从源点经最短路径传送来的（如果有多条相同长度的最短路径，则选择上一跳路由器的 IP 地址最小的路径）。若是，就继续洪泛，否则就丢弃而不转发。下面以图 12-3 来说明。

路由器 R_1 收到源点发来的多播分组后向 R_2 和 R_3 洪泛。R_2 发现 R_1 在自己到源点的最短路径上，因此收下并向 R_3 和 R_5 洪泛。R_3 发现 R_2 不在自己到源点的最短路径上，因此丢弃该分组。

R_7 到源点有两条最短路径，假定 R_4 的 IP 地址比 R_5 小，所以 R_7 采用途经 R_4 的最短路径（$R_1 \rightarrow R_2 \rightarrow R_4 \rightarrow R_7$）。

每个路由器都这样洪泛和择优，最后可以得出用来转发多播分组的多播转发树，以后就按这个多播转发树来转发多播分组。

如果多播转发树上的某个路由器（例如 R_8）发现它的下游树枝已无多播组成员，就把它和下游的树枝一起剪除。如果 R_8 通过 IGMP 知道下面又有新增加的组成员时，向 R_5 通

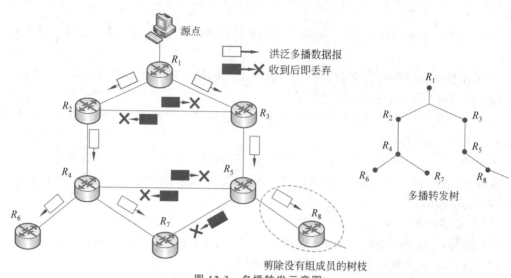

图 12-3　多播转发示意图

告,并重新接入到多播转发树上。

2) 隧道技术

当多个支持多播的网络在地理上很分散,又想互相能够多播通信,可以借助隧道技术来实现。例如在图 12-4 中,网络 N_1 和 N_2 都支持多播,但互联网目前可能并不是大规模支持多播,为此,可以在这两个网络之间"架构"起一条隧道,让多播分组经过隧道(此时是单播)到达另一个网络,在另一个网络中继续多播。

图 12-4　使用隧道技术支持多播

3) 基于核心的发现技术

这种方法对每一个多播组 G 指定一个核心路由器 R_c,并给出其单播地址。核心路由器可以按照前面讲过的方法创建出对应于多播组 G 的转发树。如果有一个路由器 R_1 向 R_c 发送分组,那么它在途中经过的每一个路由器(R_2)都要检查其内容。

- 如果是一个多播分组(目的地址是 G),R_2 就向多播组 G 的成员转发这个分组。
- 如果是一个请求加入多播组的分组,R_2 就把这个信息加到它的路由中,并用隧道技术向 R_1 转发多播分组的一个副本。

12.2　移动 IP

1. 移动 IP 的基本概念

现在越来越多的应用会涉及在移动中进行通信,经常会要求移动站的 IP 地址在移动中保持不变(并且要对用户透明),即便已经离开了原有的网络,这对传统的 IP 协议的通信架构造成了困难,移动 IP(Mobile IP)专门研究这个问题。移动 IP 使用了图 12-5 给出的模型。

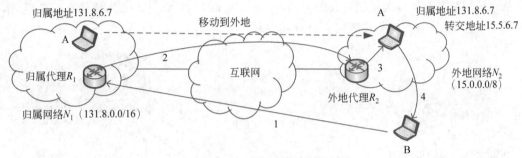

图 12-5　移动 IP 通信模型

任意一个移动站(A)必须有一个归属地址(或永久地址,本地地址,home address,如131.8.6.7),本身所属的网络叫作归属网络(home network,网络地址设为 131.8.0.0/16)。归属网络中需要设置一个归属代理(home agent,通常是归属网络上的路由器,设为 R_1),完成一项特殊和破例的工作:当 A 离开本网络时,R_1 在应用层把发给 A 的信息中转给 A。

当 A 移动到另一个网络(外地网络/被访网络,网络地址设为 15.0.0.0/8),外地网络中也需要提供一个代理,称为外地代理(foreign agent,通常是外地网络上的路由器,设为 R_2),R_2 需要为 A 分配一个临时的转交地址(care-of address,设为 15.5.6.7)。R_2 在给 A 分配转交地址后,需要通知 A 的归属代理 R_1。

2. 三角路由问题

图 12-5 中,结点 B 想和 A 进行通信,B 使用 A 的归属地址作为 IP 分组中的目的地址。假设 A 已经离开归属网络 N_1,转移到外地网络 N_2,且 R_2 已经通知 R_1,此时 R_1 需要承担起代理的角色了(之前不必)。

B 发给 A 的分组 P,目的地址是 131.8.6.7,自然会被互联网发送到 N_1。P 被 R_1 截获,R_1 把 P 作为数据进行再封装(隧道技术的 IP-in-IP),新的分组 P′的目的地址是转交地址15.5.6.7,利用隧道技术把 P′发送到 R_2。

R_2 把 P′进行拆封,取出分组 P,然后转发给 A,这个分组的目的地址是 131.8.6.7。这个通信过程其实并不符合常规(目的 IP 地址不是指向本网),R_2 是直接使用 A 的 MAC 地址(A 首次和 R_2 通信时,R_2 就记录下 A 的 MAC 地址)进行分组发送的。

A 收到 P 后,也得到了 B 的 IP 地址。如果 A 要向 B 发送分组,就不必那么麻烦了,A使用自己的永久地址作为分组的源地址,用 B 的 IP 地址为目的地址。这个分组会按照常规直接被发送给 B(不必再经过 N_1)。

以上的分组转发过程称为间接路由选择,会引起分组转发的低效,被称为三角路由选择问题。更极端的,当 B 和 A 都处于外地网络 N_2 时,B 依然要颇费周折地发给 R_1 进行三遍通信,效率更低了。

3. 改进方案

解决三角路由问题的一种方法是使用直接路由选择,但这是以增加复杂性为代价的。

如图 12-6 所示,为 B 创建一个通信者代理 R_3,当 B 希望和 A 通信时,由 R_3 向归属代理 R_1 询问 A 在外地网络 N_2 中的转交地址,然后由 R_3 把 B 的分组用隧道技术发送到 R_2,最后再由 R_2 拆封,把分组转发给 A。后期双方就可以直接通信了(省去了图 12-6 中的 1、2 步)。

使用这种方法时必须解决以下两个问题,除了要增加通信者代理的角色外,当移动站点 A 从外地网络 N_2 又再次移动到其他网络时,更加复杂了,需要引入锚外地代理的角色,本书就不再介绍了,有兴趣的读者可自己查找资料。

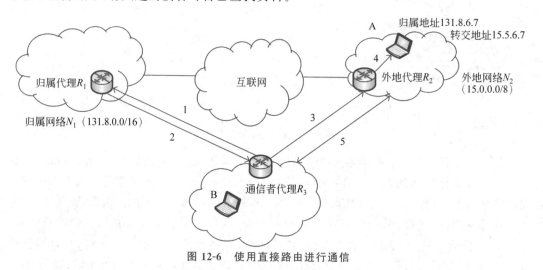

图 12-6　使用直接路由进行通信

4. 相关问题

在移动 IP 技术中,安全问题是非常重要的,不能允许不法分子把 B 发送给 A 的分组转发到伪造的外地代理。

另外,上述内容都假定移动站 A 需要有一个永久 IP 地址,但是永久 IP 地址弥足珍贵,很难有运营商会给一个普通的移动设备指派一个永久的 IP 地址。

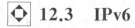 **12.3　IPv6**

12.3.1　概述

现在使用的 IP 协议是第 4 版,是在 20 世纪 70 年代末期设计的,计算机网络经过几十年的飞速发展,IPv4 的各种优缺点都有所体现,更重要的是目前 IPv4 地址已经耗尽了,当前不少技术都是对 IPv4 的改革,在延续 IPv4 生命的同时也有一些限制。而 IPv6 则是一种革命,可以极大地改进互联网。

IPv6 引进的主要变化如下。

1. 更大的地址空间

IPv6 把 IP 地址长度从 IPv4 的 32b 增大到 128b,使地址空间得到了极大地扩展。

2. 提出了一个新的分组传输模式

除了 IPv4 提供的单播、多播通信模式外,增加了任播模式,即分组的终点是一组计算机,分组只需交付给其中任意一个即可。

3. 重新设计了分组的格式

IPv6 的分组格式如图 12-7 所示,包括基本首部和有效载荷两部分。

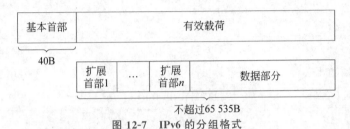

图 12-7　IPv6 的分组格式

IPv6 把分组首部中重要性不大的一些功能取消了,使得首部的固定字段数减少到 8 个,并保持长度固定,能够提高路由器处理的效率。并且 IPv6 首部改为 8B 对齐(长度是 8B 的整数倍),IPv4 首部是 4B 对齐。

有效载荷允许有零个或多个扩展首部(不属于 IPv6 分组的首部),再后面才是数据部分。分组格式的不同,使得 IPv6 和 IPv4 不能兼容。

IPv6 包含一些新的选项,但都放在有效载荷中,而 IPv4 的选项是固定不变的,放在首部的可变部分。

4. 支持自动配置

因此,IPv6 不需要使用动态主机配置协议 DHCP。

5. 支持资源的预留

IPv6 支持那些要求保证一定带宽和时延的应用,如实时视频。

12.3.2　IPv6 的地址

1. IP 地址记法

在 IPv6 中每个地址占 128b,使得点分十进制记法也不够方便了。为了使地址显得更简洁,IPv6 使用冒号十六进制记法,把地址按 16b 进行分组,每个组用 4 个十六进制的值表示,各组之间再用冒号分隔。例如,00E6:0C64:FFFF:0000:0000:1180:060A:000F。

冒号十六进制记法允许把每一组数字前面的 0 省略,则上面的地址可以写成 E6:C64:FFFF:0:0:1180:60A:F。

冒号十六进制记法还允许实现零压缩,即一连串连续的 0 可以用一对冒号所取代,例如,上面的地址可以写作 E6:C64:FFFF::1180:60A:F。为了保证零压缩不产生异议,任一地址中只能使用一次零压缩。

另外,冒号十六进制记法可结合使用点分十进制记法的后缀,这在从 IPv4 向 IPv6 过渡的阶段特别有用。例如,0:0:0:0:0:0:128.10.2.1 是一个合法的 IP 地址,其前 6 节中的每 1 节是 16b,后 4 节中的每 1 节是 8b。使用零压缩可得出::128.10.2.1。

IPv6 中仍可采用 CIDR 斜线表示法,例如,12AB::CD30:0:0:0:0/60 或 12AB:0:0:CD30::/60,但不允许省略记为 12AB::CD30/60(省略的两部分会产生歧义)。

2. IP 地址的分类

IPv6 地址的分类如表 12-1 所示。

表 12-1　IPv6 的地址分类

地址类型	地址块前缀	CIDR 记法
未指明地址	00…0(128b)	::/128
环回地址	00…1(128b)	::1/128
多播地址	11111111(8b)	FF00::/8
站点本地地址(单播)	1111111011(10b)	FEC0::/10
链路本地地址(单播)	1111111010(10b)	FE80::/10
全球单播地址	其他前缀	

1) 未指明地址

结点在尚未被配置一个标准的 IP 地址时,可使用该地址作为源地址。

2) 环回地址

作用和 IPv4 的环回地址(127.0.0.1)一样,代表设备的本地虚拟接口,可以用来检查本地网络配置是否正常。

3) 多播地址

用途和 IPv4 的专用网地址是一样的。

4) 链路本地地址

链路本地地址是一种特殊的单播地址,在邻居发现协议和无状态自动配置过程中,用于同一链路上结点之间的通信。使用这类地址作为源或目的地址的分组不会被路由器转发到其他链路上,即链路本地地址只在本链路上有效。

5) 全球单播地址

这一类单播地址是使用得最多的一类地址。曾有多种方案来进一步划分这种地址,划分方法非常灵活。

- 可以把整个 128b 都作为一个结点的地址。
- 可以用前 nb 作为子网前缀,用剩下的比特作为接口标识符(相当于 IPv4 的主机号)。
- 可以划分为三级,前 nb 作为全球路由选择前缀,随后 mb 作为子网前缀,剩下的作为接口标识符。

12.3.3　从 IPv4 向 IPv6 过渡

由于现在整个互联网的规模太大,在其上运行的应用太多,因此想要一下子升级到 IPv6 显然是不可能的,向 IPv6 过渡只能采用逐步演进的办法,同时还必须使 IPv6 系统能够向后兼容。也就是说,IPv6 系统必须能够接收和转发 IPv4 分组,并且能够为 IPv4 选择路由。下面介绍两种过渡的方法。

1. 双协议栈

双协议栈是指将一部分关键结点同时安装 IPv4 和 IPv6 两种协议,使之能和两个版本的 IP 系统通信。这部分结点可记为 IPv6/IPv4,同时具有 IPv6 地址和 IPv4 地址。双协议栈结点和 IPv6 结点通信时采用 IPv6 地址,而和 IPv4 结点通信时采用 IPv4 地址。

　　双协议栈需要付出的代价较大,因为结点需要安装两套协议,而且在从 IPv6 系统进入 IPv4 系统后,可能会因为后者的不支持而丢失一部分控制信息。

　　双协议栈的工作模式如图 12-8 所示。

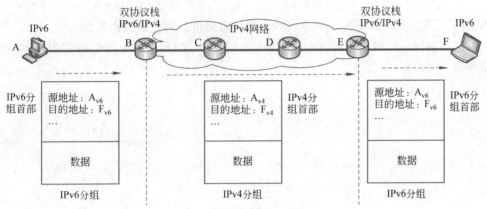

图 12-8　双协议栈的工作模式

2. 隧道技术

　　隧道技术是 IPv4 向 IPv6 过渡的另一种方法。如图 12-9 所示,IPv6 分组在进入 IPv4 网络时,路由器在 IPv6 分组外封装一个 IPv4 分组首部(IPv6 分组,包括首部成为 IPv4 分组的数据部分)。新的分组到达路由器 E 后,E 把数据部分(即原来的 IPv6 分组)释放出来继续在 IPv6 网络上传输。

　　这种技术可以保留原有 IPv6 的控制信息。

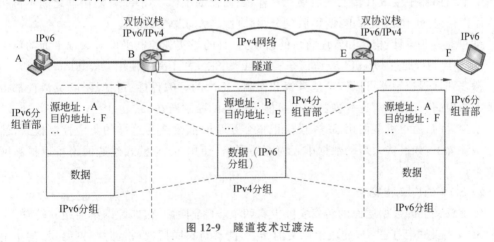

图 12-9　隧道技术过渡法

◈ 12.4　软件定义网络

1. 概述

1) 软件定义网络工作模式

路由器可以划分为两个层面:路由选择部分(控制层面)和分组转发部分(数据层面)。

在数据层面中,首要目标是快,尽量简单,现在的路由器通常采用硬件进行转发,转发一个分组的时间为纳秒级。在控制层面中需要通过多次的交互过程并进行计算,较为复杂,所以慢多了。特别需要指出的是,后者是完全分布式的结构,不利于路由器控制、管理、升级和维护。

针对这两个层面,目前的研究热点——软件定义网络(Software Defined Network, SDN)进行了重大的改变,如图 12-10 所示,把所有路由器的控制层面进行集中,实现一个逻辑上集中控制网络的远程控制器(实际上可由不同地点的多个服务器协调工作以实现可扩展性和高可用性)。

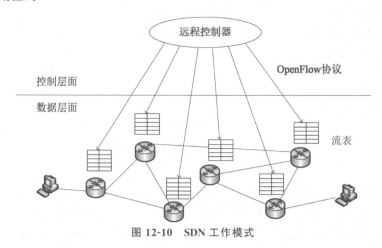

图 12-10   SDN 工作模式

SDN 模式下,远程控制器掌握整个网络的状态,为每一个分组计算出最佳的路由,然后在每一个路由器中生成其转发表表项。这样,路由器的工作变简单了,路由器之间不再相互交换路由信息,工作也非常单纯,即收到分组,查找转发表,转发分组。

SDN 是一种设计、构建和管理网络的新模型,目的是实现控制平面对数据平面的集中控制,而这种控制可通过 OpenFlow 协议来实现(虽然 SDN 并不一定使用 OpenFlow 协议)。

考虑到远程控制器可以方便地升级和定制,SDN 的可编程性、可扩展性、灵活性都得到了极大的提高。但显然,远程控制器也可能是网络的瓶颈所在。

至少目前,还不可能使用 SDN 模式把整个互联网都改造为这样的集中控制模式,然而在某些环境下,如一些大型的数据中心内部的网络,使用 SDN 模式建造网络可以提高网络的效率。

2) SDN 的广义转发

传统意义上的数据层面的转发实际上有两个步骤:匹配(仅匹配网络前缀)、转发。

SDN 对此进行了扩充,变成了广义的转发,能够对不同层次(链路层、网络层,甚至上层传输层)的控制字段进行匹配,而动作则具有更多的选项,例如,可以把具有同样目的网络地址的数据从不同的接口转发出去(实现负载均衡)、重写数据首部(如同在 NAT 网关中的地址转换)、人为地拦截一些数据(如防火墙出于安全考虑进行拦截),等等。

这些控制策略是基于流的控制。所谓流就是穿过网络的一种分组序列,此序列中的分组具有一些共同的特性(如具有相同源 IP 地址和目的 IP 地址的所有分组)。

在这些前提下,SDN 中的设备也不应称为路由器了,可以叫作分组交换机/OpenFlow

交换机,甚至称为交换机,转发表也称为流表(flow table)。

3)基于 OpenFlow 的 SDN 工作流程

一个基本的、基于 OpenFlow 的工作流程如图 12-11 所示。

(1)主机将分组发给网络。

(2)交换机 S_1 收到分组,匹配流表失败,发送相关事件(携带分组)给 SDN 控制器。

(3)SDN 控制器计算路径后,将流表下发给 S_1。

(4)S_1 转发分组给 S_2。

(5)S_2 收到分组,匹配失败,发送相关事件(携带分组)给 SDN 控制器。

(6)控制器将流表下发给 S_2。

(7)S_2 转发分组给 B。后续分组根据已有的流表进行通信即可。

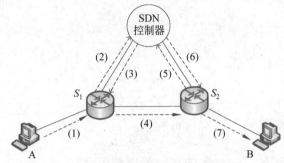

图 12-11　基于 OpenFlow 的工作流程

4)和豪横公司的类比

以前豪横公司的交通部门为旅客规划旅程时,是由下辖各个中转站(网络中的路由器)的旅途规划办公室通过相互交流信息,事先把所有的旅程都规划好(不是为了某一个旅客计算),规划得相对来说比较粗线条。

现在豪横公司交通部门要提高服务水平,取消各个中转站的旅途规划办公室,组建一个部门经理直接管理的旅途规划司,统一来做。每次中转站收到一个新的旅客,把旅客的信息发给旅途规划司,旅途规划司根据更多的信息,甚至包括旅客的家庭住址,为旅客规划更加惬意的旅程。

2. SDN 的控制层面

如图 12-12 所示,SDN 控制层面包含两种构件:SDN 控制器和网络控制应用程序。

SDN 控制器维护准确的网络状态信息(例如远程链路、交换机和主机的状态等),把这些信息提供给各种控制应用程序,并提供一些方法让这些应用程序实现对底层的网络设备进行监视、编程和控制。

SDN 控制器通过南向 API(或称南向接口)和数据层面的受控设备通信,通过北向 API(或称北向接口)和网络控制应用程序通信。

3. SDN 的特征

1)基于流的转发

SDN 基于流进行控制,其转发规则保存在交换机流表中。

2)数据层面与控制层面分离

路由器的数据层面与控制层面结合紧密,但 SDN 将这两个层面去耦合。

3) 可编程的网络

通过在控制层面的网络控制应用程序,使整个网络成为可编程的。

4) 设备和功能分散化

交换机、SDN 控制器,以及网络控制应用程序都是可以分开的实体,可由不同的厂商提供。

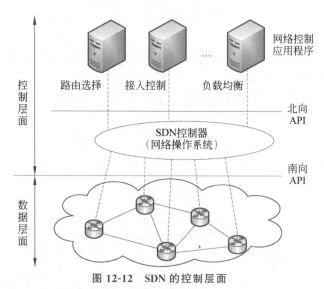

图 12-12 SDN 的控制层面

4. 流表及流表项示例

1) 流表

每个 OpenFlow 交换机必须具有流表,其中每个流表项包括三个主要的字段:首部字段值、计数器和动作。

(1) 首部字段值。

这是一组字段,用来让输入分组进行匹配,因此又称为匹配字段,分为以下三个层次。

- 数据链路层:局域网的源地址、目的地址、虚拟局域网(VLAN)标识符等。
- 网络层:源 IP 地址、目的 IP 地址、协议、服务类型等。
- 传输层:协议类型、源端口号、目的端口号等(后面章节介绍)。

(2) 计数器。

这是一组计数器,包括已经与该表项匹配的分组数量、从该表项上次更新到当前所经历的时间等。

(3) 动作。

这是一组可选动作,例如,当分组匹配某个流表项时把分组转发到指明的接口,或丢弃该分组,或把分组复制后再从多个接口转发出去,或重写相关首部字段等。

2) 流表项示例

图 12-13 给出了一个互联的网络。设定分组转发规则是:来自 H_1 或 H_2 发往 H_3 或 H_4 的分组,都经过 $S_1 \rightarrow S_3 \rightarrow S_4$。则可以将交换机 S_1、S_2 和 S_3 的相关流表项分别设定为如表 12-2 所示(这里省略了计数器字段)。

表 12-2　相关交换机的流表项

分组交换机	匹配	动作/转发到
S_1	源 IP 地址＝10.1.0.*；目的 IP 地址＝10.4.0.*	接口 2
S_3	输入接口＝1；源 IP 地址＝10.1.0.*；目的 IP 地址＝10.4.0.*	接口 2
S_4	源 IP 地址＝10.1.0.*；目的 IP 地址＝10.4.0.1	接口 1
	源 IP 地址＝10.1.0.*；目的 IP 地址＝10.4.0.2	接口 2

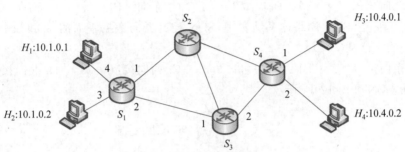

图 12-13　流表项示例网络

下面再给出一个负载均衡的例子。在图 12-13 中，设 H_1 发送的分组经过 $S_1 \rightarrow S_2 \rightarrow S_4$ 到达 H_3，H_2 发送的分组经过 $S_1 \rightarrow S_3 \rightarrow S_4$ 到达 H_4。则 S_1 的相关流表项设定为如表 12-3 所示。

表 12-3　S_1 的流表项

分组交换机	匹配	动作/转发到
S_1	输入接口＝4；目的 IP 地址＝10.4.0.*	接口 1
	输入接口＝3；目的 IP 地址＝10.4.0.*	接口 2

◇ 习　　题

1. 下列关于 IPv6 和 IPv4 的叙述中，正确的是(　　　)。

Ⅰ. IPv6 地址空间是 IPv4 地址空间的 4 倍

Ⅱ. IPv4 的基本首部的长度不可变，IPv6 的基本首部的长度可变

Ⅲ. IPv4 向 IPv6 过渡可以采用隧道技术

Ⅳ. IPv4 向 IPv6 过渡可以采用双协议栈

　　A. 仅Ⅰ、Ⅱ　　　　　B. 仅Ⅰ、Ⅳ　　　　　C. 仅Ⅱ、Ⅲ　　　　　D. 仅Ⅲ、Ⅳ

2. 试把以下的 IPv6 地址用零压缩方法写成简洁形式。

(1) 0000:000A:0F53:6382:AB00:000B:BB27:0032

(2) 000A:0000:0000:0000:0000:0000:004D:0BCD

(3) 0000:0000:0000:AF00:0028:0000:00AA:0398

（4）0819：00AF：0000：0000：0000：0000：0CB2：B273

3. 一个 IPv6 的简化写法为 8：：D0：123：CDEF：89A，那么它的完整地址应该是什么？

4. 一个主机 A 移动到了另一个局域网中并继续持有原有的 IP 地址进行通信，如果一个发往 A 的分组到达了它原来所在的局域网中，分组会被转发给（　　）。

　　A. 移动 IP 的本地代理　　　　　　　　B. 移动 IP 的外部代理

　　C. 主机　　　　　　　　　　　　　　　D. 丢弃

5. 在 SDN 网络体系结构中，SDN 控制器与控制层面中的网络控制应用程序进行交互时所使用的接口是（　　）。

　　A. 北向 API　　　　B. 西向 API　　　　C. 东向 API　　　　D. 南向 API

6. [2022 研]在 SDN 网络体系结构中，SDN 控制器向数据平面的 SDN 交换机下发流表时所使用的接口是（　　）。

　　A. 东向接口　　　　B. 南向接口　　　　C. 西向接口　　　　D. 北向接口

7. 某个 SDN 如图 12-14 所示。

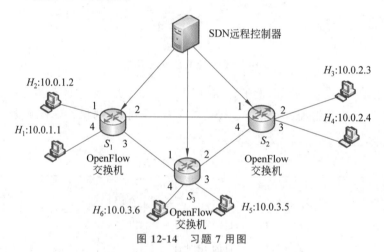

图 12-14　习题 7 用图

请回答以下有关 SDN 的问题。

（1）SDN 远程控制器的作用是什么？

（2）假设图中 OpenFlow 交换机 S_1 的流表如表 12-4 所示。

表 12-4　习题 7 用表

匹　　配	动　　作
源 IP 地址＝10.0.1.*；目的 IP 地址＝10.0.2.*	转发（3）

该流表指明源 IP 地址为 10.0.1.*（* 为通配符）、目的 IP 地址为 10.0.2.* 的分组，才能从 S_1 自己的端口 3 转发。请参照 S_1 构造流表项的方法，给出 S_2 的相关流表项。要求 S_2 仅接收并转发来自 S_1 相连的主机所发送的分组，而不管这些分组是从 S_2 自己的哪个端口进来的。

第4部分 IP 和物理网络的结合

IP是互联网的核心,把不同的物理网络互联起来。但是,毕竟一类是虚拟的逻辑网络,另一类是实实在在的物理网络,两者不是天生就配对的,不可能什么事情都能够水到渠成。实际上,两者结合的过程还是需要考虑很多事情的,不是简单说结合就结合好了。

在分层之后的通信过程一节中,我们知道,下层为上层服务,实际上就是为上层提供相关接口,让上层调用,所以看上去似乎只要各个物理网络实现了一些特定的接口,IP按照规定的顺序调用这些接口就可以设置网络参数,发送、接收分组了,实际上远没有那么简单,需要考虑的事情很多,其中非常重要的两个问题是:

- IP有IP地址,各个物理网络有自己的硬件地址(MAC地址),两者是否重复? 通信过程中,分组经过不同的物理网络,物理网络的地址肯定不同(就像不能到北京后却去找一个南京的区和街道),如何处理? 只知道对方的IP地址,不知道对方的硬件地址,怎么办?
- IP有IP分组的格式和数据大小的约定,不同物理网络有自己的格式和数据大小的约定,不一致是肯定的,如何避免不一致产生的无法使用的问题?

这两个问题,都不可能简单地通过调用相关接口就可以解决了,而是需要在网络层(IP层)根据实际情况进行相关的处理才能够完成两者的结合。

地址相关问题

◇ 13.1 硬件地址与 IP 地址

13.1.1 地址在传输过程中的转换

首先,在 2.5 节中我们知道,第 N 层在收到上层传来的信息时,不改变上层的内容,而是根据需要加上自己的协议首部。因此,数据链路层在收到 IP 层的分组时,不改变分组内容(包括分组首部的源、目的地址),而是加上自己的帧首部(包括源、目的硬件地址),如图 13-1 所示。

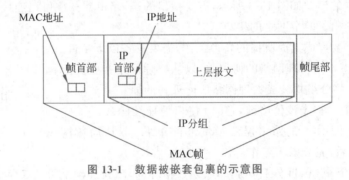

图 13-1 数据被嵌套包裹的示意图

其次,IP 地址具有全局性,从源结点指向目的结点,像是战略目标。而硬件地址是局部的,只在某一个物理网络上有用,相当于战术目标。战略目标是不能改变的,但是战术目标却是根据所处环境(物理网络)而不断变化的。图 13-2 展示了数据在传输途径中变化的详细过程。

IP 分组 p 进入局域网 A 前,需要封装成帧 F_A,目的和源 IP 地址是主机 a 和主机 d 的 IP 地址,这两个地址在整个传输过程中是保持不变的。F_A 的目的 MAC 地址指向路由器 b 左边接口的 MAC 地址(MAC_{b1}),源 MAC 地址指向主机 a 的 MAC 地址(MAC_a)。在网络固定下来后,这两个地址只在局域网 A 中是有效的。

分组在路由器 b 处需要转换,很显然,原来帧 F_A 的目的、源 MAC 地址等信息已经不能在广域网 B 中使用(就如同不能在北京找南京的地名),地址被替换成广域网 B 的地址,分别为路由器 c 左边接口的 MAC 地址(MAC_{c1})和路由器 b 右边接口的 MAC 地址(MAC_{b2})。

每经过一个路由器,路由器都需要这样的变化,直到分组到达主机 d。

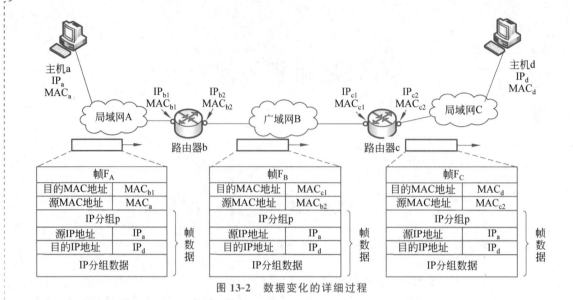

图 13-2　数据变化的详细过程

13.1.2　数据在路由器上的转换

路由器的模型如图 13-3 所示,需要指出的是,路由器往往可以连接多个网络,图中只是示意性地画出了两个网络的接口。

路由器要完成上面所提的转换工作,需要具备以下条件。

- 熟悉不同物理网络的协议,可以从物理网络接收并解析帧、将分组封装成物理网络所能理解的帧。
- 知道下一步该传给谁,它的 MAC 地址是什么。

下面以图 13-2 的路由器 b 为例进行介绍。b 从局域网 A 收到帧 F_A 后,完成以下工作。

（1）进行解析,拆分 F_A 为帧首、帧数据等部分,验证帧是否存在错误(这个过程相当于豪横公司的中转服务人员从方言 A 理解旅客的行程等信息)。这个步骤抛弃了 F_A 的帧首(包括 MAC_a 和 MAC_{b1}),获得 IP 分组 p。

（2）因所有结点都必须支持 IP 协议(中转服务人员都熟悉普通话),所以 b 必然清楚 p 的首部内容,获得其目的 IP 地址,查询路由表可知下一步需要发送给谁。这里是转发给路由器 c 的左边接口(IP_{c1}、MAC_{c1})。

（3）b 把 p 转移到连接下一个网络(广域网 B)的接口(IP_{b2}、MAC_{b2})处。这个过程涉及一个重要的概念:交换。

（4）b 把 p 作为帧数据重新封装,加上广域网 B 的帧首(包括广域网的目的和源硬件地址),形成 F_B(这个过程相当于中转服务人员用方言 B 对旅客行程的再次陈述),发给广域网 B。

13.1.3　IP 地址和硬件地址在计算机中的位置

IP 地址和硬件地址在计算机中的位置如图 13-4 所示。

图中右侧方框:

IP层	
网络1数据链路层	网络2数据链路层
网络1物理层	网络2物理层

连网络1　　　连网络2

图 13-3　路由器的模型

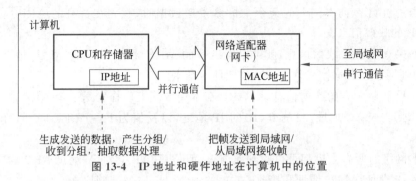

图 13-4　IP 地址和硬件地址在计算机中的位置

　　IP 地址是属于软件层面的,开机后由操作系统装载在内存中,时时供软件和 IP 协议使用,当产生数据并形成分组后,分组便以该 IP 地址作为源 IP 地址。

　　而硬件地址是被写在网络适配器(网卡)的 ROM 中的,当网络适配器将分组封装成数据帧时,利用此 MAC 地址作为源 MAC 地址。

◆ 13.2　IP 地址和硬件地址的映射 ARP

1. 为什么需要地址解析协议

　　由前述可知,用户的数据在进行传输时,涉及两类地址:IP 地址和 MAC 地址。IP 地址是容易得到的,仍然以图 13-2 为例。

- 主机 a 是知道路由器 b 左边接口的 IP 地址的(操作系统的网络设置中可以获得,如图 10-3 所示)。
- 路由器 b 是知道路由器 c 左边接口的 IP 地址的(根据路由表下一跳可以知道)。
- 路由器 c 和主机 d 处于同一个网络 C,根据分组内容(目的 IP 地址)知道 d 的 IP 地址。

　　但是,IP 地址在具体的物理网络中是不被认可的,每一个物理网络都是按照自己的地址(硬件地址)来进行处理的。可以把 IP 地址比喻成省、市、区,是一种大家都认可的逻辑地址(人类可以理解的抽象的地址),那么 MAC 地址就可以被比喻成东经 $x°$ 北纬 $y°$ 的地理地址(导航仪可以理解的实实在在的地址)。

　　如果传输过程中主机 a 不知道路由器 b 左边接口的 MAC 地址,路由器 b 不知道路由器 c 左边接口的 MAC 地址,路由器 c 不知道主机 d 的 MAC 地址,怎么办呢?那就建立一个映射关系(如同字典),在需要使用时进行查询就可以了。

　　问题又来了,如何在已经知道了一个设备(主机或路由器)IP 地址的情况下,找出其相应的 MAC 地址呢?互联网是使用 APR 来完成的。可以说,ARP 是 IP 层中一个非常重要的辅助协议,下面介绍 ARP 的相关内容。

2. ARP 工作过程

　　首先,每一个主机都设有一个 ARP 高速缓存,相当于一个转换表/映射表,每一个表项都保存了各个设备的 IP 地址到物理网络 MAC 地址的映射,其主要内容是(IP 地址,MAC 地址,映射有效时间)。

ARP

　　先以最简单的本网内通信过程介绍,ARP 的工作过程如下。

（1）当主机 A 欲向本网上的某个主机 B 发送数据时，就先在自身的 ARP 高速缓存中查看有无 B 的映射信息。

（2）如果存在 B 的映射信息，就可以查出 B 的 MAC 地址，再将此 MAC 地址写入数据帧，通过物理网络将数据帧发往此 MAC 地址。结束。

（3）如果不存在 B 的映射信息，则 ARP 在本局域网上广播发送一个 ARP 请求分组，包括本机 IP 地址、MAC 地址、目的方(B)的 IP 地址，以及值为 FF-FF-FF-FF-FF-FF 的目的 MAC 地址。

（4）本网络的所有主机都可以收到此请求，但是只有 B 会对 A 发起 ARP 响应，包含发送方(B)的 IP 地址、MAC 地址和接收方(A)的 IP 地址、MAC 地址。

（5）A 在收到 ARP 响应分组后，将得到的 B 的 IP 地址和 MAC 地址写入 ARP 高速缓存中。后续发送数据帧可以采用此信息。

以上过程如图 13-5 所示。从前两步可知，ARP 高速缓存的存在可以有效减少 ARP 广播的数量，大幅减少网络的负担，提高数据传送的效率。

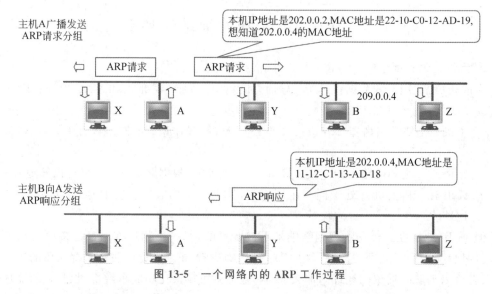

图 13-5　一个网络内的 ARP 工作过程

另外，为了减少网络上的通信量，当主机 B 收到 A 的 ARP 请求分组时，将主机 A 的(IP 地址,MAC 地址)映射信息也写入自己的 ARP 高速缓存中。

从 IP 地址到 MAC 地址的解析是自动进行的，主机的用户对这种地址解析的过程是不需要知道的。就像旅客在中转站转乘时，都是豪横公司的中转服务人员帮忙找出下一步该怎么走的一样。

3. ARP 的典型工作情况

注意：ARP 只能被用于解决同一个物理网络上的设备的地址映射问题。这是因为：第一，ARP 的广播会被路由器所截断(路由器不允许在互联网上进行全网广播)；第二，其他物理网络的硬件地址对于本网络来说，根本就无意义。

那么，如果目的主机和源主机不在同一个物理网络上，怎么办呢？这就需要借助中间路由器的帮助了，这样就产生了使用 ARP 的四种典型工作情况(假设所有参与者的 ARP 缓存都是空白的)。

- 发送方是主机 A,要把 IP 分组发送到本网络上的另一个主机 B,此时使用 ARP 找到 B 的 MAC 地址,使用此 MAC 地址把分组封装后发给 B。
- 发送方是主机 A,要把 IP 分组发送到另一个网络上的 F,A 通过计算发现 F 和自己不在一个网络上,此时使用 ARP 找到本网络上的路由器 R_1(更准确地说是 R_1 的某个接口,以下不再赘述)的 MAC 地址,使用此 MAC 地址把分组封装后发给 R_1,剩下的工作由 R_1 来完成。
- 发送方是路由器 R_1,要把分组转发到另一个网络上的 F,此时使用 ARP 找到更靠近 F 的另一个路由器 R_2 的 MAC 地址,使用此 MAC 地址把分组封装后发给 R_2。剩下的工作由 R_2 来完成。
- 发送方是路由器 R_2,要把分组转发到本网络上的 F,此时使用 ARP 找到 F 的 MAC 地址,使用此 MAC 地址把分组封装后发给 F。

第一种情况是最基本的 ARP 的工作过程。针对后面三种情况,ARP 的工作过程如图 13-6 所示。

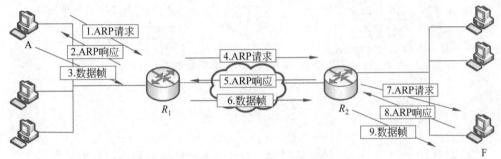

图 13-6 跨网络 ARP 工作示意图

◆ 13.3 借助多播 MAC 地址完成 IP 多播交付

12.1 节中指出,IP 多播要依靠局域网的硬件多播实现最后一步的交付。

1. 由多播 IP 地址转换到多播 MAC 地址

IEEE 为局域网规定了 48b 的全球 MAC 地址,也支持多播。

局域网网卡的 MAC 地址中,第 1 字节的最低位(I/G 位)为 1 时,该 MAC 地址为多播地址,只能作为目的地址。其中,01-00-5E-00-00-00～01-00-5E-7F-FF-FF 范围内的地址被用来支持 IP 多播。

仔细观察可以发现,这些多播 MAC 地址的前 25b 固定,只有后 23b 可用于标识多播组。而用于多播的 D 类 IP 地址前 4b 为 1110,后 28b 可用于标识多播组,很明显,两者没有办法一一对应,只能建立起多对一的映射关系。

例如,多播 IP 地址 225.129.66.35(化为十六进制为 E1 81 42 23)和 225.1.66.35(E1 01 42 23),取后 23b,前面加上多播 MAC 地址的前 25b,转换成的多播 MAC 地址是 01-00-5E-01-42-23。

2. 硬件多播

主机 A 如果希望参与到某个 IP 多播组中,会使用 IGMP(互联网组管理协议)向连接本网络的路由器 R 进行通告(包含多播 IP 地址 IP_m,如 225.129.66.35);同时,主机将自己的网卡绑定映射后的多播 MAC 地址(MAC_m,如 01-00-5E-01-42-23)。

R 可以根据 IP_m 得到 MAC_m,在收到发给 IP_m 的多播分组时,使用局域网帧结构封装该分组(目的地址为 MAC_m),发送到局域网上。

主机网卡根据 MAC_m 接收多播数据,由于多播 IP 地址和多播 MAC 地址非一一对应关系,所以主机网卡可能收到不是发给自己的多播分组(例如,收到多播组 225.1.66.35 的分组),网卡无法分辨是否是发给自己的,于是将这些分组交给网络层,网络层则根据 IP_m(225.129.66.35)进行过滤,仅留下自己关注的多播组的分组,如图 13-7 所示。

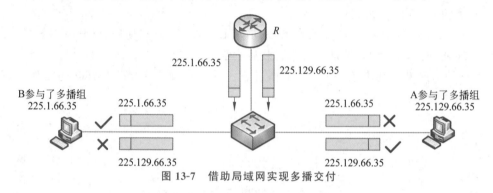

图 13-7　借助局域网实现多播交付

◇ 习　　题

1. 试说明 IP 地址与 MAC 地址的区别。为什么要使用这两种不同的地址?

2. 如图 13-8 所示拓扑中,从主机 A 访问服务器 B,经过 R_1、R_2、R_3 三个路由器,其左右接口的 MAC 地址分别为: MAC_R_{11},MAC_R_{12},MAC_R_{21},MAC_R_{22},MAC_R_{31},MAC_R_{32}。P1 至 P4 为各通路上的 IP 数据包,F1 至 F4 为各链路上数据帧。请分别写出 P1 至 P4 中的目的 IP 地址,F1 至 F4 的目的 MAC 地址。

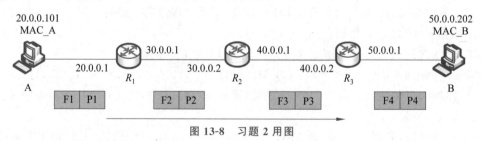

图 13-8　习题 2 用图

3. 根据图 13-9 填写表 13-1。

表 13-1　习题 3 用表

标　　识	内　　容
1	
2	
3	

续表

标　　识	内　　　容
4	
5	
6	

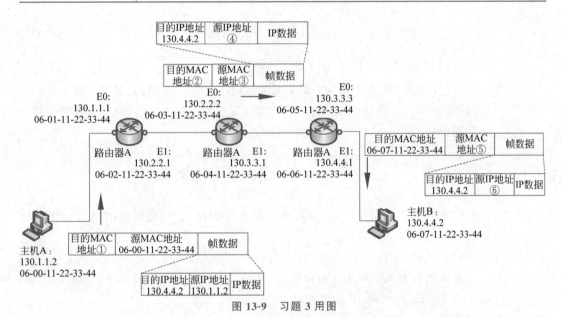

图 13-9　习题 3 用图

4. [2018 研]路由器 R 通过以太网交换机 S1 和 S2 连接两个网络,R 的接口、主机 H1 和 H2 的 IP 地址与 MAC 地址如图 13-10 所示。若 H1 向 H2 发送 1 个 IP 分组 P,则 H1 发出的封装 P 的以太网帧目的 MAC 地址、H2 收到的封装 P 的以太网的源 MAC 地址分别是什么?

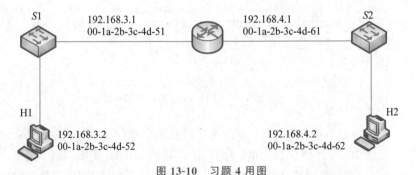

图 13-10　习题 4 用图

5. 请说明 ARP 的四种典型情况。

6. 简述 ARP 高速缓存的作用和目的。

7. ARP 工作过程中,有哪些过程可以写入映射信息到 ARP 高速缓存?

8. 主机 A 发送 P 数据报给主机 B,途中经过了 5 个路由器。试问在 IP 数据报的发送过程中总共使用了几次 ARP(假设缓存全空)?

第
14
章

IP 分组的拆分

本章首先介绍一下当前流行的有线局域网(以太网)和无线局域网(IEEE 802.11)的数据帧格式,以及 IP 分组的格式,接着详细分析了从 IP 分组封装为数据帧的分片问题,最后介绍了 IP 分组分片的过程。

◆ 14.1　以太网帧格式

以太网有一个非常好的优势,在快速发展的背景下,数据帧的格式始终保持不变,在兼容性上保持得很好。

1. 以太网 MAC 帧格式

常用的以太网帧格式有两种标准:DIX 以太网 v2 标准和 IEEE 802.3 标准。图 14-1 展示了以太网 v2 的格式(图中数字表示长度)。

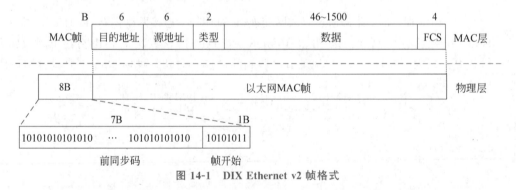

图 14-1　DIX Ethernet v2 帧格式

数据帧由 5 个字段组成。前两个字段分别为 6B 长的目的和源 MAC 地址;第三个字段是 2B 的类型字段,用来标识上一层使用的是什么协议(例如,当字段是 0x0800 时,表示使用的是 IP);第四个字段是数据字段,长度为 46(最小帧长度 64B 减去 18B 的首部和尾部)~1500B;最后是 4B 的帧校验序列(使用 CRC 校验)。

每一种数据链路层协议都规定了一个数据字段的最大长度,称为最大传送单元(Maximum Transfer Unit,MTU),以太网的 MTU 为 1500B。

在发送方,如果数据字段的长度小于 46B 时,MAC 子层会在数据后面加入填充字段,以保证帧长度不小于 64B。

但帧首部并没有指出数据字段的长度是多少,在有填充字段的情况下,接收方的 MAC 协议实体并不负责把填充字段删除,只是剥去首部和尾部(FCS)后就交给上层协议了。上层协议自己负责删除填充字段。例如,当上层使用 IP 协议时,其分组首部有一个总长度字段,IP 协议根据这个信息来获得自己的信息,抛弃填充的字段。

标准规定,当接收方收到的数据帧出现以下情况时,判别其是无效的 MAC 帧。

- 帧的长度不是整数字节。
- 用收到的 FCS 校验有错。
- 数据字段的长度不为 46~1500B。

MAC 子层的协议实体对于校验出的无效帧简单丢弃,以太网不负责重传丢弃的帧。

2. 物理层的处理

这样的数据帧在进行传输时,存在以下两个问题。

- 如何让接收方知道数据帧已经接收完毕(数据帧中没有长度字段)。
- 如何让接收方能够和发送方进行时钟的同步。

对于前一个问题,因为以太网采用了曼彻斯特编码,发送数据时必然有波形的跳动(电压的转换),当没有波形的跳动时,即可判定数据帧已经接收完毕。为此,以太网不允许两个帧连续发送,必须有一定的时间间隔。

对于后一个问题,当数据帧从 MAC 子层传递到物理层时,会自动加上 8B,前 7B 是前同步码(1 和 0 交替),方便接收方的网络适配器能迅速调整其时钟,和发送方的时钟同步。第 8 字节是帧开始定界符,定义为 10101011,告诉接收方网络适配器,数据帧来了。

◆ 14.2 802.11 无线局域网帧格式

1. 概述

802.11 数据帧由以下三部分组成(见图 14-2)。

- MAC 首部,共 30B,包括帧控制到地址 4 之间的若干信息字段。
- 数据部分,不超过 2312B。
- 帧检验序列 FCS,4B。

B	2	2	6	6	6	2	6	0~2312	4
	帧控制	持续期	地址1	地址2	地址3	序号控制	地址4	数据	FCS

图 14-2 802.11 数据帧格式

其中,帧控制字段由 11 个信息组成,其中包括类型信息和子类型信息(用来区分帧的功能)。

802.11 共有三种类型:控制帧、数据帧和管理帧。每一种帧又分为若干种子类型。例如,控制帧有 RTS、CTS 和 ACK 等。不同的类型,后面的格式是不同的,这里仅展示了数据帧的格式。

持续期占 2B。CSMA/CA 协议允许源站预约信道,可以将预约时间写入持续期字段中。只有该字段最高位为 0 时才表示持续期,持续期最大为 $2^{15}-1=32\,767\mu s$。

序号控制字段占 2B,相当于数据帧的身份证,目的是使接收方能够区分刚收到的数据帧是新传送的帧还是因出现差错而重传的帧。

2. 802.11 数据帧的地址

802.11 数据帧中，最扎眼的特点是有 4 个地址字段。4 个地址都是 MAC 地址，其中地址 4 用于无线自组织网络，这里不予讨论，只讨论前三个地址。

802.11 的无线通信过程必须借道 AP，所以通信过程会涉及三个地址：源主机地址、目的主机地址和 AP 地址。这三个地址在帧中的位置取决于帧控制字段中的"发往 AP(访问点)"和"来自 AP"两个信息的值。这两个信息各占 1b，表 14-1 给出了 802.11 的地址字段常用的两种情况。

表 14-1　802.11 的地址字段常用的两种情况

发往 AP	来自 AP	地址 1	地址 2	地址 3
0	1	目的地址	AP 地址	源地址
1	0	AP 地址	源地址	目的地址

- 地址 1 始终是当前通信过程的目的地址。
- 地址 2 始终是当前通信过程的源地址。
- 地址 3 是剩余的一个地址。

下面举例来看看三个地址的使用情况。

1) 情况 1

如图 14-3 所示，A 通过 AP 向 B 发送数据帧，两个结点在一个无线局域网内，互相知道对方的 IP 地址，可通过 ARP 获取对方的 MAC 地址，AP 地址也可得到(主机需事先和 AP 建立关联)。表 14-2 列出了通信过程中地址的设置。

A　　　　　　　　　　　　AP　　　　　　　　　　　　B

图 14-3　三地址使用情况 1

表 14-2　情况 1 的地址设置

方向	发往 AP	来自 AP	地址 1	地址 2	地址 3
A→AP	1	0	AP 地址	A 的地址	B 的地址
AP→B	0	1	B 的地址	AP 地址	A 的地址

可见，AP 在进行数据帧的转发时，必须对帧首部的地址字段进行调整。

2) 情况 2

如图 14-4 所示，R 通过 AP 向 B 发送数据帧。R 的接口 1 知道 B 的 IP 地址，可通过 ARP 得到 B 的 MAC 地址，通过以太网发给 AP，这个过程发送的是以太网的帧(2 个地址)。帧到达 AP 后，AP 需要把这个以太网帧转换为 802.11 帧(至少 3 个地址)。由 B 发给 R 的数据，过程相反。表 14-3 列出了地址的设置。

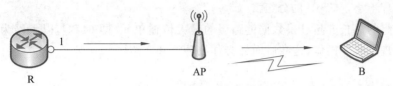

图 14-4　三地址使用情况 2

表 14-3　情况 2 的地址设置

方向	发往 AP	来自 AP	地址 1	地址 2	地址 3
AP→B	0	1	B 的地址	AP 地址	R 接口 1 的地址
B→AP	1	0	AP 地址	B 的地址	R 接口 1 的地址

◆ 14.3　IPv4 分组格式

IP 分组的格式如图 14-5 所示,图中 IP 分组以 32b 为一行,图中的数字表示信息字段在每一行开始的位数。

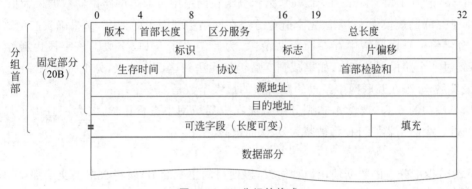

图 14-5　IP 分组的格式

IP 分组包括首部和数据两部分。首部又包括 20B 的固定部分和长度可变的可选字段。其中,固定部分是每一个分组都必须具有的内容,包括很多重要的信息字段。

1. 版本

占 4b,指 IP 协议的版本,目前常用的版本为 4(即 IPv4)。

2. 首部长度

占 4b,可表示的最大数值是 15,单位为 4B,因此 IP 首部长度的最大值是 60B。首部长度最小是 5,表示 20B(固定部分)。相应地,可选部分最大长度是 40B。

3. 区分服务

占 8b,目的是用来获得更好的服务。只有在使用区分服务(DiffServ)时,这个字段才起作用。

4. 总长度

占 16b,包括首部和数据之和的长度,单位为 B,因此 IP 分组的最大长度为 65 535B。显然,分组数据不应该太短,否则首部占比太大,IP 的相关标准规定,所有的主机和路由器必须能够处理不小于 576B 的分组。

如果分组的总长度超过了数据链路层的最大传输单元(即 MTU,以太网为 1500B),就需要对分组进行分片操作,这在后面将会详细分析和介绍。

5. 标识

占 16b,是一个计数器,用来产生 IP 分组的标识(相当于身份证),对于分片问题的解决非常重要,让接收方判断哪些分片属于同一个 IP 分组。

6. 标志

占 3b,只用了其中的 2b,对于后面分片问题的解决非常重要。

- 标志字段最低位的 MF(More Fragment):MF=1,表示后面"还有分片";MF=0,表示本分片是分组的最后一个分片。
- 标志字段中间一位 DF(Don't Fragment):只有当 DF=0 时才允许分片。

7. 片偏移

占 13b,当较长的分组被分片后,片偏移用于指出其中某分片在原分组中的相对位置。片偏移以 8B 为单位。

8. 生存时间

占 8b,记为 TTL(Time To Live),指示分组在网络中可通过的路由器数的最大值。

由于互联网规模太大,无法完全避免分组在网络中兜圈子的情况,如果确实产生这样的情况,分组将一直在网络中存在而无法消除,为此定义了 TTL 字段。该字段由源结点设置,每经过一个路由器就减 1,如果减到 0 后仍然无法到达目的结点,分组将被删除。

很显然,分组在互联网中经过的路由器的最大个数是 255 个。

如果最初的 TTL 被设为 1,则分组只能在本局域网中进行传输,因为一旦出了局域网就要经过一个路由器,TTL 将被减为 0,从而被删除。

9. 协议

占 8b,指出分组的数据使用何种协议,以便目的主机的 IP 层将数据上交给那个协议进行处理。例如,ICMP 为 1,TCP 为 6,EGP 为 8 等。

10. 首部校验和

占 16b,只校验 IP 分组的首部,不校验数据部分。这是因为分组每经过一个路由器,校验和都需要重新计算(生存时间、标志、片偏移等都可能会发生变化),不校验数据部分可减少路由器计算的工作量。

计算的过程如下。

(1) 把 IP 分组的首部划分为若干 16b 的序列。

(2) 把校验和字段置零。

(3) 使用 4.3.5 节的互联网校验和计算首部的校验和。

(4) 把校验和填写入校验和字段。

接收方收到分组后,将首部使用互联网校验和方法计算,如果为 0 则判断为正确,否则认为出现差错,并将此分组丢弃。

11. 地址

源 IP 地址和目的 IP 地址各占 4B。

12. 可选字段

可选字段用来支持额外的排错、测量以及安全等措施,长度可变,最大不超过 40B,取决于所选择的项目。

增加可变部分是为了增强 IP 的功能,但也使 IP 分组的首部长度成为可变的,增加了路由器处理分组的开销。路由器处理分组的速度是非常关键的,读取变长的首部虽然只增加了微小的时间消耗,但当分组数目巨大的时候,这个时间差就不可忽视了。为此,IPv6 分组的首部就改为固定的了。

13. 填充

如果可选部分不是 4B 的整数倍,则以填充字段填充。

◈ 14.4　IPv6 分组格式

IPv6 分组的格式如图 14-6 所示,比 IPv4 简洁了很多,取消了很多 IPv4 的控制字段,包括校检和字段(路由器不必逐跳校验),加上基本首部长度固定(40B),可以加快路由器处理分组的速度。

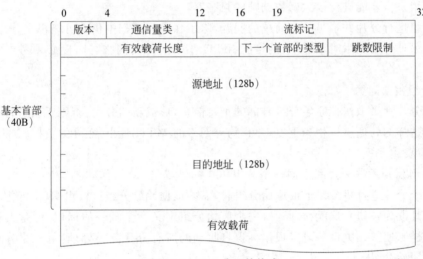

图 14-6　IPv6 分组的格式

1. 版本

占 4b,其值为 6。

2. 通信量类

用于区分分组的类别和优先级。

3. 流标记

占 20b,用于标记流。IPv6 也提出了流的概念,网络可以对流中的分组采用相同的策略和资源支持,特别适合实时数据的传输。

4. 有效载荷长度

占 16b,指出扩展首部加数据的长度,最大 65 535B。

5. 下一个首部的类型

占 8b。若无扩展首部,该字段指明了上层的协议类型(如 TCP 为 6)。如有扩展首部,该字段指明了第一个扩展首部的类型。

6. 跳数限制

占 8b。等同于 IPv4 首部中的 TTL。

14.5　分片问题的提出

前面在提及数据封装时,一直都是说把 IP 分组封装成数据帧,其实这只是一种简单的提法,实际上的封装涉及一个较为复杂的数据分片问题。

以常用的以太网承载 IP 协议为例,IPv4 分组的最大长度(整个分组长度,包括首部和数据,最大 65 535B)是大于以太网的最大传输单元(MTU,1500B)的,很显然,一个较大的 IP 分组是无法直接装入以太网数据帧的。

为了使以太网能够传输 IP 分组,就必须在分组封装时把原始数据分成若干分片,把每一个分片数据都进行 IP 的封装,形成多个分组(为方便介绍,下面只提分片,不再提分片后形成的分组)后,才能进行以太网数据帧的封装。

对分组进行分片并不是一个简单的问题,除了在中间过程中仍有可能再次分片(从一个网络进入另外一个网络时,后一个网络的 MTU 小于前面的网络)外,还必须考虑和处理以下问题。

1. 分组首部问题

每个分片都必须携带原始分组首部的主要信息,形成新的分组,否则无法进行后续的各种处理。这样的处理显得相当重复,并且物理网络的 MTU 越小,额外的负担(分组首部)占比越大,浪费越严重。

2. 如何辨别哪些分片属于同一个分组

在各个分片进行拼接以形成原始分组时,需要根据原始分组进行组织(不能把不同原始分组的分片混为一谈),这就必须为每一个原始分组定义一个唯一的标识(像是人类的身份证号码一样),使得相关设备可以根据标识将收到的所有分片分类处理,每一组分片最终拼接为一个原始分组。

3. 如何辨别分片在原始分组中的顺序

拼接时显然需要按照原始分组的顺序进行拼接。最简单的一个办法是:给每个分片按顺序进行编号,拼接时按照编号进行拼接。但是,考虑到在传输过程中的再次分片,这种方法显然是不合适的。

IP 分组中制定了片偏移的字段,用于指出分片在原始分组中的位置,很容易在分组拼接时实现对分片的排序。

4. 分片在哪里进行

分片的过程可能发生在源主机上,也可能发生在中间路由器上。

当 IP 协议实体接收到一个 IP 分组(有可能是一个分片)时,它要判断下一个物理网络是什么网络,并查询获得其 MTU。IP 协议实体把 MTU 与分组长度进行比较,如果分组长度大于 MTU,则需要进行分片/再次分片。

5. 分片在哪里进行拼接

把一个 IP 分组分片后,只有到达目的主机后才进行重新拼接,由目的主机的 IP 层完成,对传输层透明。

这里顺带介绍一下另一个拼接的思路,有些协议要求在下一个路由器(即网络的出口)处就进行重新拼接,而不是在最终的目的地。这样,路由器必须等待所有分片到齐后才能进行后续的转发,这无疑对路由器提出了较高的要求(特别是存储要求)。

6. 接收方如何判断分片都已经到达

接收方不能根据分组的长度来判断分片都已经到达:原始分组有一个长度,如果不分片,接收方可以根据这个长度知道分组数据已经收全了,但是一旦分组在中途分片后,每个分片的长度和总长度无关,接收方只能根据长度知道分片是否收全,无法判断原来的分组数据是否收全了。

此时,可以用到前面介绍的 MF(More Fragment)标志来协助判断:如果最后一个分片(MF=0)到达,并且前面的分片都已经到达,则可以判断原始分组的数据都收全了。

7. 分组分片未能全部到达目的结点问题

在规定时间内不能收齐一个分组的全部分片,则丢弃已收的部分内容,并向源主机发送 ICMP 差错报告(类别为 11)。

故意发送部分 IP 分片而不是全部,会导致目的主机总是等待分片,从而消耗并占用系统资源,这是一些病毒的原理。

◆ 14.6　IP 分组的分片

1. IP 分组分片的过程

IP 分组的分片需执行以下几个步骤(假设 IP 分组不包含可选字段,否则更加麻烦)。

(1) 查得当前数据链路层的最大传输单元 MTU(设为 m)。

(2) 检查 IP 分组的 DF 标志位。如果 DF 为 1(不允许分片),则丢弃分组,并产生一个 ICMP 差错报告返回给源结点(附带有 m),让源结点在发出前就根据 m 进行合适的分片,结束。

(3) 基于 m,把 IP 分组的数据字段分成多个部分。除了最后的分片外,所有分片的数据的长度必须为 8B 的倍数(因为偏移量是按照 8B 进行计算的)。

(4) 对每个分片后的数据进行 IP 分组的封装,这些新分组的首部字段信息大部分复制自原始的 IP 分组(但标志位等信息需要进行更改)。

(5) 设置每个分片的片偏移字段,等于这个分片的数据在原始分组数据中所处的位置。

(6) 计算并设置每个分片分组的总长度、分组首部校验和、TTL 等字段。

此时,每一个新产生的分组作为一个完整 IP 分组被转发,如果后续它们要通过那些 MTU 更小的网络,则需要进一步进行分片。

2. 分片时,标志位等信息的变化

在第一次分片前,原始 IP 分组的 DF 为 0(否则后面无法分片),MF 为 0,片偏移为 0。分片后,MF 和片偏移需要进行相应的改变,下面以一个例子来讲解分片时的分组变化。

一个分组 p 的总长度为 3820B,使用固定的分组首部,可得其数据部分为 3800B 长。p 在进入物理网络时,需要分片为总长度不超过 1500B 的 IP 分组(即每个分片的数据部分不能超过 1480B)。

很明显,分组需要被分为 3 个分片,其数据部分的长度分别为 1480B、1480B 和 840B,对应的偏移量分别为 0,185,370。分片的效果如图 14-7 所示。

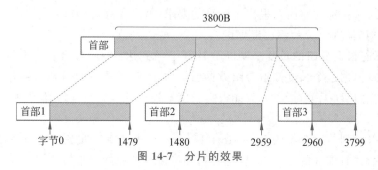

图 14-7 分片的效果

分片后,分组标志位和偏移量的变化如表 14-4 所示。

表 14-4 分组标志位和偏移量的变化

	总长度	标识	DF	MF	片偏移
原始分组	3820	81192	0	0	0
分片后					
分片分组 1	1500	81192	0	1	0
分片分组 2	1500	81192	0	1	185
分片分组 3	860	81192	0	0	370

习　题

1. 802.11 的通信过程中为什么需要三个地址? 即为什么需要引入 AP 的地址。

2. [2017 研]在如图 14-8 所示的网络中,若主机 H 发送一个封装访问 Internet 的 IP 分组的 IEEE 802.11 数据帧 F,则数据帧 F 的地址 1、地址 2 和地址 3 分别是什么?

图 14-8 习题 2 用图

3. IP 数据报中的首部校验和并不检验数据报中的数据。这样做的最大好处是什么? 坏处是什么?

4. 设 IP 分组首部如图 14-9 所示(均为十进制),试计算首部校验和。

4	5	0	28	
1			0	0
4	17		首部检验和	
10.12.14.5				
12.6.7.9				

图 14-9 习题 4 用图

5. 什么是最大传送单元(MTU)? 它和 IP 分组首部中的哪个字段有关系?

6. [2011 研]某主机的 MAC 地址为 00-15-C5-C1-5E-28,IP 地址为 10.2.128.100(私有地址)。图 14-10 是网络拓扑以及该主机进行 Web 请求的 1 个以太网数据前 80 节的十六进制数及 ASCII 码内容。

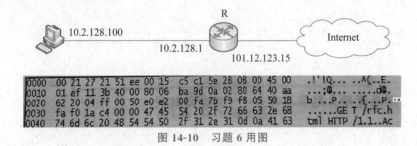

图 14-10 习题 6 用图

(1) 请问 Web 服务器的 IP 地址是什么? 该主机的默认网关的 MAC 地址是什么?

(2) 该帧所封装的 IP 分组经过路由器 R 转发时,需修改 IP 分组头中的哪些字段?

7. 分组长度 4000B(首部 20B),需要经过某网络(MTU=1500B)传送,问应划分为几个分片分组? 数据长度、片偏移和 MF 各为何值?

8. 400B 的 TCP 报文段加上 20B 的 IP 首部成为 IP 分组。经过路由器后,后续网络 N2 的 MTU 为 150B,试问 N2 要传送多少字节的帧数据?

9. [2018 研]某公司网络如图 14-11 所示。IP 地址空间 192.168.1.0/24 被均分给销售部和技术部两个子网,并已分别为部分主机和路由器接口分配了 IP 地址,销售部子网的 MTU=1500B,技术部子网的 MTU=800B。

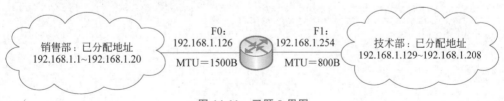

图 14-11 习题 9 用图

请回答下列问题。

(1) 销售部子网的广播地址是什么? 技术部子网的子网地址是什么? 若每台主机仅分配 1 个 IP 地址,则技术部子网还可以连接多少台主机?

(2) 假设主机 192.168.1.1 向主机 192.168.1.208 发送一个总长度为 1500B 的 IP 分组,IP 分组的头部长度为 20B,路由器在通过接口 F1 转发该分组时进行了分片。若分片时尽可能分为最大片,则一个最大 IP 分片封装数据的字节数是多少? 至少需要分为几个分片? 每个分片的片偏移是多少?

10.[2021 研]若路由器向 MTU＝800B 的链路转发一个总长度为 1580B 的 IP 数据报(首部长度为 20B)时,进行了分片,且每个分片尽可能大,则第 2 个分片的总长度字段和 MF 标志位的值分别是(　　)。

    A. 796,0　　　　　B. 796,1　　　　　C. 800,0　　　　　D. 800,1

第 5 部分　实现进程间通信与提供差异服务

　　首先，前面一直的说法是主机间进行通信，实际上这是简化的说法，最终的网络通信对象并不是主机，而是主机中的应用进程（例如浏览器、QQ 等），网络层（IP 层）是无法完成把数据提交给进程这个功能的，必须通过传输层进一步地细分。

　　另外，互联网上的应用多种多样，对网络的要求各不相同，而 IP 协议只是提供了 best-effort（尽最大努力）的通信服务，不针对应用进行定制，为此需要在传输层通过增加不同的服务机制，为应用提供差异化的服务。

　　以上这些都是传输层存在的意义，传输层也是实现网络通信的关键环节之一。本部分主要对传输层进行介绍。

传输层概述

传输层具有很多功能,本章主要介绍最重要的两个工作:完成进程间的通信、进行差异化的服务。另外,还将介绍传输层的重要协议之一:用户数据报协议(User Datagram Protocol,UDP)。

◇ 15.1 概　　述

1. 在进程之间进行通信

严格地讲,所谓的两台主机间的通信实际上是两台主机中的应用进程之间的通信。如图 15-1 所示,路由器不关心数据的最终处理,所以不必具有传输层及以上层次,但是当数据到达目的结点后,需要使用传输层把数据细分到不同的应用进程中。

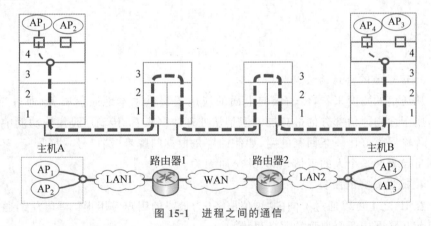

图 15-1　进程之间的通信

这个过程就如同旅客坐了各种交通工具(网络),经历了多次中转(路由器的分组转发),最终旅客还是要自己走到自己家一样(小区相当于主机,家相当于应用进程),而交通工具和中转场所不必知道你如何走回自己家(传输层的事情),以及回家是吃饭还是洗澡(应用层的事情)。

如何把数据细分到进程呢?解决的方法是在传输层使用协议端口号(protocol port number),或简称为端口的特殊地址信息(类似于住家的门牌号)。通信的双方各自持有一个自己的端口,通信的过程中需要指明对方的端口,传输层只需要把报文交到目的主机的指定端口就完成任务了。

通信双方的端口号一般都不同,但是即便相同也无所谓,因为端口具有本地属性。就如同不同小区的住户具有相同的门牌号一样。

2. 分用/复用

由此引出了传输层的重要作用:复用(multiplexing)和分用(demultiplexing)。

- 复用是指在发送方,不同的应用进程都使用同一个传输层协议传送数据。就如同很多人都经过小区的一条路走向公交车站。
- 分用是指接收方的传输层在剥去报文的首部后,把这些数据正确地交付给不同的目的进程。如同很多人都经过小区的一条路走回各自的家。

复用和分用的示意图如图 15-2 所示。

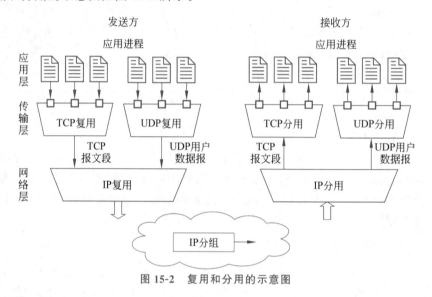

图 15-2　复用和分用的示意图

3. 传输层的特殊地位

从通信的角度来看,传输层向上面的应用层提供了本地通信服务(通过端口寻址到进程),属于面向通信部分的最高层。但是从处理数据来看,传输层是用户功能中的最底层。

传输层就好比一条回家的路,如何回家是根据门牌号(端口号)找到自己家的,但是如何找到自己家又是个人的事情,和公共交通无关。

4. 提供差异的服务

在 IP 之上可以通过不同的"增值服务"为最终的用户应用提供差异化的通信服务,下面是目前互联网中两个典型的服务思维。

- 不改变 IP 的 best-effort 特性,只关注快捷。例如,视频、语音通信等多媒体应用,只要快,丢失一些数据关系不大。
- 关注可靠性,不在意性能。数据可以慢一些,但是要保证数据不产生错误、不产生丢失、不产生乱序等。

第一个特点的服务是由传输层的用户数据报协议(User Datagram Protocol,UDP)完成的。和 IP 一样,UDP 是无连接的协议,通信的双方有数据就直接发给对方。UDP 支持单播、多播、广播等。

第二个特点的服务是由传输控制协议(Transmission Control Protocol,TCP)完成的,为此 TCP 必须是面向连接的协议,通信前,双方建立一条连接(虚拟的,不是真正的物理连接),其实就是双方互相持有对方的信息,方便对对方发送的信息进行反馈而已。通信完毕需要拆除这条连接。

TCP 只支持点对点单播,不支持多播、广播。TCP 是人们平时最常用的协议,相当复杂,可用于大多数应用,如万维网、电子邮件、文件传送等。

◇ 15.2 如何完成进程间的通信

15.2.1 端口

前面提及,通信的进程需要持有端口,相当于通信双方各自的门牌号。TCP/IP 体系中,针对一个主机上的某一类传输层协议(TCP 或 UDP),端口由 16b 长度的整数进行编号,即最多可以有 65 536 个端口。读者可以在控制台下使用 netstat -n 命令查看当前主机使用了哪些端口。

按照使用的情况来分,端口号可分为 3 大类,其中前两类常应用于那些在网络上提供服务的程序,而需要使用这些服务的程序必须知道这些端口,使用该端口向服务提供方发出请求。

1. 熟知/公认端口

熟知端口(Well-Known Port)的范围是 0～1023,只用于服务器端,绑定于一些常用、重要的服务。例如,端口 80 一般用于 Web 服务器,端口 21 一般用于文件传送协议(FTP),端口 25 一般用于简单邮件传送协议(SMTP),等等。

2. 注册端口

注册端口(Registered Ports)的端口号是 1024～49 151,它们可以绑定于一些特定的服务。例如,端口 1433 一般用于微软的 SQL Server 数据库,端口 3306 一般用于 MySQL 数据库。当然,服务的提供者可以通过相关工具更改这些服务的端口号,服务的使用者在使用服务时也必须一起更改。

为了防止冲突,这类端口的使用者需向互联网数字分配机构 IANA 进行登记。

3. 动态或私有端口

动态或私有端口(Dynamic and/ Private Ports)的端口号是 49 152～65 535,一般属于短暂使用性质,建议只用于客户端。

当然,只要不造成冲突,用户可以随意地指定自己想要使用的端口号。

15.2.2 套接字 Socket

套接字有多个概念,本章主要介绍套接字编程。

1. 套接字的概念

为了提高开发人员开发网络程序的效率,引入了套接字技术。套接字技术最初是 BSD UNIX 的通信机制,原意是孔或插座。顾名思义,套接字技术像是一个多孔插座,可以为众多的网络进程提供合用/分用传输层协议的机制。另外,TCP 的端点(IP 地址:端口号)也称为套接字,两者含义不同。

图 15-3 显示了基于套接字的网络程序层次与家用插座之间的类比关系。如果把入户

的电比喻成 IP 提供的服务,那么套接字很像是分布在家内的各个插座,可以让符合规定的电器得以同时运转,这些电器有些像智能设备中的网络程序。

2. 套接字的类型

常见的有三种类型的套接字。

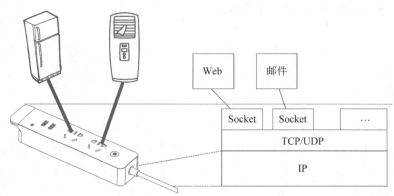

图 15-3 基于 Socket 的网络程序的体系层次

- SOCK_STREAM 式套接字(流式套接字),基于 TCP 实现进程之间的可靠数据通信,通信之前需要先建立起双方的连接。
- SOCK_DGRAM 式套接字(数据报套接字),基于 UDP 实现进程之间的快捷通信,无须建立连接,只要知道对方地址即可发送报文。
- SOCK_RAW(原始套接字),工作在网际层(IP),实现主机(非进程)之间的通信。这种方式在某些方面特别重要,如主机上的安全软件需要对到达本机的所有报文进行过滤和筛查。

3. 套接字技术的编程模式

套接字是采用客户/服务器模式工作。通信的双方,首先确定哪一方需要长期运行并对外提供服务,这一方应作为服务器端,被动等待通信过程;哪一方只是临时运行,运行完毕无须再对外联系,这一方就应该作为客户端,主动发起通信过程。具体的编程过程,读者可参考《基于 Socket 的计算机网络实验》一书。

◆ 15.3 用户数据报协议

1. UDP 概述

为了实现快捷的通信,UDP 只在 IP 的服务之上增加了很少一点的功能,如复用和分用的功能、差错检测的功能。UDP 具有以下特点。

1) 面向无连接

发送数据前不需要建立连接,主机不需要维持复杂的连接状态,可以减少开销和发送数据之前的时延。

UDP 提供尽最大努力交付的业务,不保证可靠交付,数据可能丢失、乱序。

2) 面向报文

UDP 是面向报文的(TCP 是面向字节流的),UDP 对应用层交付下来的报文既不合并,也不拆分,仅在加上 UDP 的首部后就交付给 IP 层了。

这就要求应用程序自己选择合适大小的报文。若报文太长,在 IP 层传输时可能需要进行分片,这会降低 IP 层的效率。若报文太短,加上 UDP 的首部和 IP 的首部后,数据占比太小,也降低了 IP 层的效率。

3) 对网络状态不关心

UDP 对网络状态不关心,不会因为网络情况不好就等待甚至停发报文,哪怕网络出现拥塞和罢工了,UDP 也不会调整自己的发送行为(拥塞控制),进而会使得网络情况更糟。

4) 支持多种通信模式

UDP 支持一对一、一对多、多对一和多对多的交互通信。

5) 首部开销小

UDP 的首部只有 8B,给数据带来的额外负担小。

2. UDP 首部

UDP 的首部由 4 个信息字段所组成,如图 15-4 所示。

图 15-4　UDP 用户数据报格式

- 源端口:用于标识本地进程。
- 目的端口:指明对方进程,用于对方 UDP 的分用。如果该端口错误,接收方无法根据端口找到指定的进程,则丢弃报文,并返回"端口不可达"的 ICMP 差错报文给发送结点。
- 长度:用户数据报的长度,包括首部和数据,最小值为 8(仅有 UDP 首部)。
- 校验和:检测 UDP 用户数据报在传输过程中是否有错,有错就丢弃。

UDP 在计算校验和时较为特殊,需要临时把 12B 的"伪首部"和 UDP 用户数据报连在一起进行计算。所谓"伪首部"是指这些信息只是在计算校验和时才用到的,其他时候不存在,如图 15-5 所示。其中,伪首部的第 3 个字段 0 为填充,第 4 个字段的 17 为 UDP 的协议号,第 5 个字段的长度等于 UDP 首部中的长度。增加伪首部是为了对 IP 地址进行检测。

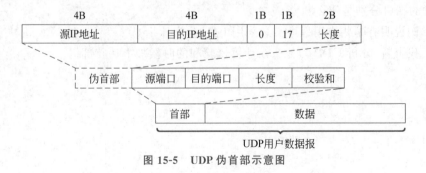

图 15-5　UDP 伪首部示意图

校验和的计算过程和 IP 分组的首部校验和相似,只是多了第一步填充的过程。

(1) 如果 UDP 报文长度不是偶数字节,则在最后填充 0(只计算,不发送)。

（2）把 UDP 报文划分为若干 16b 的序列。

（3）把校验和字段置零。

（4）使用 4.3.5 节中的互联网校验和方法计算校验和。

（5）把校验和填写入 UDP 首部的校验和字段。

图 15-6 给出了一个计算 UDP 校验和的例子,其中假定用户数据报的长度是 15B(首部 8B,数据 7B)。

同样,接收方收到分组后,将报文使用互联网校验和方法计算,如果为 0 则判断为正确,否则认为出现了差错。

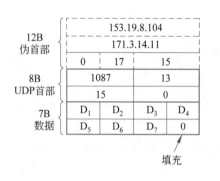

$$10011001\ 00010011 \rightarrow 153.19$$
$$00001000\ 01101000 \rightarrow 8.104$$
$$10101011\ 00000011 \rightarrow 171.3$$
$$00001110\ 00001011 \rightarrow 14.11$$
$$00000000\ 00010001 \rightarrow 0 \text{、} 17$$
$$00000000\ 00001111 \rightarrow 15$$
$$00000100\ 00111111 \rightarrow 1087$$
$$00000000\ 00001101 \rightarrow 13$$
$$00000000\ 00001111 \rightarrow 15$$
$$00000000\ 00000000 \rightarrow 0 \quad (\text{校验和})$$
$$01010100\ 01000101 \rightarrow D_1 \text{、} D_2$$
$$01010011\ 01010100 \rightarrow D_3 \text{、} D_4$$
$$01001001\ 01001110 \rightarrow D_5 \text{、} D_6$$
$$01000111\ 00000000 \rightarrow D_7 \text{、} 0$$

按互联网校验和进行计算 $01101001\ 00010010 \rightarrow$ 校验和

图 15-6 计算 UDP 校验和的例子

习 题

1. 说明传输层在协议栈中的地位和作用。为什么传输层是不可少的?

2. 为什么不采用进程号来标识双方通信的进程呢?

3. [2018 研]UDP 实现分用(demultiplexing)时所依据的头部字段是(　　　)。

    A. 源端口号　　　　　B. 目的端口号　　　　C. 长度　　　　　　D. 校验和

4. X 向 Y 发送 UDP 报文,源端口和目的端口分别是 s 和 d。当 Y 向 X 发送报文时,源端口和目的端口分别是什么?

5. 举例说明有哪些应用程序愿意采用 UDP。为什么?

6. 查找资料,分析 UDP 为什么在计算校验和的时候加上伪首部。

可靠传输技术

◇ 16.1 概　述

1. 基本思路

IP 层的工作原理不保证数据的可靠性(正确、不丢失、按顺序到达),为此在传输层提出了 TCP 为用户提供可靠的传输服务。

其实,可靠传输技术是一大类技术,不仅可以用于传输层的 TCP,在数据链路层甚至应用层都可能用到。其基本思想也很简单,双方通过建立"在线联系方式",在通信的过程中不断交互、反馈,如果发现数据产生问题则重新发送,直至成功,或者多次失败(认为网络确实不可用)后放弃发送。

这种方式需要双方互相持有对方的信息,特别是数据的相关信息,通过对数据的"核对"来发现数据的正确与否,这种要求必然会产生对更多资源的要求。例如,存储器资源,如果发送方不保存已发送过的数据,当接收方反馈该数据出错时,无法重新发送;如果接收方不保存已经接收到的数据,无法对乱序的数据进行重排。

这一类技术在具体实现上有很多细节需要处理,也有不少改进的过程,由最简单的自动重传 ARQ 协议,改进到连续 ARQ 协议,到选择重传 ARQ 协议,在网络不断趋好的背景下,可以不断地提高传输的效率。并且,哪怕是其中一个算法,在不同的具体实现中,也有不少细节的不同,对此读者一定要注意。

2. 理想化的数据传输

理想化的数据传输(不需要相关技术即可实现可靠传输)基于以下两个假设。

- 假设 1:链路是理想的传输信道,传送的数据不会出现出差错、丢失、重复、乱序等情况。
- 假设 2:不管发方以多快的速率发送数据,收方总能来得及收下。

然而实际的通信系统都不具备以上两个理想条件,必须使用一些可靠传输技术来提供可靠性。其中,假设 2 是流量控制技术孜孜不倦"追求"的目标。

3. 一些假设

通信时双方往往会互发数据,但是为了方便讨论,这里仅考虑一方为发送方(A),另一方为接收方(B)。另外,因为这个机制并非只使用在传输层,所以这里统一用数据这个抽象名词。

◈ 16.2 自动请求重传 ARQ 协议

16.2.1 算法思想

1. 传输过程中遇到的问题和解决方法

1) 流量控制

很显然,假设 2 是不合理的,通信双方常有一个接收能力差一些,如果接收方来不及收下,发送方发送越多就越浪费资源,因此,发送方必须放慢自己发送数据的速率。

因此,可靠传输协议的第一个任务就是需要采用一定的流量控制机制对双方的收发过程进行调控,而由接收方控制发送方的发送速率是计算机网络中流量控制的一个基本方法。

最简单的流量控制是停止等待协议:发送方每发送完一个数据就停止发送,等待对方给出一个确认(ACK),收到确认后再继续发送,如图 16-1 所示。

2) 数据差错

针对假设 1,虽然目前的网络传输质量很高,出错的概率大大减小,但是仍然无法完全避免。如果数据出错了,接收方的处理方法之一是给发送方一个出错反馈(NAK),让发送方重传数据,如图 16-2 所示。

为此,发送方不能在发送数据后立即删除数据,需要缓存在发送队列中。只有收到确认后才可以清除这个数据。

3) 数据丢失

数据丢失在互联网上很常见,如路由器在输入输出队列满时会丢掉分组。

发送方发送一个数据后,如果数据丢失,发送方将收不到任何反馈,此时发送方如何知道需要重新发送数据呢? 为此,发送方可以在发送数据后启动一个超时计时器(timeout timer, t_{out}),若经过了 t_{out} 时间而收不到任何反馈,则发送方就认定数据丢失,重新发送前面所发送的这一数据,如图 16-3 所示。

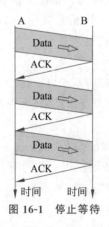

图 16-1　停止等待

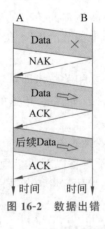

图 16-2　数据出错

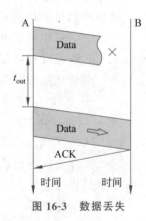

图 16-3　数据丢失

一般可将超时计时器选为略大于"从发完数据到收到确认所需的平均时间",如果太大,会降低网络的效率。

在定义了超时计时器后,对数据出错的另一种处理方法也就出现了,即接收方不对发送方进行错误反馈(节省网络资源),让出错情况等同于数据丢失的情况。本书后面也将采用这种方式。

4) 确认信息丢失,数据重复

如图 16-4 所示,如果数据本身没有问题,但是确认信息丢失了,也会导致发送方重新发送数据,这时,接收方会接收到重复的数据,这也是不允许的。

为了判断是否重复,可以给数据进行编号,接收方根据编号判断数据是否产生了重复。如果发现重复,则删除重复的数据。此时,接收方还需要给发送方重新发送一个 ACK 确认信息,让发送方知道已经发送成功了。

确认信息通常也需要携带编号,让发送方知道哪一个数据发送成功了。

另外需要注意的是,ACK 携带编号的机制也会有所不同,自然思维下,ACK 的编号是刚刚收到的数据的编号(例如 n)。但是在不少情况下,ACK 的编号是下一个数据的编号(例如 $n+1$),表示第 n 个数据已经收到,期待第 $n+1$ 个数据。本书也采用了后者。

任何一个编号空间都不可能无限长,因此,经过一段时间后编号肯定会重复。但编号占用的比特数越少,数据传输的额外开销就越小。对于停止等待协议来说,用一个比特来编号就足够处理大部分的问题了。

5) 确认信息重复

如图 16-5 所示,Data0 的 ACK1 可能很迟才到达发送方(互联网上正常的情况),发送方已经因为超时而重新发送了 Data0。

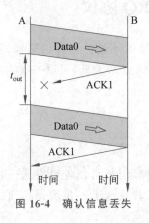

图 16-4 确认信息丢失

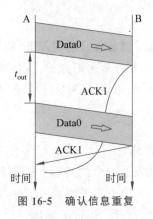

图 16-5 确认信息重复

接收方收到了重复的数据 Data0,认为是自己的 ACK1 丢失了,所以需要重新发送 ACK1。于是发送方将收到重复的确认信息,此时丢掉一个确认即可。

2. 特点

停止等待协议下,发送方进行重传是自动进行的,因而这种算法体制常称为自动重传请求(Automatic Repeat reQuest,ARQ),或称自动请求重传。使用这种确认和重传机制可以在不可靠的传输网络上实现可靠的通信。

在这种协议下,连续出现相同序号的数据,表明发送方进行了超时重传;连续出现相同序号的确认信息,表明接收方收到了重复的数据。

基于 IEEE 802.11 的无线局域网的通信过程就可以看作 ARQ 协议。

ARQ 协议的优点是非常简单。但是缺点非常明显,信道利用率不高。

16.2.2 信道利用率

现在来考察一下正常情况下,ARQ 协议的信道利用率。信道利用率等于发送数据(使用信道)的总时间除以占用信道的总时间。

如图 16-6 所示,可以把发送过程考虑为周期性的,其中发送时间即一个数据的发送时延 t_s(等于数据长度除以带宽),而占用信道的时间＝发送时间＋数据往返时间(RTT)。可得:

$$信道利用率 = \frac{t_s}{t_s + \mathrm{RTT}} \qquad (16\text{-}1)$$

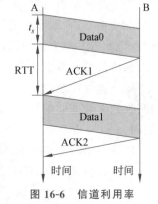

图 16-6 信道利用率

确认信息一般很短,可以不考虑其发送时间(当然,如果给出,也应该在分母上加以体现),接收方的处理时延也可以不考虑(除非给出)。

如果 ARQ 协议应用在数据链路层,RTT 基本等于 2 倍的传播时延,但是如果 ARQ 应用在传输层,涉及的时延就太多了。并且,在 RTT 基本固定的情况下,带宽越大,信道利用率越低。

为了克服这一缺点,就产生了另外两类协议,即连续 ARQ 和选择重传 ARQ。

◆ 16.3 连续 ARQ 协议

在传输质量日益提高的前提下,仍然使用 ARQ 协议不是一个好的选择,就如同以前是独木桥,现在已建好 8 车道大桥了,每次还只走一个人,效率太低,可以一次走很多人。这就是批量的概念,也是连续 ARQ 协议的主要思想。

16.3.1 算法思想

1. 算法思想

发送方在发送一个数据后不必停下来等待确认帧,而是可以连续发送一批数据。如果发送方收到了接收方发来的确认信息,那么还可以接着发送下一批数据。而接收方按照数据的发送顺序进行接收,给予确认。

如图 16-7 所示,连续 ARQ 协议根据确认消息的不同,又有细节上的不同。图 16-7(a)中,接收方每收到一个数据就发送一个 ACK 给发送方,而图 16-7(b)中,接收方在收到若干数据后统一给发送方发送一个 ACK(表示之前的所有数据都已正确收到了),这种方式在网络中被称为累积确认。从图中可以看出,第一种确认方式比累积确认方式的信道利用率更高一些,但是 ACK 信息发送得较多,也会对网络造成一定的负担。

如不特殊说明,本书采用累积确认方式进行介绍。但是一些考试(包括考研)题目中,在计算信道利用率的时候使用前者。

相较于 ARQ 协议,连续 ARQ 协议由于减少了等待时间,整个通信系统的吞吐量就提高了。

2. 后退 n 步

连续 ARQ 协议有一个缺点,如果其中一个数据产生了差错,接收方将无法正确接收后续的数据,即便后续的数据正确到达接收方,接收方也将抛弃这些数据,采用相关机制让发送方从错误的数据开始把所有数据都重发一遍。

如图 16-8 所示,A 一次性发送了 D0~D4 五个数据,但是其中的 D2 出错/丢失了,B 不得不抛弃后续的 D3、D4。

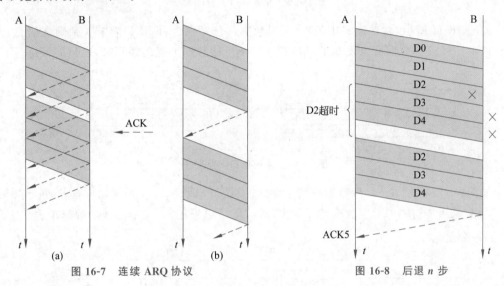

图 16-7　连续 ARQ 协议　　　　图 16-8　后退 n 步

发送方等到 D2 的计时器超时后,不得不重新发送 D2,并且需要将 D3、D4 也重新发送一遍。

为此,连续 ARQ 又被称为后退 N 步(Go-Back-N)ARQ 协议,简称 GBN。

16.3.2　滑动窗口的引入

可以通过引入滑动窗口机制对发送方发送一批数据的过程进行控制。

1. 发送方窗口

发送方设定一个发送窗口,对发送方进行流量控制。发送窗口的大小 W_T 代表发送方一批最多可以发送多少个数据。当发送窗口中最早发送的数据收到确认后,发送窗口可以向前滑动,允许后续数据发送。

如图 16-9 所示,发送窗口卡在 0~4 号数据上,表明此时发送方可以一批发送这 5 个数据,在窗口之外(右边)的数据即便已经准备好,也不允许发送。

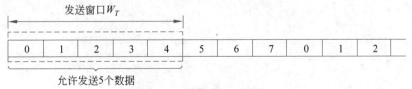

图 16-9　发送窗口示意图 1

如图 16-10 所示,发送窗口中的 0 号数据已经发送,但是尚未收到确认,此时发送方还可以发送 1～4 号 4 个数据。

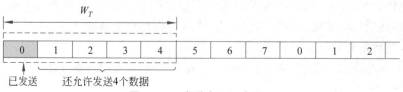

图 16-10　发送窗口示意图 2

如图 16-11 所示,发送窗口中的 0～4 号数据都已经发送,但是都尚未收到确认信息,发送窗口中已经没有数据可以发送了。虽然 5 号及后续数据可能已经到来,也只能等待。

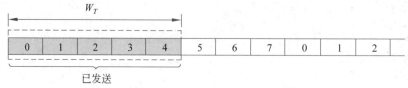

图 16-11　发送窗口示意图 3

如图 16-12 所示,0～2 号数据收到了确认,发送窗口跨过这 3 个数据向前滑动,卡在了 3～7 号数据上,其中,3、4 号数据已经发出,这时候可以发送 5～7 号这 3 个数据了。

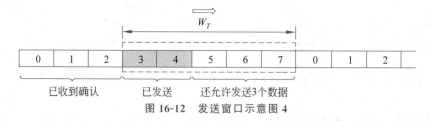

图 16-12　发送窗口示意图 4

2. 接收方窗口

接收方设定一个接收窗口,在连续 ARQ 协议中,接收窗口的大小 $W_R=1$。

根据算法,只有当收到的数据的序号落入接收窗口时,才允许收下该数据,在向发送方发送确认消息后,接收窗口向前滑动 1 个位置。若收到的数据落在了接收窗口之外,则一律丢弃。

如图 16-13 所示,接收方已经收到了 0 号数据,目前卡在 1 号数据上。如果 1 号数据到达,接收方可以收下并发送确认给发送方,然后接收窗口向前滑动到 2 号数据位置上。但是如果接收到的数据不是 1 号,而是 2 号甚至后面的数据,则接收方将删除数据,什么也不做,继续等待。

图 16-13　接收窗口示意图

3. 滑动窗口的重要特性

接收窗口的滑动是指窗口在收到数据并返回 ACK 后向前移动。发送窗口的滑动是指窗口收到接收方的 ACK 后向前移动。收发双方的窗口就是按照以上规律不断地向前滑动。

另外,连续 ARQ 的接收窗口大小为 1,在局域网的情况下未尝不可,因为多数情况下数据可以按序到达。但是考虑到以下情况,窗口等于 1 时,系统效率将大大降低。

- 互联网本身是不保证数据到达的有序性的,如果标识靠后的数据先行到达,此数据只能白白扔掉。
- 发送方发送了一批数据的情况下,其中一个数据如果丢失/出错,将使得后续的数据无法处理而只能扔掉。

最后,当发送窗口和接收窗口的大小都等于 1 时,连续 ARQ 协议就退变成了停止等待协议。

16.3.3　反馈消息的总结

至此,可以总结一下反馈消息的不同用法。

1. 是否发送错误确认

接收方可以对发送方发送出错消息(NAK)以进行差错的反馈,也可以不进行错误反馈,让出错情况等同于数据丢失的情况。后者是为了减少 NAK 消息对网络带来的额外负担。本书采用了后者。

2. 编号问题

ACK 消息也需要携带编号,携带编号的机制可以不同,自然思维下,ACK 的编号是刚刚收到的数据的编号(例如 n),但是在不少情况下,ACK 的编号是下一个数据的编号(例如 $n+1$),表示第 n 个数据已经收到。本书采用后者。

3. 累积确认

一种确认机制是针对每一个数据进行确认。但现在常用的方式是累积确认,即对发送方的多个数据一次性予以确认,以减少对网络的负担。本书采用了后者。

累积确认有一个原则:接收方只能对按序收到的数据中的最高序号给出确认。例如,接收方收到了编号为 0、1、2、3、4、6 这 6 个数据,5 号数据不知为何未到(可能丢失、在网络中滞留),则接收方只能对发送方确认 4 号数据(ACK5)。

4. 捎带确认

这里提前介绍一下捎带确认,捎带确认适用在全双工方式下,双方在发送自己数据的时候,在首部顺便携带对对方数据的确认,这个机制可以避免单独的确认信息,有效降低网络的额外占用。

如图 16-14 所示,圈中的数据 $A_{2,0}$ 表示 A 发出的第 2 个数据,捎带对 B 的 0 号数据进行确认。$B_{2,1}$ 表示 B 发出的第 2 个数据,捎带对 A 的 1 号数据进行确认。

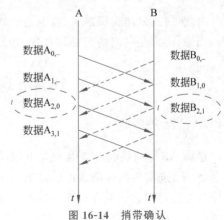

图 16-14　捎带确认

捎带确认在现实生活中就好比"小李,你送给我的水果收到了(对对方水果的确认),水果吃起来不错,我们来谈一笔生意,我们建立起长期的合作关系,共同开发这个水果的种植产业和市场吧(正题)"。

16.3.4 信道利用率

现在来分析一下正常情况下,连续 ARQ 协议的信道利用率。

如图 16-15 所示,同样可以把发送过程考虑为周期性的,其中,发送时间为 n(图中 $n=3$)个数据的发送时延,即 $n \times t_s$,而占用信道的时间根据确认机制的不同而不同。

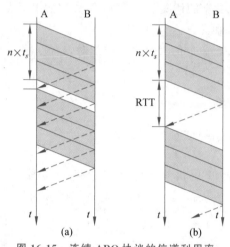

图 16-15　连续 ARQ 协议的信道利用率

如果接收方对每个数据都发送确认信息,如图 16-15(a)所示,占用信道的时间 $= t_s +$ 数据往返时间(RTT)。可得:

$$信道利用率 = \frac{n \times t_s}{t_s + \text{RTT}} \tag{16-2}$$

如果是接收方采用累积确认,如图 16-15(b)所示,则占用信道的时间 $= n \times t_s + \text{RTT}$。可得:

$$信道利用率 = \frac{n \times t_s}{n \times t_s + \text{RTT}} \tag{16-3}$$

由此可得,发送窗口越大,发送方一次可连续发送更多的数据,可以获得更高的传输效率。当然,前提是网络情况必须良好,否则,频繁的"后退 N 步"反而会导致网络效率降低。

◆ 16.4　选择重传 ARQ 协议

16.4.1　算法思想

连续 ARQ 的接收窗口因为太小,不能接收乱序或者出错数据之后的数据,导致发送方后退 N 步,进而导致通信效率的降低。为此,一个优化的方案是把接收窗口扩大,方便那些失序的数据可以先临时存放在接收窗口中,等到前面的数据到达后,再按序提交给上层的接收进程,这样可以避免重复传送那些本来已正确到达接收方的数据。

显然,接收窗口越大,能够处理失序的数据越多,浪费的网络带宽越少。但窗口越大,对接收方的资源要求越高。

如图 16-16 所示,发送方一次性发送了 D0～D4 5 个数据。假设接收窗口足够大,可以容纳 D0～D4。

当接收方发现数据 D2 出错(或收到了 D3 而没有收到 D2,或其他异常情况)时,反馈发送方,要求重新发送 D2。发送方重新发送 D2,而不需要把 D3、D4 重新发送。

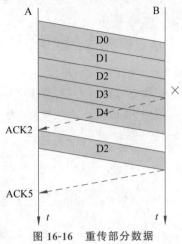

图 16-16　重传部分数据

相应的窗口移动过程如图 16-17 所示。接收窗口首先收到 0、1 号数据,向前移动并卡在 2～4 号数据上,收到了 3、4 号数据后先行收下,并向发送方索要 2 号数据。等到 2 号数据到来后,填入接收窗口 2 号位置,接收窗口向前移动,卡在 5～7 号数据位置上。

选择重传算法下,接收方要设置并使用相当容量的缓存空间,而且,当很多应用同时经过网络进行通信的时候,每个应用都需要维护接收窗口及其缓存,对存储资源的要求较高。

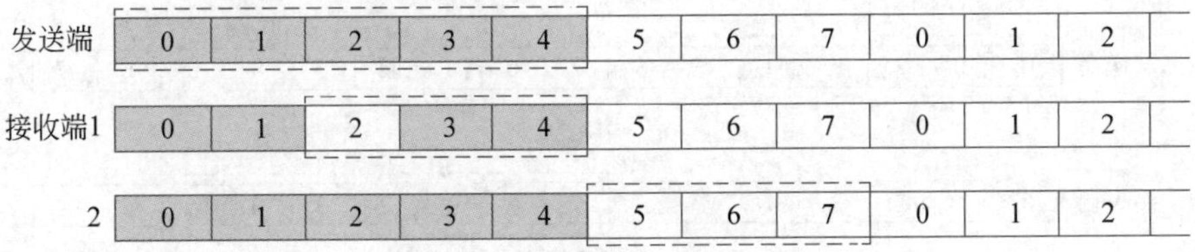

图 16-17　相应的窗口移动过程

当接收窗口的大小等于 1 时,就是前面介绍的连续 ARQ 协议。

16.4.2　窗口大小的限制

在选择重传协议中,接收窗口和发送窗口大小相同比较合理。并且,若用 nb 对数据进行编号,发送窗口(W_T)与接收窗口(W_R)的大小应满足:

$$W_T + W_R \leqslant 2^n \tag{16-4}$$

$$W_R \leqslant 2^{n-1} \tag{16-5}$$

这是为了保证传输过程中不产生序号因重复使用而产生错乱的情况。下面用一个反例来说明。设 $n = 3$(即数据的编号为 0～7),而发送窗口和接收窗口的大小均为 7,此时 $W_T + W_R > 2^n$。

1. 网络不可靠点燃了导火索

发送方连续发送了第一批 7 个数据,编号为 0～6,然后等待确认,如图 16-18 所示。

如图 16-18 所示,接收方正确收到 7 个数据后,发出了 ACK7,意即 0～6 号数据都已收到,希望得到后续的第 7 号数据。此后接收方清空缓冲区,并将接收窗口向前移动 7 个位置。但是因为网络不可靠,导致 ACK7 丢失了。

2. 这下误会大了

发送方一直等待确认,在超时后,发送方又重新发送了第一批的 0～6 号数据,并等待确认。

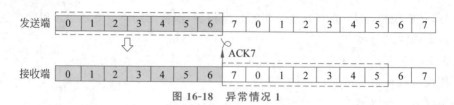

图 16-18　异常情况 1

接收方收到 0~6 号数据,认为是第二批发来的数据,其中,0、1、2、3、4、5 号均在接收窗口范围内,接收并存入缓冲,因为 6 号数据不在接收窗口内,所以丢弃,如图 16-19 所示。

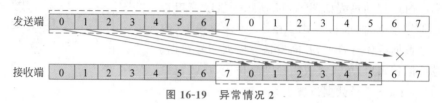

图 16-19　异常情况 2

3. 依然蒙在鼓中

但由于目前最需要的 7 号数据仍然未到,所以接收方重新发送 ACK7,意即希望接收 7 号数据,如图 16-20 所示。

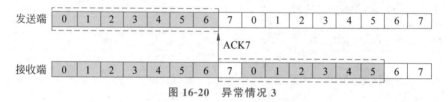

图 16-20　异常情况 3

4. 吞下了苦涩的泪水

发送方收到了 ACK7 后,认为重发的 0 ~ 6 号数据总算被收到了,于是调整发送窗口为 7、0、1、2、3、4、5 号,并发送第二批(白色)数据,如图 16-21 所示。

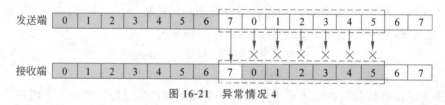

图 16-21　异常情况 4

接收方在收到 7、0、1、2、3、4、5 号数据后,发现 0、1、2、3、4、5 号已在缓存中,是"重复"的,丢弃,仅接收 7 号。

此时,产生了逻辑错误:第二批数据中的 0、1、2、3、4、5 号数据是"老旧"的。究其原因,这是因为协议违反了窗口大小的规定。

◇ 习　题

1. 为什么在 ARQ 协议中,ACK 也应该携带数据的编号?

2. 设甲、乙使用 ARQ 协议传输数据,单向传播时延是 15ms,数据帧长为 1000B,信道带宽为 100Mb/s,确认帧长度不计,正常情况下信道利用率为多少?

3. 在 ARQ 协议中,如果收到重复的数据,接收方丢弃后不做任何操作是否可行?

4. 发送方发送数据 M0 超时(并未丢失),于是重传 M0 并收到了确认,后来继续发送下一个数据 M1 并收到了确认。接着发送方发送新的数据 M0,但这个新的 M0 在传送过程中丢失了。但刚开始滞留在网络中的 M0 现在到达接收方,接收方收下 M0 并发送确认,显然此时收到的 M0 是错的,协议失败了。试画出双方交换数据的过程。

5. [2018 研]主机甲采用停-等协议向主机乙发送数据,数据传输速率是 3kb/s,单向传播时延是 200ms,忽略确认帧的传输时延。当信道利用率等于 40% 时,数据帧的长度为多少?

6. 连续 ARQ 协议,发送窗口大小是 3,某时刻,接收方发送了 ACK5(期望接数据的序号为 5)。那么发送方的发送窗口中可能序号组合有哪些?

7. 使用后退 N 步协议,如图 16-22 所示的滑动窗口状态(发送窗口大小为 2,接收窗口大小为 1),分析通信双方有可能处于何种状态?(　　)

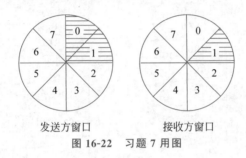

发送方窗口　　　　　接收方窗口

图 16-22　习题 7 用图

A. 发送方发送完 0 号帧,接收方准备接收 0 号帧

B. 发送方发送完 1 号帧,接收方接收完 0 号帧

C. 发送方发送完 0 号帧,接收方准备接收 0 号帧

D. 发送方发送完 1 号帧,接收方接收完 1 号帧

8. 卫星信道的数据率为 1Mb/s。卫星信道的单程传播时延为 0.25s。每一个数据帧长度都是 2000b。忽略误码率,确认帧长和处理时间,忽略帧首部长度对信道利用率的影响。试计算下列情况下的信道利用率。

(1)停止等待协议;(2)连续 ARQ 协议,$W_t = 7$;(3)连续 ARQ 协议,$W_t = 255$。

9. [2015 研]主机甲通过 128kb/s 卫星链路,采用滑动窗口协议向主机乙发送数据,链路单向传播延迟为 250ms,长为 1000B。不考虑确认帧的开销,为使链路利用率不小于 80%,帧序号的比特数至少是多少?

10. [2020 研]假设主机甲采用停-等协议向主机乙发送数据帧,数据帧长与确认帧长均为 1000B,数据传输速率是 10kb/s,单向传播延时是 200ms,则甲的最大信道利用率为(　　)。

　　A. 80%　　　　　B. 66.7%　　　　　C. 44.4%　　　　　D. 40%

11. [2017 研]甲乙双方均采用后退 N 协议(GBN,即连续 ARQ)进行持续的双向数据传输,且双方始终采用捎带确认,帧长均为 1000B。$S_{x,y}$ 和 $R_{x,y}$ 分别表示甲方和乙方发送的数据,其中,x 是发送信号,y 是确认信号(表示希望接收的下一信号);数据的发送信号和确认编号字段长度均为 3b。信道传输速率为 100Mb/s,RTT=0.96ms。图 16-23 给出了甲方发送数据帧和接收数据帧的两种场景,其中,t_0 为初始时刻,此时甲方的发送信号和确认信号均为 0,t_0 时刻甲方有足够多的数据待发送。

请回答下列问题。

(1) 对于图 16-23(a),t_0 时刻到 t_1 时刻期间,甲方可以断定乙方已正确接收的数据帧数是多少? 正确接收的是哪几个帧(请用 $S_{x,y}$ 形式给出)?

(2) 对于图 16-23(a),从 t_1 时刻起,甲方在不出现超时且未收到乙方新的数据帧之前,最多还可以发送多少个数据帧? 其中第一个帧和最后一个帧分别是哪个(请用 $S_{x,y}$ 形式给出)?

(3) 对于图 16-23(b),从 t_1 时刻起,甲方在不出现新的超时且未收到乙方新的数据帧之前,需要重发多少个数据帧? 重发的第一个帧是哪个(请用 $S_{x,y}$ 形式给出)?

(4) 甲方可以达到的最大信道利用率是多少?

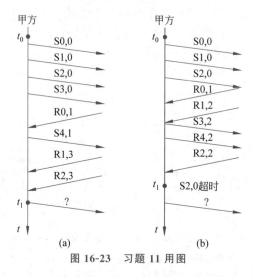

图 16-23 习题 11 用图

12. 证明:用 n b 进行数据编号时,若接收窗口大小为 1,则发送窗口不能超过 $2^n - 1$。

13. [2023 研]假设通过同一信道,数据链路层分别采用停-等协议、GBN 协议和 SR 协议(发送窗口和接收窗口相等)传输数据,三个协议数据帧长相同,忽略确认帧长度,帧序号位数为 3b。若对应三个协议的发送方最大信道利用率分别是 U1、U2 和 U3,则 U1、U2 和 U3 满足的关系是( )。

    A. U1≤U2≤U3   B. U1≤U3≤U2

    C. U2≤U3≤U1   D. U3≤U2≤U1

传输控制协议

TCP 是 TCP/IP 体系中除 IP 外最重要的协议,实现了进程间的可靠通信。另外,TCP 还增加了对网络状态的考虑以应对网络拥塞的情况,非常复杂。

◆ 17.1 概　述

1. 可靠性

为了实现可靠传输,TCP 就必须是面向连接的,这里的连接是一条虚拟连接。每一个 TCP 连接只能有两个端点,实现一对一的全双工通信。

TCP 的可靠传输可以采用连续 ARQ(GBN)或选择重传(SR)的思想,使用了互联网校验和、累积确认、捎带确认、超时重传和滑动窗口等机制。

2. 面向字节流

为了实现可靠性,TCP 对数据进行编号,但让人感觉理解起来比较麻烦的是,TCP 是面向字节流的(stream),其编号也是针对数据中的字节的,即每字节都有编号。面向字节流的含义是:虽然应用程序和 TCP 间的交互是一次一个数据块(可能有结构,也可能无结构),但 TCP 把这些数据仅看成是一连串无结构的字节流。

TCP 在传输过程中可能对字节流进行重新组合,因此接收方进程收到的数据块和发送方进程发出的数据块不一定相同。例如,发送方进程通过 TCP 发送了 6 个数据块,但接收方 TCP 可能只需要读取 3 个数据块。接收方进程需根据应用层的规范把字节流还原成有意义的应用层数据。

这个过程有些像经理在述说一些合同的要点,想一下说一些,秘书负责记录,最终行文。而对方的秘书负责把合同进行分析,有时需要把合同文本分割要点,方便己方经理阅读。

面向字节流的发送过程如图 17-1 所示,图中虚框表示发送方原有的发送数据块。当然,用户在发送数据块时,一般不会每次只发送几字节。

如果应用进程传给 TCP 缓存的数据块太长,TCP 可能将其划分成短的报文段再传送;如果应用进程一次只发来很少字节,TCP 可能等待积累有足够多的字节后再封装成报文段发送出去。

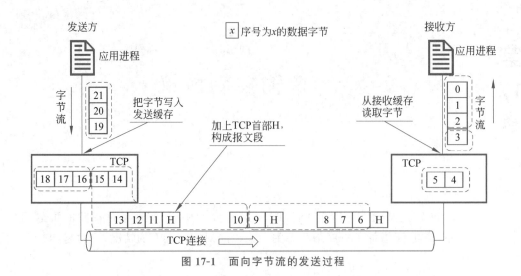

图 17-1　面向字节流的发送过程

◈ 17.2　TCP 首部

TCP 首部格式如图 17-2 所示，数字表示各字段在每一行的开始位数。

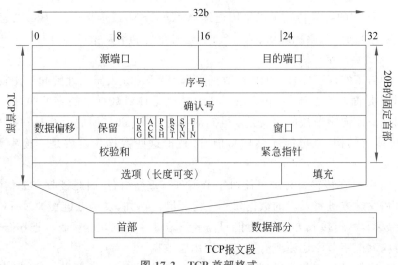

图 17-2　TCP 首部格式

TCP 报文段由首部和数据两部分组成。首部的前一部分是固定长度，共 20B，固定首部后面是一些选项字段，长度可变。

17.2.1　固定首部

1. 端口

包括源端口和目的端口，各占 2B。端口是传输层为应用层提供的服务接口，方便实现对进程的寻址。

2. 序号

为了实现可靠性，TCP 对数据进行编号，并且 TCP 是面向字节流的，所以数据流中的每字节都被编了一个序号。序号字段(占 4B)的值是本报文段所发数据块中的第一字节的序号。

设数据块有 2500B、报文段最大数据长度 1000B,初始序号为 1001(建立连接时双方随机选择的数字)。理想的情况下,报文段情况如下。

- 报文段 1:序号=1001,数据块为 1001～2000B。
- 报文段 2:序号=2001,数据块为 2001～3000B。
- 报文段 3:序号=3001,数据块为 3001～3500B。

3. 确认号

TCP 支持捎带确认,在自己的报文段中对对方的数据进行确认,保存在确认号字段中(还需要下面的标志位中 ACK 字段的配合),占 4B,是期望收到对方下一个数据块的第一字节的序号。

4. 数据偏移

TCP 首部因有选项部分,所以长度不固定,数据偏移指出数据的起始处。从另一个角度看,数据偏移即 TCP 的首部长度。数据偏移占 4b,单位 4B,最小为 5(表示首部最小 20B),最大为 15(表示首部最大 60B)。

5. 保留

占 6b,保留为今后使用,目前为 0。

6. 标志位

标志位是一些控制信息,具有重要的控制作用。

- 紧急 URG,当 URG=1 时,表明紧急指针字段有效。它告诉系统此报文段中有紧急数据,应尽快传送(相当于高优先级的数据)。
- 确认 ACK,只有当 ACK=1 时,前面的确认号字段才有效,当 ACK=0 时无效。
- 推送 PSH(push),接收方 TCP 收到 PSH=1 的报文段,要尽快地提交给应用进程,而不要等到整个缓存都填满了再向上提交。
- 复位 RST(reset),当 RST=1 时,表明 TCP 连接出现了严重差错,必须释放连接,再重新建立连接。
- 同步 SYN,当 SYN=1 表示这是一个连接请求或其应答。
- 终止 FIN(finish),当 FIN=1 表明本报文段的发送方的数据已发送完毕,并要求释放连接。

7. 窗口

TCP 允许接收方限定发送方发送窗口的大小,使用该字段进行通知。窗口值告诉对方:接收方目前允许发送方发送的数据量。

窗口字段占 2B,单位为 B。

8. 校验和

占 2B,校验范围包括首部和数据两部分。

同 UDP 一样,在计算校验和时,TCP 临时把 12B 的"伪首部"和 TCP 报文段连接在一起进行校验。伪首部包括源 IP 地址(4B)、目的 IP 地址(4B)、填充(0,1B),TCP 的协议号(6,1B)和 TCP 的长度(2B)。

9. 緊急指針

緊急數據放在本報文段數據的最前面。緊急指針指出在本報文段中緊急數據的尾部位置（需前面的標志位中緊急字段 URG＝1）。

17.2.2　選項字段

選項字段是 TCP 為了適應復雜的網絡環境，更好地服務應用層而設計的。TCP 的選項字段長度可變，最大 40B。本節介紹幾個重要的選項。

1. 最大報文段長度

TCP 最初只規定了一種選項，即最大報文段長度。切記不要和物理網絡（或者說數據鏈路層）的最大傳輸單元（MTU）混淆，雖然意思差不多。

MSS 是 TCP 中的一個重要參數，表示收發雙方通信時每一個報文段所能承載的最大數據長度（字節數，不包括 TCP 首部）。

該選項只能在雙方建立連接時使用，通過協商，確定雙方的 MSS。發送方與接收方的 MSS 不一定相等。默認的 MSS 長度為 536B。

MSS 值太小或太大都不合適。太小的話，因為至少要增加 20B 的 IP 首部＋20B 的 TCP 首部，再加上物理網絡的幀首，傳輸效率太低。MSS 過大則會導致數據包在傳輸過程中被 IP 協議分片（超過了物理網絡的 MTU），處理過程麻煩，處理時間增大。

2. Window Scale：窗口擴大選項

TCP 採用了滑動窗口協議，正常情況下，最大的窗口大小為 $2^{16}-1$B，但是可以通過該選項進一步擴大，以適應網絡工作良好的情況。

窗口擴大選項在 TCP 建立連接時進行協商，不需要時可以取消。

3. 選擇確認 SACK

在 TCP 建立連接時進行協商，確定雙方是否採用選擇確認 SACK。關於選擇確認的具體內容見 17.4.2 節。

4. NOP

NOP（no operation），沒有任何意義的字段，可充當填充字段。

TCP 的首部必須是 4B 的倍數，如果出現了整個 TCP 選項部分不是 4B 倍數的情況，就需要使用 1 個或多個 NOP 來填充，使之符合規定。例如，如果選項部分只有 6B，可以使用 2 個 NOP 來填充。

17.2.3　類比

豪橫公司按照人流（字節流）來組織小區的人出行，發送旅客之前，出發點和目的地的公司人員需要先協商一下：你每次最多向我發送多少旅客（MSS）。

旅客的到來很沒有規律，三五成群地到來。公司人員很有耐心，把人進行分組（數據塊），給每個人一個編號，在把人發送出去的時候，寫了一個接洽單，告訴目的地的公司人員：本次我組織了一批人，第一個人的編號 xx（序號）；我已經收到了你發的編號 yy 之前的所有旅客（確認號和 ACK 字段）；我發給你的旅客，你幫我送到哪個會議室（目的端口號）；你發送的旅客寫上需要我送到哪個會議室（源端口號）；是否有緊急人員（緊急指針和 URG 字段）；我這邊還能夠接收多少旅客（窗口字段）。

一组的人不能太少,否则车辆太浪费;不能太多,否则可能中间被再次分组挺麻烦,旅客体验不好,对公司声誉有影响。

17.3　TCP 连接管理

TCP 是面向连接的协议,连接的管理需要数据传送前连接的建立,数据传输过程中连接状态的保持,数据传输后连接的释放。

TCP 在管理连接时,需要用到一个重要的概念——传输控制块(TCB),是传输层核心的数据结构,包含传输所需的所有信息,如连接的状态、窗口、顺序号、重发计时器等。

17.3.1　连接的建立

TCP 连接建立过程的目的(或者说要解决的问题)包括:

- 使双方能够确认对方的存在。
- 双方通过建立连接的过程协商一些参数(如最大窗口值等)。
- 双方通过建立连接的过程实现对资源(如缓存大小等)的分配。

1. 建立连接的过程

TCP 连接的建立采用客户/服务器方式,主动发起连接建立请求的进程为客户,事先等待服务,在被请求时,被动地建立起连接的进程为服务器。建立连接需要在客户和服务器之间交流三个 TCP 报文段,因此称为三次握手。

假定主机 A 是 TCP 客户进程,而 B 是服务器程序。最初两端的进程都处于关闭状态,如图 17-3 所示,图中只给出了部分关键的参数字段。

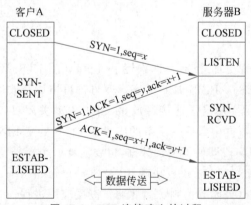

图 17-3　TCP 连接建立的过程

B 作为服务器首先创建传输控制块,准备接受客户进程的连接请求,然后处于 LISTEN 状态。

A 创建自己的传输控制块,然后向 B 发出建立连接的请求报文段,报文段首部中的同步位 SYN=1,选择一个初始序号 seq=x。SYN 报文段不携带数据,但要消耗一个序号。A 进入 SYN-SENT(同步发送)状态。

B 收到 A 的 SYN 报文段后,如同意建立连接,则向 A 发送确认报文段,报文段中 SYN=1,ACK=1,确认序号 ack=$x+1$,同时也为自己选择一个初始序号 seq=y。这个报文段也不能携带数据,同样要消耗一个序号。B 进入 SYN-RCVD(同步接收)状态。

A 收到 B 的确认后,还要向 B 给出确认,报文段的 ACK=1,确认号 ack=$y+1$,而自己的序号 seq=$x+1$。此时的报文段可以携带数据了,但如果不携带数据则不消耗序号(下一个数据的报文段的序号仍是 seq=$x+1$)。至此,TCP 连接已建立,A 进入 ESTABLISHED(已建立连接)状态。

当 B 收到 A 的确认后,也进入 ESTABLISHED 状态。

2. 三次握手的考虑

为什么要实现三次握手呢?

现假定出现一种异常情况(如图 17-4 所示,图中省略了一些参数),A 发出的第一个连接请求报文段(SYN′,seq=1000)并没有丢失,而是因为某些原因在网络上滞留了,以至于 A 在超时后重新发了一遍(SYN″,seq=1000),并与 B 正确地建立了连接,甚至都可能通信完毕。

此后,B 收到 SYN′后,认为 A 又发出了一个新的连接请求,于是向 A 发出确认报文段,同意建立连接。

如果没有第三次握手的过程,那么此时 B 认为新的连接就建立了。但是实际上 A 不会理会 B 的确认,使得 B 白白浪费了很多通信的资源,得不到释放。

但是由于存在第三次握手的过程,且 A 不理会 B 的确认,B 在超时之后,认为建立连接失败,放弃刚才申请的资源,不会造成太长时间的浪费。可见,豪横公司的业务是很严谨的。

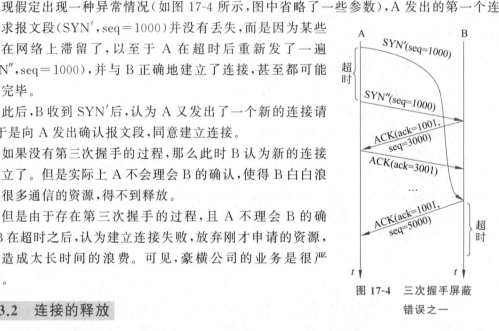

图 17-4　三次握手屏蔽
错误之一

17.3.2　连接的释放

TCP 连接的释放过程更加复杂,是四次握手过程,如图 17-5 所示。

起初,A 和 B 处于 ESTABLISHED 状态。双方都可申请释放连接。

设 A 先停止发送数据,发出了连接释放报文段,主动关闭 TCP 连接。报文段首部的 FIN=1,seq=u(A 已传数据中最后一字节的序号加 1),A 处于 FIN-WAIT-1(终止等待 1)状态。TCP 规定 FIN 报文段即便不携带数据,也要消耗一个序号。

B 收到连接释放报文段后,向 A 发出确认(ACK=1,ack=$u+1$),并且携带自己的序号 v。B 进入 CLOSEWAIT(关闭等待)状态,并通知高层应用进程。

A 收到确认后,进入 FIN-WAIT-2(终止等待 2)状态。此时从 A 到 B 这个方向的连接就已经释放了,TCP 连接处于半关闭的状态。

此后,B 还可以发送数据,A 仍要接收。

若 B 也不需要发送数据了,发出连接释放报文段(FIN=1,ACK=1),除了携带当前自己的序号 w 外,还要重复上次已发送过的确认号 ack=$u+1$。B 进入 LAST-ACK(最后确认)状态。

A 收到 B 的连接释放报文段后,对此发出确认,ACK=1,ack=$w+1$。然后 A 进入 TIME-WAIT(时间等待)状态。

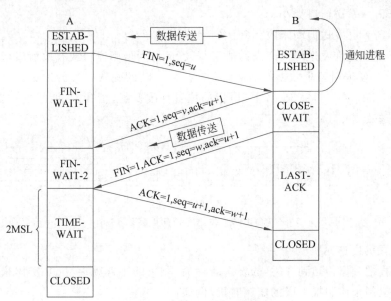

图 17-5　TCP 连接的释放过程

B 收到确认后，进入 CLOSED 状态，关闭连接。

A 还须经过 2MSL(最长报文段生命)时间后才能进入 CLOSED 状态。TCP 允许不同的实现根据具体情况使用不同的 MSL 值。

◆ 17.4　TCP 的可靠传输技术

17.4.1　面向字节流的窗口技术

1. 面向字节流的发送窗口

TCP 也采用了滑动窗口来实现流量控制，由于 TCP 是面向字节流的，所以 TCP 的滑动窗口也是面向字节流的——TCP 的滑动窗口是以字节为单位的。

TCP 滑动窗口

图 17-6 展示了发送窗口的例子(接收窗口类似)，其中每一个数据都是一字节，所标数字是字节的序号。其中，30 号字节之前的数据已发送并已收到确认，31～39 号字节已经发送但未收到确认，40～50 号字节是允许发送的数据，51 号字节之后的数据不允许发送。

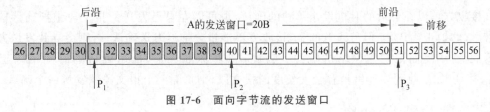

图 17-6　面向字节流的发送窗口

为了方便控制，TCP 为发送窗口维护了三个指针。

P_1 指向窗口最后的一字节序号，P_2 指向窗口中允许发送的第一字节序号，P_3 指向窗口前方不允许发送的第一字节序号。于是：

• 小于 P_1 的是已发送并已收到确认的部分，大于或等于 P_3 的是不允许发送的部分。

- $P_3 - P_1 =$ 发送窗口大小。
- $P_2 - P_1 =$ 已发送但尚未收到确认的字节数。
- $P_3 - P_2 =$ 允许发送但尚未发送的字节数(又称为可用窗口或有效窗口)。

此时,设 B 发来对若干数据的确认(例如对 $31 \sim 33$ 的确认),A 的发送窗口可以向前滑动了,如图 17-7 所示。指针 P_1 和 P_3 所指的位置都改变了,指针 P_2 所指的位置未变(假设这期间未发送数据)。

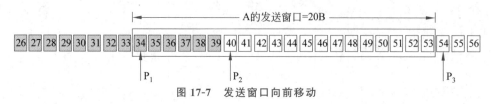

图 17-7 发送窗口向前移动

2. 报文段的发送时机

应用进程把数据传送到 TCP 的发送缓存后,剩下的工作就由 TCP 实体来控制了。可以由不同的机制来控制报文段的发送时机,例如:

- 只要发送窗口中存放的数据达到 MSS 字节时,就组装成一个 TCP 报文段发送出去。
- 发送方的一个计时器超时了,这时需要把当前已有的数据装入报文段(但长度不能超过 MSS)发送出去。
- 由发送方的应用进程指明要求发送报文段。

3. 面向字节流的接收窗口

TCP 接收窗口如图 17-8 所示。到 30 号为止的数据是已经发送过确认,并已交付给主机了的。接收窗口内的序号($31 \sim 50$)是允许接收的数据范围。其中,32 号字节不知什么原因(丢失或滞留)未到。

作为累积确认的一个原则(接收方只能对按序到达的数据中的最高序号给出确认),B 只能对 31 号数据进行确认。

图 17-8 TCP 的接收窗口

接收方可以在合适的时机发送单独的确认,也可以在自己发送的报文段中把确认信息捎带上(即捎带确认)。但需注意的是,接收方不能过分推迟发送确认,否则会导致发送方不必要的重传,反而浪费了网络的资源。为此,TCP 标准规定,推迟确认的时间不应超过0.5s,并且,如果收到一连串具有最大长度的报文段,则每隔一个报文段就发送一个确认。

17.4.2 选择确认 SACK

1. TCP 的策略

前面提到的选择重传协议是面向报文/帧的,只要反馈缺失的报文编号即可,比较简单。由于 TCP 面向字节流,想要实现选择重传比较麻烦。

首先,TCP 反其道而行之:接收方不是告诉发送方哪些数据缺失了,而是告诉发送方,哪些数据已经收到了,此即选择确认 SACK。

如图 17-9 所示,接收窗口中收到的数据可能会有多个不连续的现象,TCP 可以对多个已经收到的数据块(32、35～39、43～46)进行信息提取并准确地告诉发送方,使发送方不再重复发送这些数据。

图 17-9　接收数据不连续现象

其次,TCP 针对任意一个数据块都必须给出两个参数:起始字节序号和结束字节序号(实际上是结束字节序号+1,如图 17-9 的数据块被标记为 32/33、35/40、43/47)。由 TCP 首部的格式可知,一个序号占 4B,因此,给出一个数据块的准确位置信息需要使用 8B。

2. 如何实现

相关标准规定,如果 TCP 要使用选择确认 SACK,那么在双方建立 TCP 连接时,要在 TCP 首部的选项字段中加上"允许 SACK"的选项(占 1B),并进行双方的协商(有可能某些协议实现代码不支持该选项)。

TCP 首部的选项字段最大只有 40B,扣除 1B 的"允许 SACK"选项,以及另 1B 用来指明这个选项要占用多少字节,剩下的 38B 最多可以对 4 个数据块(需 32B)进行标记。

然而,SACK 文档并没有指明发送方应当怎样响应 SACK。也就是说,选择确认是可选的,选择重传更加是可选的。所以 TCP 的具体实现有可能还是重传所有未被确认的数据块(类似于后退 N 步)。

17.4.3　窗口的通告机制

1. 出发点

发送窗口越大,可能获得越高的传输效率,但是窗口太大,有可能会导致接收方来不及接收。为此 TCP 增加了一个新的流量控制机制,接收方可以通过发送通告,限制发送方发送窗口的大小。接收方通告窗口大小的信息是写在 TCP 首部的"窗口字段"字段中发给发送方的。

实际上,发送方窗口的变化来自于两个因素,接收方的通告只是其一,后面还会讲到,发送方会根据网络的情况自行调整窗口的大小。发送方的窗口是这两个中的最小值,本节暂时不考虑后者。即便如此,因为时间差问题,发送方和接收方的窗口,也时常大小不相等。

2. 通告机制示例

下面以图 17-10 为例介绍 TCP 的通告机制(为了方便介绍,这里只考虑 A 向 B 发,并且每个报文段包含 100B),其中实线表示数据,虚线表示 ACK(假设本例支持选择确认,以及选择重发)。

在连接建立时,B 告诉 A:我的初始接收窗口 rwnd=400B(你也需将发送窗口设为 400B),所以双方的窗口都是 400B。

1) 预感紧张

A 连续发了 4 个报文段,分别为报文段 1(1～100B)、报文段 2(101～200B)、报文段 3

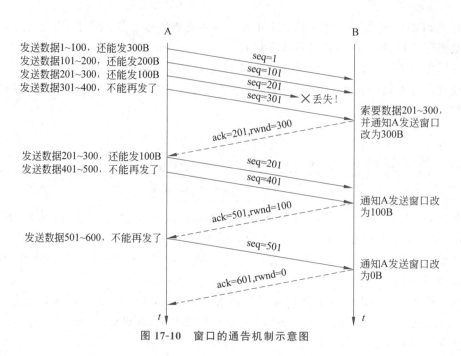

图 17-10   窗口的通告机制示意图

(201～300B)、报文段 4(301～400B)，然后"配额"已经用完，不能再发送了。其中报文段 3 丢失了。

B 收到报文段 4 时，感觉失序了(也可能是累积确认时机到了)，向 A 通报 1、2、4 号报文段已经收到，索要报文段 3。并且 B 感觉自己缓存紧张，所以通知 A 将发送窗口大小改为 300B。

A 收到确认，根据要求调整发送窗口的大小和位置，此时发送窗口卡在 201～500B 上。A 在重新发送报文段 3 后，还可发送报文段 5(401～500B)，不能再发送了。

这个过程就好比公司感觉仓库紧张，减少了库存物资的收购。

2) 紧张加剧

B 收到报文段 5 后，感觉缓存更加紧张了，给出确认，并通知 A 将发送窗口改为 100B，让 A 进一步减少发送数量。A 将发送窗口改为 100B 后，发送报文段 6(501～600B)，不能再发送了。

3) 满仓

B 收到报文段 6 后，感觉自己无力保存更多数据，所以给出确认，并通知 A 将发送窗口改为 0B(即不允许 A 再发送)。A 也就不能再发送了。

3. 可能出现的死锁问题

TCP 允许接收方将发送方的窗口大小调整为 0，但有时会因此而产生一些问题。例如，图 17-10 中，B 将 A 的窗口大小调整为 0 后，过了一段时间，B 的缓存有所释放，又允许 A 发送数据了，向 A 发送了 rwnd＝400 的报文段。然而这个报文段在网络中丢失了，于是 A 一直等待 B 的"大赦"通知，而 B 也一直等待 A 发送的数据，双方产生了死锁的现象。

为此，TCP 为每一个连接设有一个持续计时器，只要发送方收到对方的零窗口通知，就启动该计时器。若持续计时器到期，仍未收到对方的非零窗口通知，发送方就发送一个零窗口探测报文段(仅携带 1B 的数据)。

接收方收到探测报文段后,给出新的窗口值。如果窗口仍然是零,发送方就重新设置计时器;否则,死锁就被打破了。

4. 注意

如果协议开发者的设计不够合理,通告机制在一些情况下可能会导致发送窗口前沿向后收缩,如图 17-11 所示,发送窗口在接到通告(ACK=1,ack=40,rwnd=10)后,因为窗口变小,使得窗口前沿(即 P_3 指针)由 51 后退到 50。

TCP 标准强烈不推荐这样做,因为发送方在收到通知之前,有可能已经发送了窗口中的所有数据,如果前沿向后收缩,那些已经发送的数据(第 50 号字节)将处于不允许发送的地位,和已经发送的事实不符。更麻烦的是,当 50 号数据的确认到来时,因处于发送窗口之外而可能会被抛弃。

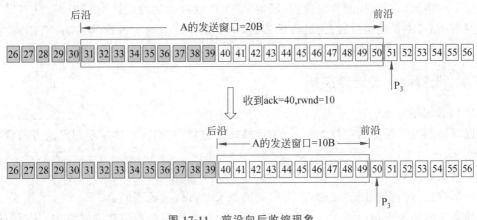

图 17-11　前沿向后收缩现象

17.4.4　避免效率低下

TCP 下,发送方和接收方可能产生糊涂窗口综合征问题,导致 TCP 的传输效率非常低下。

1. 发送方

在有些情况下,收发双方每次发送的数据都很短(如 1B),如果每次都把 1B 包装成报文段,再外加 IP 首部、帧首部等,效率将极其低下。

为了避免这种情况,TCP 的实现中广泛使用了 Nagle 算法。如果出现发送进程逐字节地发送数据到 TCP 缓存的情况,则:

(1) 发送方把第一个数据字节先发送出去,然后把后面到达的字节缓存起来,并不发送。

(2) 当收到第一字节的确认后,再把发送缓存中的所有数据组成一个报文段发送出去,同时继续对后续的数据进行缓存。

(3) 只有在收到对前一个报文段的确认后才继续发送下一个报文段。

Nagle 算法还规定:当到达的数据已达到发送窗口大小的一半或 MSS 时,就立即发送一个报文段。Nagle 算法可明显地减少对网络带宽的浪费。

2. 接收方

设接收方的缓存已满,但是应用进程每次只从接收缓存中读取 1B(接收缓存的空间仅腾出了 1B),然后向发送方发送确认,并把自己能够收取 1B 的情况反馈给发送方。

随后,发送方根据要求,使自己的发送窗口大小为 1B,并发送 1B 的数据。这样,每次都是 1 字节 1 字节地发送,效率很低。

为了解决这个问题,可以让接收方等待一段时间,使得接收方出现下列情况之一时,才发出确认报文,通知当前的窗口大小(不再是 1B 大小了)。

- 接收缓存已有足够空间容纳一个 MSS 长度的报文段。
- 接收缓存已有一半空闲的空间。

◆ 17.5 TCP 的拥塞控制机制

除了网络层对拥塞控制有一定的处理外,TCP 也对拥塞控制进行了考虑,只不过一个是在网络核心(主要是路由器)内进行的控制,一个是在端系统上进行的控制。TCP 的拥塞控制和流量控制有着很大的关系。

17.5.1 拥塞控制与流量控制

1. 两者的相同点

拥塞控制与流量控制在行为上看,表现得非常类似,它们同样都是限制发送方的数据发送速率。

2. 两者的不同

拥塞控制与流量控制的目的、产生问题的源头具有较大的不同。

拥塞控制的源头是网络无法正常工作,为此要防止过多的数据注入网络中,从而使网络中的路由器或链路不致过载,可以说拥塞控制是一个全局性的过程,涉及所有的主机、路由器等,目的是使整个网络运行正常。

流量控制的源头是接收方无法顺利接收大批量数据,为此要防止过多的数据发送到接收方,从而使接收方来得及接收,因此流量控制是局部的控制,是端到端的问题,仅涉及接收方和发送方。

3. 两者的关系

TCP 的拥塞控制利用了流量控制的一些机制来工作。如 TCP 中的发送方可以借助接收方的确认消息来进行一定的"推测"。

例如,发送方一旦发现某个报文段没有获得确认,就认定该报文段丢失了,推测网络出现了拥塞。

再例如,发送方一旦发现自己收到了对某个报文段的重复确认(冗余的 ACK),就认定报文段出现乱序了,推测网络出现了拥塞的征兆。

前者容易理解,这里介绍一下后者。

如图 17-12 所示,接收方 B 收到了 33 号字节(假设报文段仅包含 1B),却发现 32 号字节尚未到达,B 发现乱序,发送 ACK32 催促发送方发送 32 号字节。随后 B 陆续收到了 34、35 号字节,发现仍乱序,同样发送 ACK32 继续催促。于是出现了冗余 ACK 的现象。

这个也容易理解,如图 17-13 所示,32 号字节本来走了一条较近的路径,可能因为 R_2 产生了超负荷的情况,导致了 32 号字节被滞留甚至丢弃,但是网络在 R_1 处调整了后续数

图 17-12　冗余 ACK 示例

据的传输路径,使得 33～35 号 3B 经由 R_3 这个较远的路径到达接收方,进而产生了冗余 ACK 的现象。这说明网络还可用,但是已经有拥塞的迹象了。

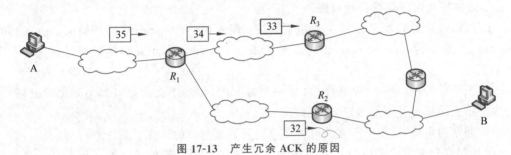

图 17-13　产生冗余 ACK 的原因

17.5.2　TCP 拥塞控制的思路

和网络层的拥塞控制一样,TCP 拥塞控制也是对发送结点的发送行为进行控制,不允许发送方无节制地发送自己的数据。

TCP 拥塞控制

1. 拥塞窗口

TCP 的拥塞控制属于闭环控制方法,采用了基于窗口的方法进行控制,TCP 发送方维持一个拥塞窗口 cwnd,是发送方根据网络的拥塞情况来动态调整发送数据量的一个依据。

在 17.4.3 节中曾提及:发送方窗口的变化来自于两个因素,接收方的通告只是其一。第二个因素就是拥塞窗口。于是可得:

发送方真正的发送窗口值＝Min(接收方通告值,拥塞窗口值)

为了方便考察拥塞控制机制,这里假设:接收方通告值无穷大,即发送窗口只受拥塞窗口的约束。两害相权取其轻。

2. TCP 拥塞控制的思路

TCP 拥塞控制的思路就是“不断试探网络的底线,遇到打击放低姿态,然后继续试探”。

- 只要网络没有出现拥塞,发送方的拥塞窗口就增大一些,以便把更多的数据发送出去,这样可以提高信道利用率。
- 只要网络出现了拥塞或有可能出现拥塞,发送方就把拥塞窗口减小一些,以减少注入网络中的分组数,缓解网络出现的拥塞。

为此,发送方拥塞窗口的大小表现为波浪式的变化。

3. 拥塞判断的依据

TCP 利用流量控制的确认机制作为网络拥塞的判断依据,不依靠中间路由器收集网络的运行信息(减少对网络的额外负担)。

- 依据 1:超时计时器超时(未收到报文段的确认),认定网络已经发生了拥塞。
- 依据 2:收到 3 个重复的 ACK,认为网络可能会出现拥塞。

4. 注意

TCP 的拥塞控制是无法完全避免拥塞的,它只是一种被动地根据网络情况调整发送方网络行为的协议,使得网络比较不容易出现拥塞,或者在网络出现拥塞后尽量不加重网络的拥塞。

17.5.3　涉及的算法和过程

1. 总体控制过程与慢开始阈值

TCP 拥塞控制的整个过程涉及四个算法:慢开始(slow-start)、拥塞避免(congestion avoidance)、快重传(fast retransmit)、快恢复(fast recovery)。但是整体控制过程仅涉及两个阶段。

- 慢开始阶段,是一个从极小值(如一个报文段,相当于拥塞窗口大小变化的波谷)开始大踏步提升拥塞窗口的试探过程。
- 拥塞避免阶段,是一个在波峰处小心提升拥塞窗口的试探过程。

系统是从慢开始阶段进行控制的,由慢开始阶段到拥塞避免阶段的转折点是一个被称为慢开始阈值(ssthresh)的参数,该参数是为了防止拥塞窗口增长过快,进而引起网络拥塞,而对慢开始阶段设定的一个限制。慢开始阈值自身也是根据网络情况动态调整的。

当然,能否由慢开始阶段进入拥塞避免阶段,以及后续如何转换,这是由网络的拥塞情况决定的。

2. 慢开始阶段

慢开始阶段是系统的初始阶段,目的是尽快确定网络的负载能力。

在主机刚开始发送报文段时,可将拥塞窗口 cwnd 设置为 1 个最大报文段(MSS,见 17.2.2 节)的数值。这方面,新旧版本的 TCP 是有所差别的,范围为 1~4 个,本书以 1 个为例。

慢开始算法规定:在每收到一个报文段的确认后,将拥塞窗口增加至多一个 MSS 的大小。

看上去好像挺慢的,实际不然,这是一个快速提升的阶段,以指数(2^x,x 为往返的次数)规律急速增长,可见后面的示例。

3. 拥塞避免阶段

慢开始阶段不断扩大拥塞窗口的大小,如果能顺利增大到慢开始阈值,标志着慢开始阶段的结束,进入了拥塞避免阶段。拥塞避免阶段中,拥塞窗口的大小就不能那么快地增长了,而是慢慢地增长着去试探网络的承受能力。

拥塞避免算法规定:只有在收到对所有报文段的确认后,才能将拥塞窗口增加一个 MSS 的大小。

在这个过程中,拥塞窗口的大小增长缓慢,呈现"加法增大"的趋势。

4. 网络拥塞的处理过程

不管哪一个阶段,都是不断增大拥塞窗口的过程,如果一直增长,很可能遇到网络异常的情况(依据 1 或依据 2),此时的拥塞窗口 cwnd 的大小相当于波顶峰($cwnd_{max}$)。

当出现了异常的情况下,首先需要调整慢开始阈值,使 $ssthresh=cwnd_{max}/2$,此即乘法减小。

此时还要将拥塞窗口减小,以缓解网络拥塞的状况,此处有不同的处理办法。

- 在 TCP Tahoe 版中,当网络出现了拥塞的现象(依据 1),拥塞窗口大小退回到 1 个 MSS 的大小,并退回到慢开始阶段。
- 为了提高网络的效率,TCP Reno 版规定,如果出现了依据 2 的情况,不必退回到慢开始阶段,而是进入拥塞避免阶段,并且拥塞窗口缩小到调整后的 ssthresh。此即**快恢复的算法**。

另外,如果发送方根据依据 2 执行了快恢复的算法,同时还要执行**快重传算法**。快重传算法规定:发送方只要一连收到三个冗余的 ACK,即可判定报文段丢失了,需立即重传丢失的报文段,而不必等待超时计时器的超时。

17.5.4 TCP 拥塞控制的示例

方便起见,这里设每次发送的报文段大小都是 MSS 大小,这样,我们把拥塞窗口大小的单位由字节改为报文段。

1. 示例 1

如图 17-14 所示,横坐标为往返次数,纵坐标为拥塞窗口的大小。设最初的慢开始阈值 $ssthresh_0 = 16$。

在最初 0 时刻,拥塞窗口为 1,可以发送 1 个报文段,并在时刻 1 收到了 1 个确认。根据慢开始算法规定,在时刻 1 的拥塞窗口为:1(原始大小)+1(收到 1 个 ACK)=2。本时刻,发送方可以发送两个报文段。

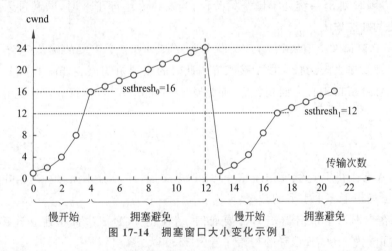

图 17-14 拥塞窗口大小变化示例 1

在时刻 2,发送方收到了两个确认,根据规定,拥塞窗口为:2(上一时刻的大小)+2(收到 2 个 ACK)=4。本时刻,发送方可以发送 4 个报文段。

后续时刻,窗口大小为 8、16。此时,拥塞窗口大小等于 $ssthresh_0$,于是系统进入了拥塞避免阶段。

在拥塞避免阶段,当每次往返,所有的确认都收到后,也只能把拥塞窗口大小加 1,因此体现出了加法增大的规律。

假定拥塞窗口的大小增长到 24 时,网络出现超时(依据 1)。根据规定,$ssthresh_1$ 等于当前窗口的 1/2,于是 $ssthresh_1 = 12$。

下一个时刻,拥塞窗口再重新回到谷底,大小为 1 个报文段,从此执行慢开始算法。

2. 示例 2

如图 17-15 所示,仍然设最初的慢开始阈值 $ssthresh_0 = 16$。

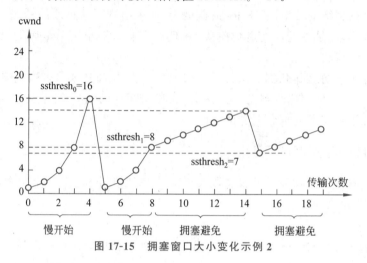

图 17-15　拥塞窗口大小变化示例 2

从时刻 0 到时刻 4,处于慢开始阶段,窗口呈指数增长,大小到了 16 后,网络出现超时(依据 1),系统无法正常进入拥塞避免阶段,窗口大小不得不回到谷底,大小为 1 个报文段,开始了第二个慢开始阶段。此时的慢开始阈值 $ssthresh_1 = 16/2 = 8$。

从时刻 5 到时刻 8,系统处于慢开始阶段,当窗口大小等于 8 时,顺利进入拥塞避免阶段,开始缓慢的加法增大。

在时刻 14(窗口大小增大到 14),假设发送方收到了 3 个重复的确认(依据 2),依据快重传算法,立即发送丢失的报文段给接收方。此时的慢开始阈值 $ssthresh_2 = 14/2 = 7$,根据快恢复算法,拥塞窗口不必退回到谷底,而是从 $ssthresh_2$ 开始,执行拥塞避免算法。

◇ 习　题

1. 主机 A 向主机 B 连续发送了 3 个 TCP 报文段,序号分别是 80、200 和 300。试问:第 2 个报文段携带了多少字节的数据?

2. 假设客户端 A 和服务器端 B 需要通信,请描述 TCP 三次握手建立连接的过程。A 选择的初始序号为 2100,B 选择的初始序号为 3500。

3. [2021 研]若客户首先向服务器发送 FIN 段请求断开 TCP 连接,则当客户收到服务器发送的 FIN 段并向服务器发送了 ACK 段后,客户的 TCP 状态转换为(　　)。

　　A. CLOSE WAIT　　B. TIME WAIT　　C. FIN WAIT1　　D. FIN WAIT2

4. A 和 B 通信,刚开始 A 通知 B 的窗口大小为 20 个报文段,B 的慢开始阈值为 16 个报文段,设每过 1s,双方都能够发出报文并收到 ACK 信息。在通信过程中第 10 秒网络出现拥塞。请给出从 0 秒开始到 16 秒过程中 B 发送窗口大小的示意图和数字标注。

5. [2013 研]主机甲与主机乙之间已建立一个 TCP 连接,双方持续有数据传输,且数据无差错与丢失。若甲收到 1 个来自乙的 TCP 段,该段的序号为 1913、确认序号为 2046、有效载荷为 100B,则甲立即发送给乙的 TCP 段的序号和确认序号分别是(　　)。

A. 2046、2012　　　B. 2046、2013　　　C. 2047、2012　　　D. 2047、2013

6. [2011 研]主机甲与主机乙之间已建立一个 TCP 连接,主机甲向主机乙发送了 3 个连续的 TCP 段,分别包含 300B、400B 和 500B 的有效载荷,第 3 个段的序号为 900。若主机乙仅正确接到第 1 和第 3 个段,则主机乙发送给主机甲的确认序号是(　　)。

A. 300　　　B. 500　　　C. 1200　　　D. 1400

7. [2019 研]若主机甲主动发起一个与主机乙的 TCP 连接,甲、乙选择的初始序列号分别为 2018 和 2046,则第三次握手 TCP 段的确认序列号是(　　)。

A. 2018　　　B. 2019　　　C. 2046　　　D. 2047

8. [2010 研]主机甲和主机乙之间已建立一个 TCP 连接,TCP 最大段长为 1000B,若主机甲当前的拥塞窗口为 4000B,在主机甲向主机乙连续发送两个最大段后,成功收到主机乙发送的第一段的确认段,确认段中通告的接收窗口大小为 2000B,则此时主机甲还可以向主机乙发送的最大字节数是(　　)。

A. 1000　　　B. 2000　　　C. 3000　　　D. 4000

9. [2022 研]假设客户 C 和服务署 S 已建立一个 TCP 连接,通信往返时间 RTT＝50ms,最长报文段寿命 MSL＝800ms,数据传输结束后,C 主动请求断开连接。若从 C 主动向 S 发出 FIN 段时刻算起,C 和 S 进入 CLOSED 状态所需的时间至少分别是(　　)。

A. 850ms,50ms　　　　　　　　B. 1650ms,50ms

C. 850ms,75ms　　　　　　　　D. 1650ms,75ms

10. 主机 A 与 B 通过 TCP 传输(MSS＝536B)2KB 数据,在链路层使用以太网传输(MTU＝1500B),试计算:

(1) TCP 对报文的分段数量和每个报文段的长度(含 TCP 报头 20B)。

(2) IP 程序对每个分段的分片数量和每个报文包的长度(含 IP 报头 20B)。

(3) 802.3 程序封装的报文帧数量和每帧的长度(含报头 14B 和报尾 4B)。

11. [2021 研]设主机甲通过 TCP 向主机乙发送数据,甲在 t_0 时刻发送一个序号 seq＝501、封装 200B 数据的段,在 t_1 时刻收到乙发送的序号 seq＝601、确认序号 ack seq＝501、接收窗口 rcvwnd＝500B 的段,则甲在未收到新的确认段之前,可以继续向乙发送的数据序号范围是(　　)。

A. 501～1000　　　　　　　　B. 601～1100

C. 701～1000　　　　　　　　D. 801～1100

12. 一个 TCP 连接的最大报文段长度为 2KB,TCP 的拥塞窗口为 24KB 时发生了超时事件,那么该拥塞窗口变成了(　　)。

A. 1KB　　　B. 2KB　　　C. 12KB　　　D. 24KB

13. [2009 研]一个 TCP 连接总是以 1KB 的最大段长发送 TCP 段,发送方有足够多的数据要发送。当拥塞窗口为 16KB 时发生了超时,如果接下来的 4 个 RTT(往返时间)时间内的 TCP 段的传输都是成功的,那么当第 4 个 RTT 时间内发送的所有 TCP 段都得到肯定应答时,拥塞窗口大小是(　　)。

A. 7KB　　　B. 8KB　　　C. 9KB　　　D. 16KB

14. TCP 的拥塞窗口 cwnd 大小与 RTT 的关系如表 17-1 所示。

表 17-1 习题 14 用表

RTT	1	2	3	4	5	6	7	8	9	10	11	12	13
cwnd	1	2	4	8	16	32	33	34	35	36	37	38	39
RTT	14	15	16	17	18	19	20	21	22	23	24	25	26
cwnd	40	41	42	21	22	23	24	25	26	1	2	4	8

(1) 试画出拥塞窗口与 RTT 的关系曲线。

(2) 指明 TCP 工作在慢开始阶段的时间间隔。

(3) 指明 TCP 工作在拥塞避免阶段的时间间隔。

(4) 在 RTT=16 和 22 后发送方是通过收到三个重复的确认还是通过超时检测到丢失了报文段?

(5) 在 RTT=1,RTT=17 和 RTT=23 时,ssthresh 分别被设置为多大?

15. [2014 研]主机甲和主机乙已建立了 TCP 连接,甲始终以 MSS=1KB 大小的段发送数据,并一直有数据发送;乙每收到一个数据段都会发出一个接收窗口为 10KB 的确认段。若甲在 t 时刻发生超时时拥塞窗口为 8KB,则从 t 时刻起,不再发生超时的情况下,经过 10 个 RTT 后,甲的发送窗口是(　　)。

    A. 10KB   B. 12KB

    C. 14KB   D. 15KB

16. [2017 研]若甲向乙发起一个 TCP 连接,最大段长 MSS=1KB,RTT=5ms,乙开辟的接收缓存为 64KB,则甲从连接建立成功至发送窗口达到 32KB,需经过的时间至少是(　　)。

    A. 25ms   B. 30ms

    C. 160ms   D. 165ms

17. [2016 研]设主机 H3 访问 S 时,S 为新建的 TCP 连接分配了 20KB 的接收缓存,最大段长 MSS=1KB,平均往返时间 RTT=200ms。H3 建立连接时的初始序号为 100,且持续以 MSS 大小的段向 S 发送数据,拥塞窗口初始阈值为 32KB;S 对收到的每个段进行确认,并通告新的接收窗口。假定 TCP 连接建立完成后,S 端的 TCP 接收缓存仅有数据存入而无数据取出。请回答下列问题。

(1) 在 TCP 连接建立过程中,H3 收到的 S 发送过来的第二次握手 TCP 段的 SYN 和 ACK 标志位的值分别是多少? 确认序号是多少?

(2) H3 收到的第 8 个确认段所通告的接收窗口是多少? 此时 H3 的拥塞窗口变为多少? H3 的发送窗口变为多少?

(3) 当 H3 的发送窗口等于 0 时,下一个待发送的数据段序号是多少? H3 从发送第 1 个数据段到发送窗口等于 0 时刻为止,平均数据传输速率是多少(忽略段的传输延时)?

(4) 若 H3 与 S 之间通信已经结束,在 t 时刻 H3 请求断开该连接,则从 t 时刻起,S 释放该连接的最短时间是多少?

18. [2020 研]若主机甲与主机乙已建立一条 TCP 连接,最大段长(MSS)为 1KB,往返时间(RTT)为 2ms,则在不出现拥塞的前提下,拥塞窗口从 8 KB 增长到 32 KB 所需的最长时间是(　　)。

A. 4ms　　　　　　B. 8ms　　　　　　C. 24ms　　　　　　D. 48ms

19. [2022 研]假设主机甲和主机乙已立一个 TCP 连接,最大段长 MSS＝1KB,甲一直有数据向乙发送,当甲的拥塞窗口为 16KB 时,计时器发生了超时,则甲的拥塞窗口再次增长到 16KB 所需要的时间至少是(　　　)。

A. 4 RTT　　　　　　B. 5 RTT　　　　　　C. 11 RTT　　　　　　D. 16 RTT

第 6 部分　如何使用互联网

互联网最终的价值，还是体现在应用上。

如果没有前面所讲的各种网络知识和技术进行通信的支持，那是茹毛饮血、通信靠吼的情况；但是如果有了网络基础架构和底层的通信技术，但是没有网络应用，就是只有炉灶的无米之炊了；只有两者都具备，才能做出香喷喷的饭菜出来。

没错，各种网络应用就像是给大家准备的熟米热菜一样，这才是网络提供给人们使用的产品，好吃不好吃就相当于软件能不能吸引更多的人来使用。

很显然，现在各种网络应用层出不穷，有人们广泛接受和使用的，甚至每天都离不开的，也有被人们淘汰甚至嫌弃的，成功的产品总能够赢得市场。

网络体系结构的最上层，应用层就是承担了推广网络应用的作用。本书的最后一部分主要介绍应用层的相关内容。

应用层概述

豪横公司的业务(提供完善的旅行服务)至此已经结束了,剩下的就是各行各业在交通基础设施的基础上百花齐放了。但各行各业不能像杂草一样无法无天,也应该家有家法,行有行规,有序发展。

◆ 18.1 应用层不是应用

和物理层不是物理媒体一样,应用层并不是网络应用。应用层规定了网络应用应该遵循的规则和标准。

网络应用是为了解决某一类网络问题而产生的,需要通过不同主机中的多个进程之间的通信和协同来共同完成。应用进程之间的这种通信应该遵循严格的规则,否则会产生很多问题。例如,不利于多个组织开发的应用之间的互相协同工作。例如,大家都开发了电子邮件应用,它们必须遵循相同的规定才能够相互发送和接收邮件。即便是一个单独的组织开发网络应用,也不利于多人共同开发。

应用层的具体内容就是精确定义这些通信规则。具体来说,应用层协议应当定义:

- 应用进程交换的报文类型,如请求报文和响应报文等。
- 各种报文类型的语法,如报文中的各个字段及其详细描述。
- 字段的语义,即包含在字段中的信息的含义。
- 进程何时、如何发送报文,以及对报文进行响应的规则,实际上是协议的同步;等等。

就如同去吃农家乐,大家总要看菜单(包括价格)、点菜,大家讨论喝饮料还是喝酒,等着上菜、吃菜,最后来点主食,结账走人。这些其实是一套流程,作为客户有自己请求服务的流程,店员有对应的服务流程,这些类似于通信协议的同步问题。

点菜是店员记录还是客户用手机点,结账是用现金还是数字人民币,菜品实际上也相当于通信中的一种数据(里面包括辣的程度、甜咸类型),最后客户对菜品的评价等,这些类似于协议的语法。

点菜就意味着达成一项交易的细节,店员对上过的菜品打勾表示完成一个条款,结账代表着双方交易的结束,等等,这些都可以类比于语义。

◈ 18.2 客户/服务器模式与对等模式

目前网络的应用规模庞大,但是如果从参与者的地位上来区分,可以分为两大模式:客户/服务器(Client/Server,C/S)模式和对等(Pear-to-Pear,P2P)模式。

18.2.1 客户/服务器模式

如图 18-1 所示,客户和服务器都是指通信过程中所涉及的两个应用进程。客户/服务器模式所描述的是进程之间服务和被服务的关系。

- 客户是服务的请求方,相当于农家乐的客户。
- 服务器是服务的提供方,相当于农家乐。

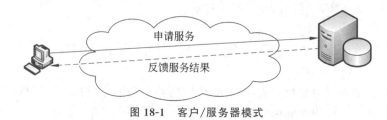

图 18-1 客户/服务器模式

客户与服务器的通信关系建立后,通信一般是双向的,也可以是单向的(服务器接收并处理请求后,并不需要反馈相关的结果给客户端),不过单向的网络应用较少见到,一般存在于大型的专业计算场景下,例如,水利部门可以通过搜集各地河流的水文资料来分析河流旱汛情况。

1. 客户端

客户端的软件在需要获得服务支持时,主动向远地服务器发起通信,将自己的请求告知服务器。因此,客户程序必须知道服务器进程的地址(包括服务器的 IP 地址和监听的端口号),如同去吃农家乐,就必须先要知道哪里有开办农家乐的。一般来说,客户端不需要特殊的软硬件支持。

2. 服务器端

服务器端的软件是一种专门用来提供某种服务的程序,可同时处理多个远地或本地客户的请求。系统启动后即一直不断地运行,被动等待并接受客户的通信请求。服务器程序事先不需要知道客户程序的地址(就如同农家乐不需要知道客户是从哪里来的一样)。

服务器端一般需要强大的硬件(如集群技术)、高级操作系统(如服务器级别的操作系统)和大型的基础软件(如大型数据库)等的支持,需要有良好的软件系统架构设计(例如分布式、并发式运行的软件架构),能够接受大量客户的并发访问。就如同农家乐至少应土地平旷,屋舍俨然,有良田、美池、桑竹之属。

为了提供更好的服务质量,服务器应该有良好的可靠性,包括使用不间断电源(UPS)提供不间断的服务,即便在出现一些异常的情况下也能够正常提供服务(容错性),应该具有很好的安全性保证不被入侵/数据不被窃取,具有良好的权限控制保证用户各司其职……

18.2.2　对等模式

1. 概述

对等模式是指通信的主体在进行通信时,并不区分哪一个是服务的请求方,哪一个是服务的提供方,只要结点运行了对等模式的软件,具有可为其他结点服务的共享数据和软硬件资源,它们就可以进行平等的、对等连接通信,双方都可以下载对方已经存储在硬盘中的共享文档,可以相互之间对等聊天,互相借用对方闲暇的计算资源,等等。其工作模式如图 18-2 所示。

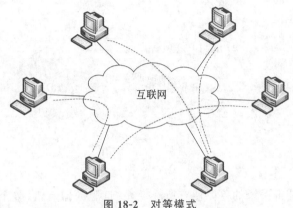

图 18-2　对等模式

现在,为了方便各结点相互之间建立起最初的联系,往往会增加一些特殊的角色,例如目录服务器,但是它不是通信的主体,是辅助手段。

就如同大家一起去吃农家乐,农家乐是一个辅助的手段方便大家集合,但是一旦点了菜,吃客之间就没有什么服务与被服务的关系了。大家在通过 QQ、微信进行聊天的时候,应该也不会认为其中一个是服务器,另一个是客户。

虽然各个参与者之间是对等的,但是从实现上看,对等的连接方式在传输层仍然采用了客户/服务器方式(毕竟传输层的通信只有 C/S 模式),只不过每一个参与者都既充当客户端,又充当服务器端而已。

对等模式将传统服务器的负担分配给每个主机,没有集中式的服务器成为瓶颈(包括服务器的计算资源、带宽资源等),所以对等工作模式可支持海量用户(如上百万个)同时工作,而且通常用户量越大,性能越好(就如同使用 P2P 下载软件一样,同时下载的人越多,下载速度越快)。

对等模式起初主要用于小型工具软件(如下载软件),现在的即时通信(如 QQ、微信等)也属于对等模式的通信。另外,对等模式在一些大型科学计算上具有良好的市场。

2. 对等模式的类型

有两种类型的对等网络。

1)非结构化网络

所有主机都具有相同的角色,相同的功能,没有中央服务器,不具备任何组织的特征,参与结点随机与其他结点进行通信。非结构化网络虽然易于构建,但在执行搜索和查询功能时,较为麻烦,需要有相关的应用层路由算法和尽可能多的结点共同参与。最简单的查找方法是通过洪泛法查找资源,如 Gnutella 就采用了有限范围内的洪泛查询。

为了便于查询,可以在系统中设置一个中央目录服务器(不保存资源),用于记录资源的索引信息(包括资源所存储的结点),并完成用户对该信息的查询。用户如果需要获取资源,需要登录和查询中央服务器,在得到查询结果后,直接与存储内容的主机建立连接。而具体的内容传输不需要经过中央服务器,直接在两台主机之间进行。这种结构如 Napster,如图 18-3 所示。

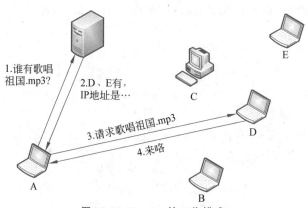

图 18-3   Napster 的工作模式

服务器的存在,使得系统的鲁棒性有所降低,一旦服务器宕机,整个系统将无法继续提供服务。

为了更加有效地在大量用户之间使用 P2P 技术下载共享文件,现在很多下载技术使用了分散定位和分散传输技术,如电驴 eMule、比特洪流(Bit Torrent,BT)等,可以把共享的文件按照文件块进行并行传输。下载者需要首先拥有文件的种子,种子中包含一些初始的信息,并在后续的下载过程中发现更多的拥有者信息。当一个对等方希望下载时,一边从很多其他对等方同时、并行地下载文件块,一边把自己已经下载的文件块共享给需要的对等方,形成我为人人,人人为我的"下载网络",如图 18-4 所示。

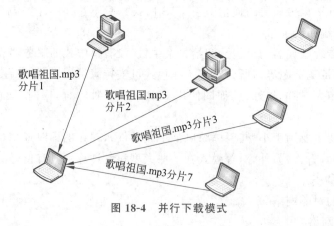

图 18-4   并行下载模式

2) 结构化网络

结构化网络中,各个结点呈现特定的组织架构(例如环状),是一种可以按特定结构执行查询过程的方法。

例如,可以使用分布式哈希表(分散地保存在若干结点之中)建立一个资源映射表,保存〈资源的关键字,存储结点的地址〉这样的映射集合。当用户需要使用对应的资源时,根据资源关键字在映射表中找到该资源所存储的结点(可能需要多次查询才能得到确切的地址信息),然后用户联系对应的结点获取所需的资源。这种模式的典型系统如 Chord、CAN 等。

就如同在小区中找朋友家,在入口可以根据小区楼栋布置图(每个入口都有)找到具体楼栋,到了楼栋下再根据门牌号计算出单元号,再根据楼层找到朋友家一样,整个小区的布置呈现了有规律的组织性。

◆ 18.3　网络应用的层次

虽然都是应用层的协议,但是这些应用协议也可以按照功能分为以下两个类型。

- 直接面向用户的,为用户提供某种功能的协议,例如,邮件协议、文件传输协议、Web 服务协议等。
- 靠近应用层底层,为第一个类型服务的公共基础服务协议,如域名服务 DNS、动态主机配置协议 DHCP 等,它们不是直接面向用户的,而是所有第一类应用的公共功能子集。

实际上,很多非 TCP/IP 体系结构的网络(如 ZigBee)就把应用层划分为两个子层,其中就包括所谓的应用支持子层。

当前非常流行的云计算,也可以算作一个典型的公共基础服务,是分布式计算的一个重要成果,其主要目的就是提供各种服务,并希望这种服务可以像使用水、电、气一样方便地使用,而不需要考虑这些服务是哪里提供的,有多少硬、软件为服务进行支持。开发人员基于这些服务,可以开发众多的网络应用,特别是需要大规模存储、计算资源的服务。

◆ 习　　题

1. 客户/服务器方式与 P2P 对等通信方式的主要区别是什么? 有没有相同的地方?

2. 试着分析一下,现在的 QQ、微信等即时通信工具,属于客户/服务器方式还是属于对等方式? 如果属于对等方式,属于哪一类?

3. [2021 研]若大小为 12B 的应用层数据分别通过 1 个 UDP 数据报和 1 个 TCP 段传输,则该 UDP 数据报和 TCP 段实现的有效载荷(应用层数据)最大传输效率分别是(　　)。

  A. 37.5%,16.7%   B. 37.5%,37.5%

  C. 60.0%,16.7%   D. 60.0%,37.5%

第19章

基础服务和概念

◇ 19.1 域名系统 DNS

19.1.1 DNS 的作用

上互联网需要有 IP 地址,但是 IP 地址不容易记忆,例如,访问某个组织的 Web 服务器,如果让你输入类似于 http://202.119.64.xxx 的地址,是不是很不爽呢? 再设想一下 128b 的 IPv6 地址,是不是会让人抓狂?

为此产生了域名系统(Domain Name System,DNS)帮助人们记忆 IP 地址,在需要的时候,根据一个"别名"查到 IP 地址,从而帮助人们上网。域名系统是互联网的一个基础性服务,处于应用层的底部,为各种网络应用提供查询 IP 地址的服务。域名系统的作用就如同手机上的电话号码簿一样,我们输入了农家乐的名字,查到联系人就可以直接拨打电话,不用记忆其电话号码。

有了域名系统,我们只需要记住一串有意义的字符(别名,被称为域名)就可以了。域名显然比一串数字要好记多了,再加上有相当的规律性,就更加容易记忆了。

一般情况下,用户访问一个网站的时候,既可以输入该网站的 IP 地址,也可以输入其域名,两者是等价的。

19.1.2 域名

域名是一个具有一定意义的、便于记忆的并保持全世界唯一性的字符串,用来对应于一个 IP 地址。为了便于记忆和维护,域名是分级管理的,采用了层次树状结构的命名方法,有些类似于行政区的组织架构,扩展性非常强,如图 19-1 所示。

顶级域名由互联网名字和数字分配机构(ICANN)进行管理,一般分为两类,一类是国家/地区(如 cn 是中国的简写),另一类是通用的类别(如 com 是商业的简写)。最早的通用顶级域名包括:com(公司和企业)、net(网络服务机构)、org(非营利性组织)、edu(美国专用的教育机构)、gov(美国专用的政府部门)、mil(美国专用的军事部门)、int(国际组织)等。后来又陆续增加了一些顶级域名,甚至允许任何公司、机构向 ICANN 申请新的顶级域名。

二级及以下域名根据需要在上一级的管理下进行组织和维护,例如,在 cn 的域名下又分为类别域名(商业 com,教育 edu)、行政区域名(各省市域名)两类。DNS 既不规定一个域名需要包含多少个下级域名,也不规定每一级的域名代表什

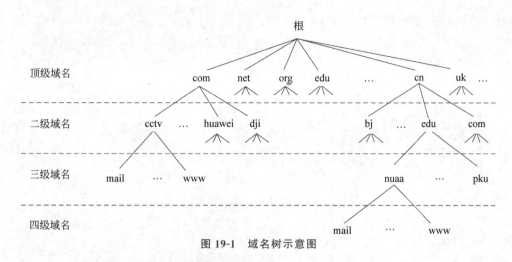

图 19-1　域名树示意图

么意思,完全由相关组织内部自行定义。

域名在书写时,遵循从小到大的级别顺序,如 mail.nuaa.edu.cn。每一级域名要尽量简单,长度不超过 63 个字符,域名总长度不能超过 253 个字符。并且每一级域名除了连字符(-)外不能使用其他标点符号。

域名只是一个逻辑概念,并不代表计算机所在的物理地点。尽管域名系统也采用点号对域名进行分隔,但是域名的点号和 IP 地址的点号毫无关系。

19.1.3　域名系统的组成

1. 其实并不简单

早期,整个网络上只有不多的计算机,因此在每台计算机上维护一个叫作 hosts 的文件保存域名和 IP 地址的对应关系,并且使用了非等级的名字空间。但是随着互联网的快速发展,这种管理和命名方法显然不行了,于是出现了分层的名字空间和专门的域名系统。

域名系统管理域名和 IP 地址之间的对应关系,并根据查询请求返回 IP 地址(此过程称为解析)。看起来其工作非常简单,但因为需要管理无比巨大的数据规模,而变成了一个非常具有挑战性的问题。

就如同一个人管理一个农家乐比较容易,但是如果想要在全国各地开展业务,自己一个人就很难管理了,需要有一定架构的管理团队了。

2. 域名服务器和管理范围

管理域名并提供解析服务的服务器称为域名服务器,为了管理数量庞大的域名数据,在全世界分布了大量的域名服务器,管理着无比庞大的一个分布式数据库,能够使用户就近得到查询服务。尽管存在很多的服务器,但可以把整个 DNS 系统的所有服务器看作一个整体,以客户/服务器的模式为用户提供服务。

同域名空间的树状结构相似,众多域名服务器的组织方式也是呈树状结构的。但是域名服务器并非是和域一一对应的,因为域名系统不是按照域进行管理的,而是按照区(zone)来进行管理的。

一个域(如 nuaa.edu.cn)可以整体作为一个大的区进行管理,如图 19-2(a)所示,此时域和区是一致的。也可以把一个域划分成若干区分别管理,如图 19-2(b)所示。可以看出,区是域的子集。是否划分区是组织内部的事情。

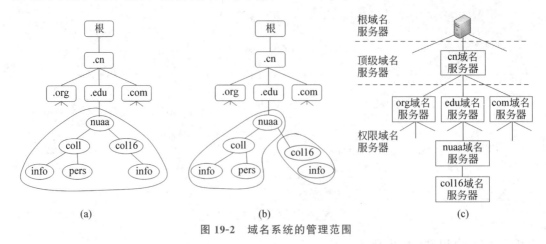

图 19-2   域名系统的管理范围

每个区都设有一个权限域名服务器进行管理,权限域名服务器保存该区中的所有主机域名到 IP 地址的映射。图 19-2(b)对应的域名服务器结构如图 19-2(c)所示。

3. 域名服务器的分类

域名系统中有 4 种域名服务器:根域名服务器、顶级域名服务器、权限域名服务器和本地域名服务器。

1)根域名服务器

根域名服务器是最高层次的域名服务器,所有的根域名服务器都知道所有的顶级域名服务器的域名和 IP 地址。

多数情况下,根域名服务器并不直接把域名解析成 IP 地址,而是告诉请求者:下一步你去找哪一个顶级域名服务器进行后续查询。

根域名服务器之所以重要,是因为它相当于"总部"的角色。例如,当处于南京的客户想要知道北京农家乐的某个员工 A 的电话,而本地农家乐经理 B 无法提供时,就可以向总部查询,总部应该知道北京店的经理 C 的电话,于是把 C 的电话给 B,B 通过 C 就可以查到 A 的电话了。

网上共有 13 个根域名,分别是 a.rootservers.net、b.rootservers.net、…、m.rootservers.net。为了提供可靠的服务,每一个根域名由很多台机器一起组成一套对外提供服务(使用相同的域名),这些机器分布在全世界各地。考虑到我国互联网的安全,我国也加紧了根域名服务器的建设。

2)顶级域名服务器

顶级域名服务器负责管理在本顶级域名服务器注册的所有二级域名。

3)权限域名服务器

当顶级域名服务器无法给出最终的查询结果时,就会引导系统到更详细的权限域名服务器处进行查询。如果是一个合法的域名,总会找到一个合适的权限域名服务器可以查到其 IP 地址(当然,特殊情况除外,2004 年美国停止了利比亚的域名网站解析,导致利比亚从互联网上"消失"了三天)。

4)本地域名服务器

本地域名服务器的作用是作为代理,替本地用户完成解析地址的全过程。

　　每一个组织都可以拥有一个甚至多个本地域名服务器,这种域名服务器离用户非常近,甚至可能就是你的默认网关(如 WiFi 路由器)。

　　图 19-3 展示了如何在本主机内配置本地域名服务器的地址。从图中可以看到,一个主机可以配置两个本地域名服务器。

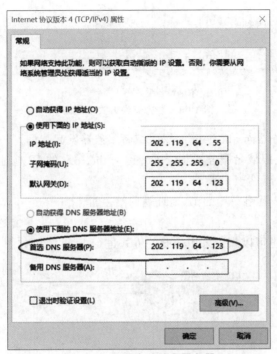

图 19-3　配置本地域名服务器

19.1.4　DNS 解析过程

1. 解析过程

DNS 的解析过程采用了 UDP,希望减少开销。

主机首先向本地域名服务器进行查询以获得 IP 地址。这个过程被称为递归式查询,因为不需要主机再参与了。

如果本地域名服务器不知道被查域名的 IP 地址,就作为代理,以 DNS 客户的身份,向根域名服务器发出查询请求。此时可以有两种方式:迭代查询和递归查询。

1) 迭代查询

本地域名服务器向根域名服务器的查询通常采用迭代查询。步骤如图 19-4 所示。

(1) 主机希望获得 y.abc.com 的 IP 地址,向本地域名服务器发起查询。

(2) 如果本地域名服务器也不知道,则向根域名服务器查询。

(3) 根域名服务器告诉本地域名服务器,可以去 com 的顶级域名服务器去查询,其 IP 地址是 xxxx。

(4) 本地域名服务器向 com 的顶级域名服务器发起查询。

(5) com 告诉本地域名服务器,可以去 abc.com 的权限域名服务器去查询,其 IP 地址是 yyyy。

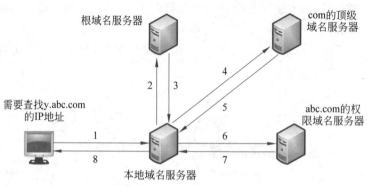

图 19-4　迭代查询方式示意图

（6）本地域名服务器向 abc.com 的权限域名服务器发起查询。

（7）abc.com 的权限域名服务器总应该知道 y.abc.com 的 IP 地址，将 IP 地址返回给本地域名服务器。

（8）本地域名服务器将获得的 IP 地址返回给主机。

2）递归查询

本地域名服务器也可以指定采用递归的方式进行查询，步骤如图 19-5 所示。

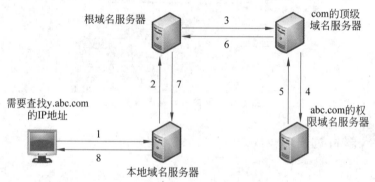

图 19-5　递归查询方式示意图

（1）主机希望获得 y.abc.com 的 IP 地址，向本地域名服务器发起查询。

（2）如果本地域名服务器也不知道，则向根域名服务器发起查询。

（3）根域名服务器向 com 的顶级域名服务器发起查询。

（4）com 的顶级域名服务器如果不知道，则向 abc.com 的权限域名服务器发起查询。

（5）abc.com 的权限域名服务器查到 y.abc.com 的 IP 地址，将 IP 地址返回给 com 的顶级域名服务器。

（6）com 的顶级域名服务器将 IP 地址返回给根域名服务器。

（7）根域名服务器将 IP 地址返回给本地域名服务器。

（8）本地域名服务器将 IP 地址返回给主机。

读者可以试着分析一下，上面两个查询方式都涉及 8 个 UDP 报文，但是为什么本地域名服务器向根域名服务器发出查询时通常采用迭代查询。从根域名服务器和顶级域名服务器负载强度和查询所涉及的过程分析。

2. DNS 高速缓存

为了提高 DNS 域名系统的整体效率,域名服务器通常都维护了一个高速缓存,存放最近用过的域名和 IP 地址。

例如,如果本地域名服务器不久前已查询到了 y.abc.com 的 IP 地址,那么下次其他主机再来查询的时候,本地域名服务器可以直接从高速缓存中获取并返回 IP 地址即可,可以减少很多后续步骤。

再例如,本地域名服务器之前已经知道了 com 的顶级域名服务器的 IP 地址,那么下次就可以不必经过根域名服务器,直接向 com 的顶级域名服务器发起请求即可。这样可以大大减轻根域名服务器的负荷。

为了保持高速缓存中内容的正确性,本地域名服务器应为每一个信息项设置一个计时器(如 2 天,域名和 IP 地址的映射关系变化不会很频繁),并删除超过计时器时间的信息项。删除后,如果再次收到客户的查询请求,必须重新执行前面的分布式查询过程。

主机也会维护高速缓存,以减少对本地域名服务器的访问。

◆ 19.2　动态主机配置协议

1. 为什么需要动态主机配置协议

为了增加软件的可移植性和适应性,应把一些因素参数化,这样,编译一次即可在很多计算机上运行(只需事先配置一下)。对于网络应用来说,这一点尤为重要,最好不要在程序中把相关 IP 地址写死。

在软件中给协议参数赋值的过程叫作协议配置。希望连接到互联网的计算机,其操作系统需要配置的项目(见图 19-6)至少包括:

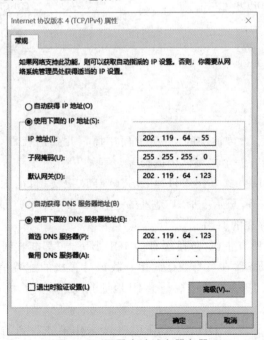

图 19-6　配置本地域名服务器

- IP 地址,这是上网的必要条件。
- 子网掩码,或者说掩码。
- 默认路由器的 IP 地址,为了实现间接交付而配置。
- 域名服务器的 IP 地址,为了找到本地域名服务器而配置。

对于非专业的人来说,理解和配置这些参数显然较为困难,动态主机配置协议(Dynamic Host Configuration Protocol,DHCP)将为用户完成这些事情。如图 19-6 所示,如果用户选择了"自动获得 IP 地址"和"自动获得 DNS 服务器地址",就表示要求操作系统执行 DHCP,自动配置以上参数。

再有,如果一个用户携带着笔记本经常改变使用的地点,DHCP 可以避免用户频繁进行网络设置的麻烦。

2. DHCP 的组成

DHCP 通常被应用在内部网络环境中,主要作用是集中地管理、分配 IP 地址。DHCP 系统组成如图 19-7 所示。

- DHCP 服务器,提供 DHCP 服务的网络结点。
- DHCP 客户端,通过 DHCP 动态获取 IP 地址等信息的网络结点。
- DHCP 中继代理,如果服务器不在本网内,无法对客户端进行服务,这时需要设置一个中继代理,帮助客户端完成配置的过程。

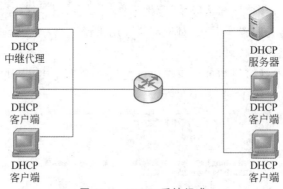

图 19-7　DHCP 系统组成

3. DHCP 的申请过程

DHCP 采用 UDP 作为传输层的协议(方便广播),并采用客户/服务器模式进行工作。先介绍客户端和服务器在一个局域网内的交互过程。

(1) 客户端以广播的方式发出 DHCPDISCOVER 报文(目的 IP 地址为 255.255.255.255,源 IP 地址为 0.0.0.0),开始申请 IP 地址的过程。再次强调,广播报文不能通过路由器,这是 DHCP 中继代理存在的原因。

(2) 本局域网内的所有主机(包括所有 DHCP 服务器)都能收到该报文。

(3) 所有 DHCP 服务器在自身数据库中查找该计算机的配置信息:若找到,则返回相关信息;若找不到,则从 IP 地址池中取一个 IP 地址分配给该计算机,保存相关记录,返回应答报文 DHCPOFFER。

(4) 客户端可能收到多个 DHCPOFFER,一般采用最先收到的那一个,向自己选中的

DHCP 服务器发出一个 DHCPREQUEST 报文,声明自己选中的 IP 地址。

（5）服务器向客户端发送一个 DHCPACK 报文,并附带有 IP 地址的使用租期信息。

（6）客户端收到 DHCPACK 后,成功获得 IP 地址。

并不是每个局域网上都有 DHCP 服务器,这种情况下要求网络至少要有一个 DHCP 中继代理,它保存了 DHCP 服务器的 IP 地址。

当客户端以广播的方式发出 DHCPDISCOVER 报文时,DHCP 中继代理可以收到该报文,以单播的方式向 DHCP 服务器转发此报文,并等待其回答。在收到 DHCP 服务器回答的报文后,DHCP 中继代理再将此报文发回给主机。经过中继代理的工作过程如图 19-8 所示,图中的数字代表了报文流转的过程。

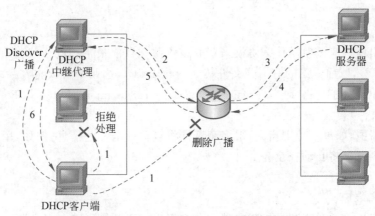

图 19-8　通过路由器的 IP 地址申请过程

4. 释放 IP 地址

客户端随时可以发送 DHCPRELEASE 报文,释放自己申请的 IP 地址,服务器收到 DHCPRELEASE 报文后,回收相应的 IP 地址,以便后续重新分配。

5. 续租 IP 地址

客户端在使用 IP 地址期间,会根据 IP 地址的使用租期自动启动续租过程。

客户端在收到服务器的 DHCPACK 报文后,一方面可以获得 IP 地址,另一方面需要根据服务器提供的租用期 T 设置两个计时器 T1（长度为 0.5T）和 T2（长度为 0.875T）。

当 T1 计时器超时后,如果客户端仍然希望使用该 IP 地址,则客户端向服务器发送 DHCPREQUEST 报文来续租 IP 地址。

- 如果客户端收到服务器发送的 DHCPACK 报文,则根据新的租用期计算新的 T1 和 T2,重新从 0 时刻开始计时,继续使用该 IP 地址。
- 如果服务器不同意,返回了 DHCPACK 报文,则客户端停止使用该 IP 地址。如果客户端还希望使用,则需重新申请新的 IP 地址。

如果客户端没有收到相关报文,客户端继续使用这个 IP 地址,直到 T2 计时器超时,客户端再次发送 DHCPREQUEST 报文来续租,后续处理同上。

如果客户端仍然没有收到相关报文,客户端继续使用这个 IP 地址,直到 IP 地址租期到期,客户端向服务器发送 DHCPRELEASE 报文来释放这个 IP 地址。如果客户端还希望继续上网,则须开始新的 IP 地址申请过程。

◆ 19.3 定位资源的机制——URL

互联网上的资源不可计数,如何让用户在网络上访问自己想要的资源时,不会访问到错误的资源呢?这就需要在互联网上唯一性地标识互联网中的每一个资源。

目前互联网上用得最多的方法是使用统一资源定位符(Uniform Resource Locator,URL)。URL 是一种可以清晰指出资源位置和访问方法的简洁表示,相当于可访问对象的一个指针。URL 的一般形式如下(URL 中的字符不区分大小写):

> 协议://主机:端口/资源所在路径

1. 协议

协议指出用户应该使用什么协议来获取该资源。目前最常用的协议是 http(超文本传送协议 HTTP),以前常见的有 ftp(文件传送协议 FTP),这两个协议将在后面介绍。另外还可以有 file(表示打开本地文件,如 file:///E:/ 12345.mp4,可以打开 E 盘根目录下的12345.mp4 文件)。

在浏览器中,如果不特别指出,很多浏览器将自动补全一些信息,例如,用户输入 www.xyz.edu.cn,浏览器将自动补全为 http://www. xyz .edu.cn。

协议后面的":// "是规定的格式。

2. 主机和端口

主机用来指出这个资源是放置在哪一台主机上,可以使用 IP 地址,也可以使用该主机在互联网上的域名。

如前所述,每个常用的互联网应用都会使用一个熟知的端口号(例如,HTTP 常用 80端口),但是也有一些开发者并不在意这些约定俗成的规定(例如,不少网站开发者把HTTP 改为 8080 端口,或其他端口),如果仍然使用熟知端口号进行访问,将导致访问失败,为此 URL 中允许指定端口号,格式是":端口"(形如 http://www.xyz.com:8080)。

如果 URL 中使用了熟知端口,这个选项通常被省略。

3. 资源所在路径

URL 最后一部分是资源在主机中放置的位置。在万维网中,如果用户访问的资源是某网站的主页,则该项可以省略。

◆ 习　题

1. DNS 解析有哪两种典型的方法?试详述其过程。

2. 2004 年美国停止了利比亚的域名网站解析,请问,利比亚真的完全无法访问互联网了吗?

3. 从一台新安装的计算机上使用域名访问 Web 文档。请问需要什么应用层协议和传输层协议?

4. 一个主机的网络配置如图 19-9 所示,主机可以 ping 通 192.168.1.1,试分析为什么无法上 Web?

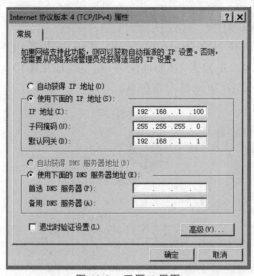

图 19-9　习题 4 用图

5. [2010 研]如果本地域名服务器无缓存,当采用递归方法解析另一个网络某主机域名时,用户主机和本地域名服务器发送的域名请求消息数分别为(　　)。

　　A. 一条,一条　　　　　　　　　　B. 一条,多条

　　C. 多条,一条　　　　　　　　　　D. 多条,多条

6. DNS 两个查询方式都涉及 8 个 UDP 报文,但是为什么本地域名服务器向根域名服务器发出查询时通常采用迭代查询?

7. [2016 研]设所有域名服务器均采用迭代查询方式进行域名解析。当 H4 访问域名为 www.abc.xyz.com 的网站时,本地域名服务器在完成该域名解析过程中,可能发出 DNS 查询的最少次数和最多次数分别是(　　)。

　　A. 0,3　　　　　　B. 1,3　　　　　　C. 0,4　　　　　　D. 1,4

8. [2020 研]如图 19-10 所示,假设局域网(包括主机 H 和本地服务器)中的本地域名服务器只提供递归查询服务,其他域名服务器均只提供迭代查询服务;局域网内主机访问 Internet 上各服务器的往返时间(RTT)均为 10ms,忽略其他各种时延。若通过超链接 http://www.abc.com/index.html 请求浏览纯文本 Web 页 index.html,则从单击超链接开始到浏览器接收到 index.html 页面为止,所需的最短时间与最长时间分别是(　　)。

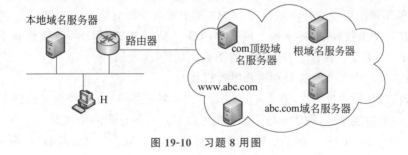

图 19-10　习题 8 用图

　　A. 10ms,40ms　　　　　　　　　　B. 10ms,50ms

    C. 20ms,40ms   D. 20ms,50ms

9. DHCP 的工作过程为什么要使用广播?

10. [2015 研]某网络拓扑如图 19-11 所示,其中路由器内网接口、DHCP 服务器、WWW 服务器与主机 1 均采用静态 IP 地址配置,相关地址见图中标注,主机 2~主机 N 通过 DHCP 服务器动态获取 IP 地址等配置信息。

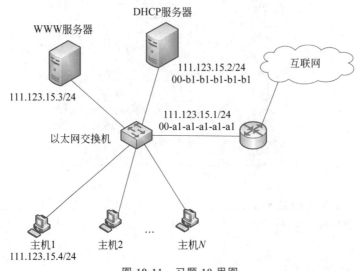

图 19-11 习题 10 用图

请回答下列问题。

(1) DHCP 服务器可为主机 2~主机 N 动态分配 IP 地址的最大范围是什么? 主机 2 使用 DHCP 获取 IP 地址的过程中,发送的封装 DHCP Discover 报文的 IP 分组的源 IP 地址和目的 IP 地址是什么?

(2) 若主机 2 的 ARP 表为空,则该主机访问 Internet 时,发出的第一个以太网帧的目的 MAC 地址是什么? 封装主机 2 发往 Internet 的 IP 分组的以太网的目的 MAC 地址是什么?

(3) 若主机 1 的子网掩码和默认网关分别配置为 255.255.255.0 和 111.123.15.2,则该主机是否能访问 WWW 服务器? 是否能访问 Internet? 请说明理由。

11. [2022 研]某网络拓扑如图 19-12 所示,R 为路由器,S 为以太网交换机,AP 是 802.11 接入点,路由器的 E0 接口和 DHCP 服务器的 IP 地址配置如图中所示;H1 与 H2 属于同一个广播域,但不属于同一个冲突域;H2 和 H3 属于同一个冲突域;H4 和 H5 已经接入网络,并通过 DHCP 动态获取了 IP 地址。现有路由器、100BASET 以太网交换机和 100BASET 集线器(Hub)三类设备各若干台。请回答下列问题。

(1) 设备 1 和设备 2 应该分别选择哪类设备?

(2) 若信号传播速度为 2×10^8 m/s,以太网最小帧长为 64B,信号通过设备 2 时会产生额外的 $1.5 \mu s$ 的时间延迟,则 H2 与 H3 之间可以相距的最远距离是多少?

(3) 在 H4 通过 DHCP 动态获取 IP 地址过程中,H4 首先发送了 DHCP 报文 M,M 是哪种 DHCP 报文? 路由器 E0 接口能否收到封装 M 的以太网帧? S 向 DHCP 服务器转发的封装 M 的以太网帧的目的 MAC 地址是什么?

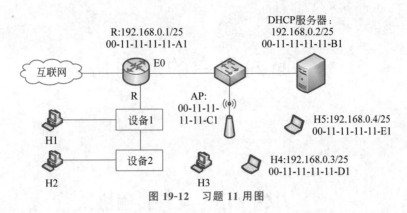

图 19-12　习题 11 用图

（4）若 H4 向 H5 发送一个 IP 分组 P，则 H5 收到的封装 IP 的 802.11 帧的地址 1、地址 2 和地址 3 分别是什么？

第 20 章

面向用户的应用协议

◈ 20.1 文件传输协议

1. 概述

文件传输协议(File Transfer Protocol,FTP)曾是互联网上使用最广泛的应用之一,在互联网早期,用 FTP 传送文件约占整个互联网通信量的三分之一。

FTP 采用客户/服务器模式,使用统一资源定位符(URL)定位文件,提供交互式的访问,可同时为多个客户进程提供服务,允许文件设置存取权限(访问服务器的用户必须经过授权,并输入有效的口令)。FTP 屏蔽了各计算机系统(特别是操作系统)的细节,可以在任意计算机之间传送文件。

目前 FTP 有以下两类协议。

- 基于 TCP 的文件传输协议 FTP,这是本节的主要内容。
- 基于 UDP 的简单文件传输协议 TFTP。

它们主要的工作都是进行远程文件的保存、管理和共享,不能在线修改一个文件,只能离线处理文件后进行上传覆盖原文件。如果很多人希望对一个共同的文件进行修改,就不得不轮流做如下操作:先下载,本地修改,最后上传。

文件交流和共享的另一大类是联机访问,允许多个用户同时对一个文件进行修改,当前最常见的是在微信中通过共享文档共同编辑文件。很显然,这种方式更利于大家共同、并行地协作完成文件的修改,每人都只需传输一小部分数据即可,但是控制较为麻烦,不是本书的重点。

另外,FTP 的传输有两种方式:文本(ASCII)传输方式和二进制传输方式。读者可自行查找资料研究两者有什么不同。

在两台主机之间传输文件看上去非常简单,但如果要去具体设计和实现一个在互联网上通用的文件传输软件,会发现有很多细节需要处理。例如,不同操作系统数据的格式不同、文件的目录结构不同、访问控制不同,等等。

FTP

如果希望不同开发者开发的 FTP 软件能够互操作,在不同操作系统上开发的 FTP 软件能够互操作,就不得不考虑定义相关的标准。

2. FTP 的工作过程

FTP 的服务器进程由两部分组成:一个主进程,负责整个服务器的管控;若干个从属进程,负责处理单个请求。

FTP 服务器的工作步骤如下。

（1）主进程打开熟知端口（端口号为 21）。

（2）等待接收客户进程发起建立连接的请求。

（3）主进程收到客户进程发出的建立连接的请求，启动一个从属进程来专门处理客户进程发来的请求。

（4）主进程转到（2），回到等待状态，从属进程则执行（5），主进程与从属进程的处理是并发进行的。

（5）从属进程对客户进程的请求处理完毕后即终止，并在运行期间根据需要创建其他一些子进程。

3. 左手拈着花右手舞着剑

在 FTP 的工作过程中，服务器启动的从属进程有两类。

- 控制进程：由主进程启动，用于和客户进程交流，接受用户的指令，执行用户要求的各种操作（但不包括传输文件的过程）。
- 数据传送进程：由控制进程启动，专门用来传输文件。

客户端除了用户界面外，也需要有控制进程和数据传送进程。以此为出发点，在双方交互过程中，FTP 的客户和服务器之间建立了两类并行的 TCP 连接。

- 控制连接，在整个会话期间一直保持连接的状态，在客户进程和服务器的控制进程之间进行交互，应对客户的各种请求。
- 数据连接，专门用于传输文件。

如果客户端希望传输文件，需要通过自己的控制进程，经过控制连接向服务器端的控制进程发送请求。双方的数据传送进程建立起数据连接，进行具体的数据传送（包括上传和下载）。数据连接的建立包括主动模式和被动模式两种。

- 主动模式（PORT）是服务器使用 20 端口主动连接客户端的一个临时端口（客户端提前向服务器通知这个临时端口）。
- 被动模式（PASV）是客户端使用自己的临时端口连接服务器的临时端口（服务器提前向客户端通知这个临时端口）。

数据传送进程实际完成文件的传送，传送完毕后关闭数据连接并结束运行。控制进程在运行期间可能会启动多个数据传送进程，完成多个文件的传输。

4. 系统的组成

综上所述，FTP 系统的组成如图 20-1 所示。

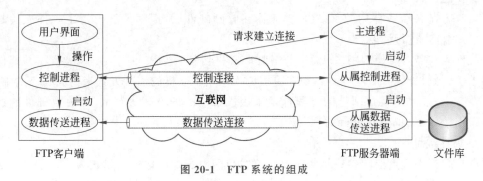

图 20-1　FTP 系统的组成

由于 FTP 使用了独立的控制连接和数据传送连接，因此 FTP 的控制信息是利用带外

(out of band)传送的。好处是使得协议更加容易实现,并且控制过程和数据传送过程可以并行进行,这样能够在传输文件的同时利用控制连接对文件的传输进行控制,例如,中断传输。

20.2 电子邮件

20.2.1 概述

电子邮件(E-mail)曾是最流行的通信方式,传递迅速、价格低廉,工作原理与日常生活中的邮寄信件非常类似,是一种异步的通信方式,不需要通信双方在同一个时间共同参与。

电子邮件的传输过程采用 TCP,以保证传输过程的可靠性。

1. 电子邮件系统的组成和工作过程

传统电子邮件系统的组成如图 20-2 所示。

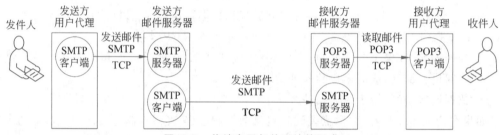

图 20-2　传统电子邮件系统的组成

发件人一般采用用户代理(如 Outlook、Foxmail 等)进行邮件的编写(现在则更多地采用了联机的方式,如上网站,登录后用网页编写)。用户代理的作用包括:编写邮件,处理邮件(如保存、转发、删除、打印、列入黑名单等),发送/接收邮件,以合适的形式展示邮件等。

当需要发送时,用户代理采用简单邮件传送协议(Simple Mail Transfer Protocol,SMTP),以 SMTP 客户端的角色把邮件发送给发送方邮件服务器。后者把邮件临时存放在自己的邮件缓存队列中。

发送方邮件服务器在合适的时机,遍历邮件缓存队列,并以 SMTP 客户端的角色,与每一个收件人所属的接收方邮件服务器建立 TCP 连接,采用 SMTP 把缓存队列中的未发邮件依次发送出去。

接收方邮件服务器中的 SMTP 服务器在收到邮件后,把邮件放入指定收件人的邮箱中,等待收件人进行读取。

收件人在需要时使用用户代理,采用收取邮件协议(POP3 或 IMAP)从接收方邮件服务器上访问到自己的邮件。当然,现在更多的人采用了联机的网页方式来访问自己的邮件。

在整个过程中,发送邮件的过程都是采用推(push)的方式进行的,而收取邮件的过程都是采用拉(pull)的方式进行的。

2. 邮件地址

电子邮件中最重要的参数是收/发件人的地址,电子邮件地址的格式为

用户名@邮件服务器的域名

其中,@表示"at"的意思。地址 xyz@nuaa.edu.cn 中,xyz 是收/发件人的用户名,nuaa.edu.cn 是邮件服务器的域名。

用户名在所属邮件服务器中必须是唯一的,从而保证每个电子邮件地址在世界范围内的唯一性。

3. 服务器的作用和角色

在邮件系统中,邮件服务器具有重要的作用,其功能是发送和接收邮件,同时还要向发信人报告邮件传送的情况(如已交付、被拒绝、丢失等),邮件服务器需要有大容量的存储空间,以缓存用户的邮件,并记录邮件的状态。

为了保证良好的用户体验,邮件服务器需要有很好的可靠性,保持 24h 不间断工作,需要有较好的并行处理性能以保证为大量用户同时提供服务。

另外,从编程的角度看,邮件服务器具有两个角色。

- 服务器:邮件服务器接收发件人/收件人的相关请求时,作为服务器端。
- SMTP 客户端:发送方邮件服务器在向接收方邮件服务器发送邮件时,作为 SMTP 的客户端。

20.2.2　发送邮件

1. 概述

SMTP 在发送邮件时承担着重要的作用,它是一个基于文本(ASCII)的协议,客户端与服务器之间采用命令-响应的方式进行交互,客户端以推的方式,把数据推给服务器方。

SMTP 服务器监听在 25 号端口上,客户端通过该端口建立双方的 TCP 连接。

SMTP 规定了 14 条命令和 21 种应答信息。每条命令由简单的几个字母组成,而每一种应答一般只有一行信息,由一个 3 位数字的代码开始,后面附上(也可以不附)简单的文字说明。

2. SMTP 的基本工作过程

1) 建立连接

客户端发起建立 TCP 连接的请求,如果合适,服务器返回代码 220 表示连接建立成功,发送方发送 EHLO 命令进行握手,如果一切正常,客户端将收到代码 250(表示 ok)。此后的邮件主体发送过程如图 20-3 所示。

2) 发送信封

邮件以 MAIL 命令表示开始,后面紧接着 FROM 命令指明发信人,如果服务器认可,则返回代码 250。

接着,客户端发送 RCPT TO 命令指明收信人,如果服务器认可则再次返回代码 250。可以有多个 RCPT 命令表示多个接收人,服务器必须针对每个接收人进行回复。至此,完成了信封的交互。

3) 发送正文

客户端开始发送邮件的内容(以 DATA 命令开始),服务器方发送 354 表示准备接收邮件。

邮件一般建议具有首部和主体两个部分,中间以空行相隔。

首部包括一些关键字,重要的关键字包括:To 后面为一个或多个收件人的邮件地址,

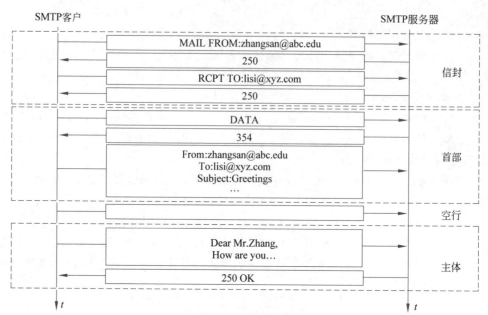

图 20-3　SMTP 发送邮件过程

Subject 是邮件的主题,Cc 是给某人发送一个邮件副本。

4) 发送完毕

发送完毕后,客户端发送一个 QUIT 命令,服务器端发送一个代码 221,表示结束服务过程,双方断开 TCP 连接。

3. SMTP 的不足和扩展

1) SMTP 仅支持 ASCII 码

SMTP 非常简单,但因为它只支持 7b 的 ASCII 码,因而不能传送二进制对象(如图像、声音、视频等)以及众多的非英语文本(如中文、俄文等)。为此在邮件系统中引入了多用途互联网邮件扩展(Multipurpose Internet Mail Extensions,MIME)。

MIME 并没有改动 SMTP 或打算取代它,其工作方式如图 20-4 所示,仅是对邮件主体进行一些扩展和处理,让邮件主体符合 SMTP 的要求而已。

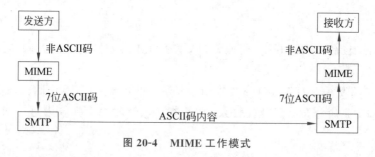

图 20-4　MIME 工作模式

2) SMTP 不支持认证和加密

SMTP 命令过于简单,没有提供认证和加密等功能,为此制定了扩展的 SMTP (Extended SMTP,ESMTP)。ESMTP 最显著的地方是在兼容 SMTP 的前提下,添加了用户认证等功能。

20.2.3　接收邮件

有 3 种方式可以接收、查看邮件。

1. POP3

邮局协议第 3 版（Post Office Protocol ver3，POP3）是一个非常简单的邮件读取协议。用户计算机中的用户代理采用 POP3 协议向自己的邮件服务器索取自己的邮件（事先需验证用户的账号和密码）。

同 SMTP 一样，POP3 也是一个基于文本（ASCII）的协议，客户端与服务器之间采用命令-响应的方式进行交互。

根据协议，客户端可以通过 LIST 命令从服务器索取邮件列表，并根据列表展示的信息，使用 RETR 命令索取自己想要查看的邮件。

在默认情况下，POP3 客户端一旦从 POP3 服务器索取了某邮件，该邮件就被下载到本地（这时需要用户代理保存该邮件），并且 POP3 服务器就会把服务器上的对应邮件删除。这在一些情况下不够方便，所以后来加以改进，可以通过设置暂时不删除。

POP3 的优势是一旦下载到本地，可以不再需要服务器的支持，服务器也可以及时清除过时的邮件。但如果用户经常更换计算机，则查看邮件非常不方便。

2. IMAP

IMAP（Internet Message Access Protocol）是一个联机式的邮件查看协议，目前是第 4 版本。IMAP 客户端一旦与 IMAP 服务器程序建立了 TCP 连接，用户就可以像在本地操作一样操作邮件服务器的邮箱。

当 IMAP 客户端打开邮箱时，用户只能看到邮件的首部，若用户需打开某个邮件，客户端才会下载该邮件。

用户可以为自己在邮箱内创建层次式的文件夹，按照文件夹来组织自己的邮件。还可以按某种条件对邮件进行查找。如果用户未下达删除邮件的命令，服务器将一直保存相关邮件。

IMAP 的优势是不占用本地计算机的资源，缺点是必须联机才能查看邮件。

3. 基于网页查看邮件

这种方式没有特别的用户代理，也不用使用 IMAP，而是基于网页对网站的访问来实现联机式的邮件查看。目前这种方式被广为采纳。

这种方式不需要在计算机中安装用户代理软件，不管在什么地方，只要能找到上网的浏览器，就可以非常方便地收发、管理电子邮件。缺点同 IMAP。

20.2.4　MIME 内容传送编码

MIME 克服了 SMTP 的不少缺陷，其中一个重要的工作是定义了内容传送编码，可对任何内容格式进行转换，使之可以适用于任何邮件系统。下面介绍三种常用的内容传送编码。

1. 不转换

最简单的是最初采用的 7b ASCII 码，MIME 对由 ASCII 码构成的邮件主体不进行任何转换。

2. Quoted-Printable

这种编码方法适用于所传数据中只有少量的非 ASCII 码(例如汉字)的情况。编码方法以等号(＝)为转义符。

对于所有可打印的 ASCII 码,除等号外都不做改变。对于其他情况(等号、不可打印的 ASCII 码、非 ASCII 码)的数据的编码方法是:

(1) 将每字节转换为 8b 二进制数。

(2) 将 8b 二进制数用两个十六进制数表示。

(3) 在前面再加上一个等号。

以汉字"系统"为例,二进制编码是 11001111 10110101 11001101 10110011(非 ASCII 码,中间实际上无空格),转换为十六进制 CF B5 CD B3,最后加上转义符为＝CF＝B5＝CD＝B3。这 12 个字符(共 96b)都是可打印的 ASCII 字符,和原来的 32b 相比,额外开销达 200%。

如果要传输等号,等号的二进制代码为 00111101,转换为十六进制 3D,最终编码为＝3D。

3. base64 编码

对于任意的二进制文件,可用 base64 编码,编码方法如下。

(1) 把二进制数据划分为一个个 24b 长的二进制串。

(2) 把每个 24b 二进制串划分为 4 个 6b 组。

(3) 把每个 6b 组计算成十进制值,作为索引,按表 20-1 中给出的映射关系转换为 ASCII 码字符。

表 20-1 base64 映射表

值	ASCII 码	值	ASCII 码	值	ASCII 码	值	ASCII 码	值	ASCII 码
0	A	1	B	2	C	3	D	4	E
5	F	6	G	7	H	…	…	25	Z
26	a	27	b	28	c	29	d	30	e
31	f	32	g	33	h	…	…	51	z
52	0	53	1	54	2	55	3	56	4
57	5	…	…	61	9	62	＋	63	/

表中 ASCII 码字符顺序也容易记:A~Z、a~z、0~9、＋、/。

下面是一个 base64 编码的例子(为方便查看加了空格)。

24b 二进制数据:00011100　01000000　00011001

划分为 4 个 6 位组:000111　000100　000000　011001

对应的 base64 编码 H　　　E　　　A　　　Z

不难看出,24b 的二进制数据在 base64 编码后为 32b,额外开销为 1/3。

◆ 20.3　万　维　网

万维网(World Wide Web,WWW)是人们熟悉得不能再熟悉的事务了,甚至经常要在其上进行工作和学习。

20.3.1　概述

1. 万维网的定性

万维网不是物理网络,也不是互联网,而是一种架构在互联网之上的、面向最终用户的应用。万维网中,联网的主体是各种软件(如网页、数据、文件、音视频等),这些软件通过链接(link,或称超链 hyperlink)的方式形成了资源的网络,最终使万维网成为一个大规模的、联机式的信息储藏所。

万维网源自超文本(hypertext,包含超链接的文本)系统,一个超文本由多个信息源链接而成,利用链接使用户可以找到另一个文档。当前的万维网将文档内容从文本扩展到了多媒体(如图形、图像、声音、动画、视频等),并可以分布在全世界,是分布式超媒体(hypermedia)系统。

图 20-5 中,url 是链接的起点,虚箭头线是链接的方向,虚线椭圆表示在一台主机上。其中,站点 A 上的网页包含 url_1 和 url_2 两个链接,用户单击 url_1,将转到站点 B 上的网页 b;网站 C 的网页 c 上,可以通过链接访问本地图片文件和远方(站点 E)的音乐文件;站点 D 还可以通过相关程序,从数据库中获取数据,动态地生成一个临时网页,发给用户。

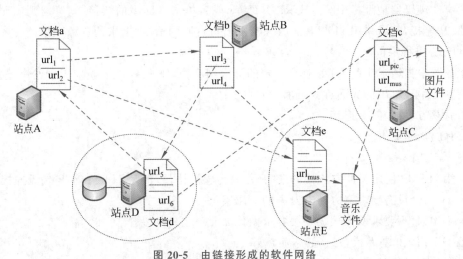

图 20-5　由链接形成的软件网络

由此可见,不论是资源自身的位置(分布在全球),还是文档与资源的位置(从一个主机的文档出发访问另一个主机的资源),万维网处处体现了分布式的特点。分布式有优势(资源无所不在)也有不足,例如,当站点 E 删除了音乐文件后,不会通知站点 C,这样会使得文档 c 中 url_{mus} 链接失效了。

2. 工作模式

万维网是以客户/服务器模式工作的。浏览器是万维网的客户端,万维网文档所驻留的计算机(如图 20-5 中的所有站点)则是服务器端,两者采用超文本传送协议(HyperText Transfer Protocol,HTTP)进行交互。

需要注意的是,万维网的服务模式和大多数客户/服务器模式的系统不同,表现在用户一旦通过链接转移到其他站点,服务器也跟着变化了。例如,客户首先访问站点 A 的文档 a,提供服务的是站点 A,但是如果客户通过 url_1 链接到文档 b,则提供服务的服务器就改为站点 B。这个过程对用户透明,用户不必知道服务器已经被"偷梁换柱"这个事实。

20.3.2 超文本传送协议

为了保证可靠性,HTTP 使用 TCP 连接进行传输。

1. 基本工作流程

万维网的基本工作模式如图 20-6 所示。

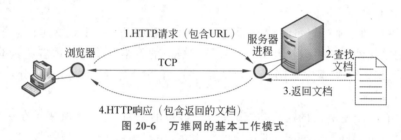

图 20-6　万维网的基本工作模式

每个万维网服务器都有一个服务器进程,它持续地监听 TCP 的端口(通常是 80),等待浏览器向它发出建立连接的请求。

用户在浏览器地址栏中写入 URL 并回车,或者单击页面中的链接,浏览器则向服务器发起 TCP 连接,随后采用 HTTP 向服务器发出对资源的请求,请求的资源采用统一资源定位符(URL)进行定位。

服务器根据请求中的 URL 查找指定的万维网文档,作为 HTTP 响应返回给浏览器,文档在浏览器中显示出的界面称为页面/网页(page)。

随后双方释放 TCP 连接。

2. HTTP 的工作

1) 无连接

虽然 HTTP 使用了面向连接的 TCP 作为传输层协议,但是 HTTP 本身是无连接的。

• HTTP 没有要求双方持有对方的应用层信息。

• HTTP 不要求双方根据相关要求做什么业务之外的动作。

2) HTTP1.0 是无状态的(健忘症)

当浏览器访问服务器上的某个页面(包括多个图片)时,每个文档(包括页面本身和图片)的索取、返回过程都是毫无关系的,都需要建立独立的 TCP 连接。服务器并不记得这个客户,也不记得为该客户曾经服务过多少次,不会因为刚刚发送过就不再发送了,就像完全忘记之前所做的事一样。

无状态的特性简化了服务器的设计,但是却会导致效率的低下。

考虑到 TCP 的三次握手过程,一次请求过程如图 20-7 所示,不考虑其他时间,浏览器从发出请求到收到文档,需要两个往返时间(RTT)加文档发送时延。

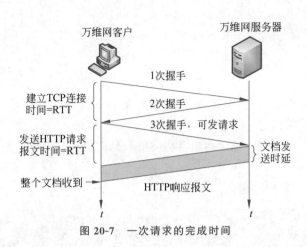

图 20-7　一次请求的完成时间

　　当前,每个页面往往都包含很多的多媒体文件,如果每个文件都使用这样的过程来获取,获取一整个页面就需要很多次这样的过程,效率显然非常低下。并且,短时间内双方需要建立很多 TCP 连接(双方都需要申请缓存、维持连接所需的变量等),资源消耗巨大。

　　3) HTTP1.1 持续连接的工作方式

　　为此,HTTP1.1 协议使用了持续连接的思想:服务器在发回响应后,在一段时间内保持连接而不释放,使同一个客户和该服务器可以继续在这条连接上传送后续的 HTTP 请求报文和响应报文。这个过程并不局限于传送同一个页面上包含的文档,只要这些文档都在同一个服务器上就行。

　　持续连接的设置体现为 HTTP 请求中的 Connection 字段,Connection:Close 表示使用非持续连接,Connection:keep-alive 表示使用持续连接。

　　HTTP1.1 的持续连接有两种工作方式:非流水线方式和流水线方式。

　　非流水线方式是指客户在收到前一个请求的响应之后,才能发出下一个请求。这种方式比较自然和简单,类似于前面提到的停止等待协议 ARQ。

　　流水线方式是指客户可以批量发送 HTTP 请求(不必等到前面的 HTTP 响应报文到达)。这个方式类似于连续 ARQ 协议,使得服务器可以连续发回响应报文,提高效率。

　　4) Cookie 的秘密

　　考虑一下网上购物,如果没有特殊的机制,每次选购物品进入购物车时,用户必须输入自己的用户名。

　　相关标准规定网站可以使用 Cookie 来跟踪用户,在 HTTP 服务器和浏览器之间传递信息。当用户浏览一个使用 Cookie 的网站时,该网站的服务器为用户生成一个唯一的识别码,在 HTTP 响应报文中告知浏览器。

　　浏览器收到这个响应时,记录服务器的主机名和识别码。当用户再次浏览这个网站时,浏览器将在 HTTP 请求报文中包含这个识别码,服务器借此知道是"老顾客"来了。当然,浏览器自己也可以使用,例如,对一些信息的输入,可以让用户对历史数据进行下拉选择,避免用户重复输入。

　　Cookie 存在一些争议,主要在于网站可以通过 Cookie 搜集用户的一些隐私(如用户采购行为)。

20.3.3　HTTP 的请求和应答

1. 请求报文

HTTP 请求报文包含：开始行、若干首部行，以及可选的实体主体(entity-body)。

开始行又称为请求行，指明本次请求的方法、需要获得的文档目录、协议版本。而首部行给出本次请求的相关信息。

实体主体是 HTTP 报文的载荷，包含实际的数据。请求报文的一些方法通常不用实体主体，例如 GET。

下面是一个 HTTP 请求报文的例子。

```
GET /xyz/index.html HTTP/1.1        //开始行,表明获取 index.html
Host: www.nuaa.edu.cn               //第一个首部行,给出了域名
Connection: close                   //使用非持续连接
User-Agent: Mozilla/5.0             //浏览器是 Mozilla/5.0
Accept-Lanquage: cn                 //使用中文
Cookie: aabbccddeeff1122            //携带用户识别码
```

2. 应答报文

1) 应答文档类型

服务器的应答一般都是一个文档，文档要符合一定的要求才能在客户端的浏览器上展示为页面。文档根据产生和在客户端的表现分为三类：静态文档、动态文档、活动文档。

(1) 静态文档。

静态文档是一个内容固定的文档，事先就创建好并放置在 Web 服务器中，当浏览器访问文档时，Web 服务器将文档的一个副本发送给浏览器。浏览器使用浏览程序显示这个文档。

静态文档可以使用众多语言来制作，如 HTML、XML、XSL、XHTML 等，早期的文档大多数是静态文档。

(2) 动态文档。

动态文档是在浏览器请求时才由 Web 服务器创建的。当请求到达时，Web 服务器运行创建动态文档的应用程序或脚本，生成后返回输出结果给浏览器。

动态文档的一个特点是，会根据用户的操作显示不同的内容，例如，查询学生的考试成绩。动态文档一旦生成，就和静态文档差不多了。

(3) 活动文档。

活动文档是能够在浏览器运行的一个程序，包括计算和显示等部分。例如，多个图片的循环展示、文档对输入的数字进行本地的检查以判断是否为合法的数字等。活动文档往往可以大幅减少反馈的时间、节省网络和服务器资源，但要求浏览器中要具有活动文档运行所需要的环境。

2) 应答报文

应答报文的第一行是开始行(也称状态行)，包括三项内容：HTTP 版本，状态码，以及简单的解释语句。状态码都是三位数字的，分为 5 大类。

1xx 表示通知信息，如请求收到了或正在进行处理。

2xx 表示成功。

3xx 表示重定向,浏览器可以采取进一步的措施。

4xx 表示客户的差错,最常见的是 404。

5xx 表示服务器的差错。

开始行后是若干首部行,例如,使用 Set-cookie：aabbccddeeff1122 将用户的识别码告知浏览器。

最后是应答的实体主体,包含客户端所需的大部分信息。经过解析后可为客户端所用。

3. 浏览器

浏览器作为 HTTP 的客户端,发起 HTTP 的请求,对服务器的应答予以展示。

对于 Web 服务器返回的文档,浏览器必须可以解释和显示这些文档,并且当文档是活动文档时,浏览器还必须能够执行活动文档。

浏览器通常由三部分构成：控制程序、传输协议、解释程序,如图 20-8 所示。

图 20-8　浏览器结构

控制程序从键盘或鼠标接收输入,使用传输协议(常见的如 HTTP、FTP、SMTP 等)访问要浏览的文档,在获得文档后,使用某个解释程序(常见的如 HTML、JavaScript 等)将其显示在显示器上。

不同的浏览器内核对网页的解释也不同,因此同一网页在不同的浏览器中的渲染效果也可能不同。

20.3.4　代理服务器

代理服务器(proxy server)是一种网络实体,又称为万维网高速缓存(Web cache),其目的是提高万维网的效率,减少网络传输流量。

如果不使用代理服务器,其工作情况如图 20-9 所示。假如校园网中很多的计算机都独立地通过互联网访问同一个服务器,并且索取同样的文档,该文档将在网络中传输 n 次,lnk压力很大,特别是对于热点资源(如热点视频)来说,网络资源浪费很大。

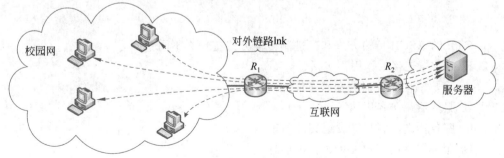

图 20-9　无代理服务器的工作情况

为了避免这种情况,万维网添加了代理服务器这个实体,它往往处于用户侧的网络中,图 20-10 显示了代理服务器的工作情况。

(1) 当一个浏览器向服务器发出请求后,该请求会转向代理服务器。

(2) 如果代理服务器没有客户想要的资源,则以代理的身份,向服务器发出 HTTP 请求。

(3) 服务器向代理服务器发回 HTTP 应答,后者保存相关文档和资源。

(4) 代理服务器将 HTTP 应答返回给浏览器。

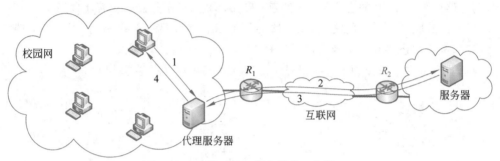

图 20-10　设置了代理服务器的工作情况 1

这个过程看似多了一道手续,但如果有很多用户对相同的文档或资源提出需求时(包括第一个用户的重新访问),代理服务器可以就近把文档和资源直接发给客户端,不必再经过互联网的长途旅行了,如图 20-11 所示。

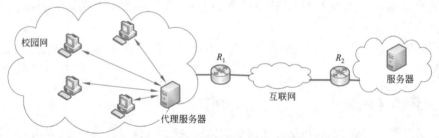

图 20-11　设置了代理服务器的工作情况 2

在使用代理服务器的情况下,很多通信量被局限在校园网的内部,对于校园网的对外链路来说,压力减少了很多。而且对于多数客户来说,访问延迟也大大减小了,皆大欢喜。

◇ 习　题

1. FTP 的 ASCII 传输方式和二进制传输方式有什么不同?

2. FTP 数据连接的作用不包括(　　)。

　　A. 客户端向服务器端发送文件

　　B. 服务器端向客户端发送文件

　　C. 服务器端向客户端发送文件列表

　　D. 服务器端向客户端传送告警信息

3. 以下关于 FTP 传输模式说法错误的是(　　)。

A. 主动传输模式由 FTP 客户端主动向服务器建立数据连接

B. 主动传输模式由 FTP 服务器主动向客户端建立数据连接

C. 被动传输模式的服务器及客户端均采用临时端口建立数据连接

D. 被动传输模式使用 PASV 命令

4. [2023 研]主机 H 登录 FTP 服务器后,向服务器上传一个大小为 18 000B 的文件 F,假设 H 传输 F 建立连接时,选择的初始序号为 100。

(1) FTP 的控制连接是持久的还是非持久的? FTP 的数据连接是持久的还是非持久的? H 登录 FTP 服务器时,建立的 TCP 连接是控制连接还是数据连接?

(2) H 通过数据连接发送 F 时,F 的第一字节序号是多少? 在断开数据连接的过程中,FTP 发送的第二次握手的 ACK 序号是多少?

5. 试分析,用 PC 有线上 Web 网页时,整个通信过程中用到了哪些你已经学过的网络技术?

6. 试将数据 11001100 10000001 00111000 进行 base64 编码。

7. [2018 研]下列 TCP/IP 应用层协议中,可以使用传输层无连接服务的是(　　)。

　　A. FTP　　　　　　B. DNS　　　　　　C. SMTP　　　　　　D. HTTP

8. [2017 研]下列关于 FTP 的叙述中,错误的是(　　)。

A. 数据连接在每次数据传输完毕后就关闭

B. 控制连接在整个会话期间保持打开状态

C. 服务器与客户端的 TCP20 端口建立数据连接

D. 客户端与服务器的 TCP21 端口建立控制连接

9. [2013 研]下列关于 SMTP 的叙述中,正确的是(　　)。

Ⅰ. 只支持传输 7b ASCII 码内容

Ⅱ. 支持在邮件服务器之间发送邮件

Ⅲ. 支持从用户代理向邮件服务器发送邮件

Ⅳ. 支持从邮件服务器向用户代理发送邮件

　　A. 仅Ⅰ、Ⅱ和Ⅲ　　　　　　　　B. 仅Ⅰ、Ⅱ和Ⅳ

　　C. 仅Ⅰ、Ⅲ和Ⅳ　　　　　　　　D. 仅Ⅱ、Ⅲ和Ⅳ

10. [2018 研]无须转换即可由 SMTP 直接传输的内容是(　　)。

　　A. JPEG 图像　　　B. MPEG 视频　　　C. EXE 文件　　　D. ASCII 文本

11. [2011 研]假设 HTTP1.1 协议以持续的非流水线方式工作,一次请求-响应时间为 RTT,rfc.html 页面引用了 5 个 JPEG 小图像,则从发出 Web 请求开始到浏览器收到全部内容为止,需要经过多少个 RTT?

12. [2015 研]某浏览器发出的 HTTP 请求报文如下。

```
GET /index.html HTTP1.1
Host: www.test.edu.cn
Connection: Close
Cookie: 123456
```

下列叙述中,错误的是(　　)。

A. 该浏览器请求浏览 index.html

B. index.html 存放在 www.test.edu.cn 上

C. 该浏览器请求使用持续连接

D. 该浏览器曾经浏览过 www.test.edu.cn

13. 不使用面向连接传输服务的应用层协议是(　　)。

A. SMTP　　　　B. FTP　　　　　　C. HTTP　　　　　D. DHCP

14. [2014 研]使用浏览器访问某大学 Web 网站主页时,不可能使用的协议是(　　)。

A. PPP　　　　　B. ARP　　　　　　C. UDP　　　　　D. SMTP

15. [2022 研]假设主机 H 通过 HTTP1.1 请求浏览某 Web 服务器 S 上的 Web 页 news408.html,news408.html 引用了同目录下 1 个图像,news408.html 文件大小为 1MSS(最大段长),图像文件大小为 3MSS,H 访问 S 的往返时间 RTT=10ms,忽略 HTTP 响应报文的首部开销和 TCP 段传输时延。若 H 已完成域名解析,则从 H 请求与 S 建立 TCP 连接时刻起,到接收到全部内容止,所需的时间至少是(　　)。

A. 30ms　　　　B. 40ms　　　　　C. 50ms　　　　　D. 60ms

16. [2021 研]某网络拓扑如图 20-12 所示,以太网交换机 S 通过路由器 R 与 Internet 互连。路由器部分接口,本地域名服务器,H1、H2 的 IP 地址和 MAC 地址如图中所示。在 t_0 时刻 H1 的 ARP 表和 S 的交换表均为空,H1 在此刻利用浏览器通过域名 www.abc.com 请求访问 Web 服务器,在 t_1 时刻($t_1>t_0$)S 第一次收到了封装 HTTP 请求报文的以太网帧,假设从 t_0 到 t_1 期间网络未发生任何与此次 Web 访问有关的网络通信。

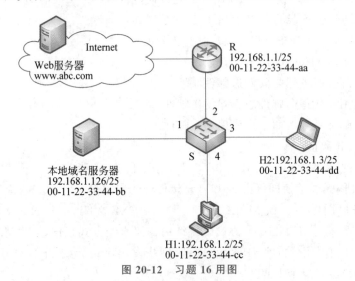

图 20-12　习题 16 用图

请回答下列问题。

(1) 从 t_0 到 t_1 期间,H1 除了 HTTP 之外还运行了哪个应用层协议?从应用层到数据链路层,该应用层协议报文是通过哪些协议进行逐层封装的?

(2) 若 S 的交换表结构为<MAC 地址,端口>,则 t_1 时刻 S 交换表的内容是什么?

(3) 从 t_0 到 t 期间,H2 至少会接收到几个与此次 Web 访问相关的帧? 接收到的是什么帧? 帧的目的 MAC 地址是什么?

◆ 参 考 文 献

[1] 谢希仁.计算机网络[M].北京：电子工业出版社,2021.

[2] 陈鸣,常强林,岳振军.计算机网络实验教程：从原理到实践[M].北京：机械工业出版社,2007.

[3] 刘丹宁，田果，韩士良.路由与交换技术[M].北京：人民邮电出版社,2023.

[4] 王道论坛组.2024 年计算机网络考研复习指导[M].北京：电子工业出版社,2022.

[5] Kurose J F，Ross K W.计算机网络：自顶向下方法[M].陈鸣，译.8 版.北京：机械工业出版社,2022.

[6] 周伟.2021 版计算机网络高分笔记[M].9 版.北京：机械工业出版社,2020.

考 研 大 纲

【考查目标】

（1）掌握计算机网络的基本概念、基本原理和基本方法。

（2）掌握计算机网络的体系结构和典型网络协议，了解典型网络设备的组成和特点，理解典型网络设备的工作原理。

（3）能够运用计算机网络的基本概念、基本原理和基本方法进行网络系统的分析、设计和应用。

考研大纲要求如表 A-1 所示。

表 A-1 考研大纲要求

大 纲 要 求	所 在 章 节
一、计算机网络体系结构	
（一）计算机网络概述	
1. 计算机网络的概念、组成与功能	1.1.1
2. 计算机网络的分类	1.1.2
3. 计算机网络主要性能指标	1.2
（二）计算机网络体系结构与参考模型	
1. 计算机网络分层结构	2
2. 计算机网络协议、接口、服务等概念	2.3
3. ISO/OSI 参考模型和 TCP/IP 模型	2.4
二、物理层	
（一）通信基础	
1. 信道、信号、宽带、码元、波特、速率、信源与信宿等本概念	1.2、1.2、4.1.3、4.1.3、4.1.3、1.2.1、4.1.2
2. 奈奎斯特定理与香农定理	4.1.6、4.1.7
3. 编码与调制	4.1.4、4.1.5
4. 电路交换、报文交换与分组交换	3.4
5. 数据报与虚电路	10.1.1
（二）传输介质	

续表

大 纲 要 求	所 在 章 节
1. 双绞线、同轴电缆、光纤与无线传输介质	4.1.1
2. 物理层接口的特性	4.1
（三）物理层设备	
1. 中继器	6.4.2
2. 集线器	6.5.1
三、数据链路层	
（一）数据链路层的功能	4.2
（二）组帧	4.2.2
（三）差错控制	
1. 检错编码	4.3
2. 纠错编码	4.3
（四）流量控制与可靠传输机制	
1. 流量控制、可靠传输与滑动窗口机制	16
2. 停止-等待协议	16.2
（五）介质访问控制	
1. 信道划分：频分多路复用、时分多路复用、波分多路复用、码分多路复用的概念和基本原理	6.1.1、5.1
2. 随机访问：ALOHA 协议；CSMA 协议；CSMA/CD 协议；CSMA/CA 协议	（ALOHA、CSMA）6.1.2、（CSMA/CD）6.4.1、（CSMA/CA）7.3.2
3. 轮询访问：令牌传递协议	6.7
（六）局域网	
1. 局域网的基本概念与体系结构	3.1、6.2
2. 以太网与 IEEE 802.3	6.4
3. IEEE 802.11	7.3
4. VLAN 基本概念与基本原理	6.6.2
（七）广域网	
1. 广域网的基本概念	3.1
2. PPP	5.3
（八）数据链路层设备	
以太网交换机及其工作原理	6.5.2
四、网络层	
（一）网络层的功能	
1. 异构网络互联	3.3

续表

大　纲　要　求	所 在 章 节
2. 路由与转发	9、10.2
3. SDN 基本概念	12.4
4. 拥塞控制	11.4
（二）路由算法	
1. 静态路由与动态路由	9.1.1
2. 距离-向量路由算法	9.2
3. 链路状态路由算法	9.3
4. 层次路由	9.1.1
（三）IPv4	
1. IPv4 分组	14.3
2. IPv4 地址与 NAT	8、11.2.3
3. 子网划分与子网掩码、CIDR	8.3、8.4
4. ARP 协议、DHCP 协议与 ICMP 协议	13.2、19.2、11.3
（四）IPv6	
1. IPv6 的主要特点	12.3.1
2. IPv6 地址	12.3.2
（五）路由协议	
1. 自治系统	9.1.2
2. 域内路由与域间路由	9.1.2
3. RIP 路由协议	9.2
4. OSPF 路由协议	9.3
5. BGP 路由协议	9.4
（六）IP 组播	
1. 组播的概念	12.1
2. IP 组播地址	8.2
（七）移动 IP	
1. 移动 IP 的概念	12.2
2. 移动 IP 的通信过程	12.2
（八）网络层设备	
1. 路由器的组成和功能	3.5.2
2. 路由表与路由转发	10.2

续表

大 纲 要 求	所 在 章 节
五、传输层	
（一）传输层提供的服务	
1. 传输层的功能	15.1
2. 传输层寻址与端口	15.2.1
3. 无连接服务与面向连接服务	15.1
（二）UDP	
1. UDP 数据报	15.3
2. UDP 校验	15.3、4.3.5
（三）TCP	
1. TCP 段	17.1
2. TCP 连接管理	17.3
3. TCP 可靠传输	17.4
4. TCP 流量控制与拥塞控制	17.4、17.5
六、应用层	
（一）网络应用模型	
1. 客户/服务器模型	18.2.1
2. P2P 模型	18.2.2
（二）DNS 系统	
1. 层次域名空间	19.1.2
2. 域名服务器	19.1.3
3. 域名解析过程	19.1.4
（三）FTP	
1. FTP 的工作原理	20.1
2. 控制连接与数据连接	20.1
（四）电子邮件	
1. 电子邮件系统的组成结构	20.2.1
2. 电子邮件格式与 MIME	20.2.2、20.2.4
3. SMTP 与 POP3 协议	20.2.2、20.2.3
（五）WWW	
1. WWW 的概念与组成结构	20.3.1
2. HTTP	20.3.2、20.3.3

部分习题参考答案

第 1 章

4. $0.08+0.005=85\text{ms}$。

5. (1) 发送时延为 100s，传播时延为 5ms。

(2) 发送时延为 $1\mu s$，传播时延为 5ms。

结论：若数据长度大而发送速率低，则在总的时延中，发送时延往往大于传播时延。但若数据长度短而发送速率高，则发送时延往往小于传播时延。传播时延不会改变。

6. 3.2 Mb/s。

7. 在宽带线路上比特传播的速度与在窄带线路上一样，宽带是指数据进入网络的速度，即传输速率，而不是电磁波的传播速率。

第 2 章

2. C。

5. B。B 涉及具体实现了，不是网络体系结构的目标。

13. $100/(100+20+20+18)=63.3\%$

$200/(200+20+20+18)=77.5\%$

14. A。

15. C。

16. C。

17. B。

19. 80%。

20. B。

第 3 章

8. 如果某两个发送者需要使用同一个信道，第一，他们不会通过预约来独占信道；第二，会轮流使用该信道。

9. 以 3 段链路为例画出分组交换的传输过程图（见图 B-1），如果把第 2、3 段链路上的传播过程分别上提 1、2(p/b)s，会发现改变后的时间图（中图）和电路交换在建立连接后的传播过程（右图）一样！

也就是，把最后一个链路上的传播过程时间前提 $(k-1)$ 个 (p/b)s 后，两者数据发送过程一样了。于是只需要比较两者不同的时间即可,于是 $(k-1)\times p/b<s$,就可以满足题目要求。

再延伸一下,如果 p 足够小,就可以通过发送一个 p 来完成电路交换的连接建立过程(保留资源等时间不予考虑的情况)。

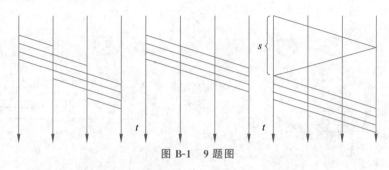

图 B-1 9 题图

10. 图 B-2 是两种交换方式下数据传输的差别。

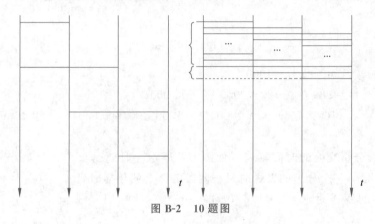

图 B-2 10 题图

(1) 一段链路导致报文延迟 $=10^7/(2\times10^6)=5$s,三段链路:5s$\times3=15$s。

(2) $10^7/(1000\times2\times10^6)=5$ms,千万不能用 15ms$\times1000$!因为不是第 1 个分组到了 B 后,第 2 个分组才开始发送。应该是整个数据一次发送时间+两个分组发送时间$=5$s$+2\times5$ms$=5.01$s。

11. 注意,这里的单位是 b(比特),不是 B(字节),如图 B-3 所示。

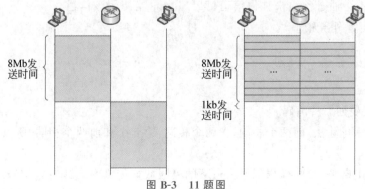

图 B-3 11 题图

报文交换 $=2\times8\times10^{6}/(10\times10^{6})=1.6\text{s}=1600\text{ms}$。

分组交换 $=8\times10^{6}/(10\times10^{6})+10\text{k}/(10\times10^{6})=0.801\text{s}=801\text{ms}$。

12. 这个题目要注意: ①这里数据单位是 B,所以计算时应该乘以 8; ②画了两条路,从上面走的时间消耗是图 B-4(a),从下面走的时间消耗是图 B-4(b),题目问的是至少,所以应该从上面走。

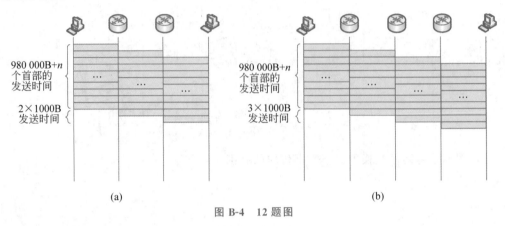

(a)   (b)

图 B-4 12 题图

$n=980\ 000/(1000-20)=1000$

发送的总长度 $=980\ 000+20\times1000=1\ 000\ 000\text{B}$

$1\ 000\ 000\times8/(100\times10^{6})+2\times1000\times8/(100\times10^{6})=0.08016\text{s}=80.16\text{ms}$

13. D。

如题所示,分组交换的时间轴表示如图 B-5 所示。时间是整个文件的发送时延+一个分组的发送时延+两段链路上的传播时延。

整个文件的发送时延 $=1\times8\times10^{6}/(100\times10^{6})=8\times10^{-2}\text{s}=$ 80ms

一个分组的发送时延 $=1000\times8/(100\times10^{6})=8\times10^{-5}\text{s}=$ 0.08ms

一段链路上的传播时延 $=1000/(100\times10^{6})=0.01\text{ms}$

所以总共为 80.1ms。

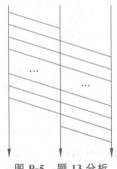

图 B-5 题 13 分析

14. 存储转发、拆成分组,如果某两个发送者需要使用同一个信道,第一,他们不会通过预约来独占信道;第二,会轮流使用该信道。缺点:增加首部额外开销。

第 4 章

1. C。

2. NRZ 和曼彻斯特编码。

3. 可以采用排除法,前两个相同,次两个相同,第 5 个和前两个相同,所以只能是 A。

4. A。

5. 根据奈奎斯特定理,理想低通信道下的极限数据传输率 $=2W\log_{2}M\text{(b/s)}$,16 种不同的码元,即 $M=16$。所以最大传输速率 $=2\times4000\times\log_{2}16=32\ 000\text{b/s}=32\text{kb/s}$。

6. $2 \times 4000 \times \log_2(16 \times 2) = 64 \text{kb/s}$。

7. 48kb/s。

8. ① $\log_2(4\,\text{象限} \times 4\,\text{相位} \times 4\,\text{振幅} \times 2\,\text{频率}) = 7$，每个码元可以带 7b

140kb/s/7 = 20kBaud

根据奈氏准则，需要 20kHz。

② 机械、电气、功能、规程。

③ 电气。

9. C。

10. C。根据奈氏准则，波特率为 8M，于是一个码元可以携带 6b，$2^6 = 64$。

11. 数据传输速率有上限。

12. 前者是数据传输速率，后者是码元传输速率。一个码元可能携带多个比特。想要提高前者，有两种方法：提高码元传输速率，提高码元携带比特数。

13. 这个问题涉及面比较大，包括：可用频带带宽、信噪比、码元传输速率、一个码元可以携带多少比特、是低通还是带通。

香农公式的意义在于表达，数据传输率有上限，不可能无限升高。如果不超过上限，应该可以不断提高技术能力使得传输率来不断接近上限。

14. 根据香农公式，$1000\text{b/s} = 1000 \times \log_2(1 + S/N)$，可得 $S/N = 1$。

$2000\text{b/s} = 1000 \times \log_2(1 + S/N)$，可得 $S/N = 3$。

$4000\text{b/s} = 1000 \times \log_2(1 + S/N)$，可得 $S/N = 15$。

$8000\text{b/s} = 1000 \times \log_2(1 + S/N)$，可得 $S/N = 255$。

可见，数据传输率的增速是远远低于信噪比的增速的。所以不可能依靠单纯地增加信噪比的方法来提高数据传输率。

15. $30 = N_{db} = 10\log_{10}\left(\dfrac{S}{N}\right)$ 可得，$\dfrac{S}{N} = 1000$。

香农公式 $W\log_2\left(1 + \dfrac{S}{N}\right) = W\log_2(1001)$。

奈氏准则 $2W\log_2 M$。

$2W\log_2 M \geq W\log_2\left(1 + \dfrac{S}{N}\right)$ 可得 $M^2 \geq 1001$。

$16^2 = 256$，不满足上式。

$32^2 = 1024$，满足上式，所以状态数至少是 32。

16. $30 = N_{db} = 10\log_{10}\left(\dfrac{S}{N}\right)$ 可得，$\dfrac{S}{N} = 1000$。

香农公式 $W\log_2\left(1 + \dfrac{S}{N}\right) = 8k\log_2(1001)$。

实际数据传输速率 $= 8k\log_2(1001) \times 50\% \approx 4 \times 10\text{kb/s}$。

选 C。

17. B。

18. 前向纠错：海明码、纵横奇偶校验。

出错重传：奇偶校验、CRC、互联网校验和。

19. 0110 1100 有偶数个"1",则:

奇校验码:0110 1100 1

偶校验码:0110 1100 0

20. 22 位错了。

21. 原始数据:1100101。采用奇校验后:1100101 0

A 项:11000011 0,偶数个"1",能检测出错误。

B 项:11001010 0,偶数个"1",能检测出错误。

C 项:11001100 0,偶数个"1",能检测出错误。

D 项:11010011 0,奇数个"1",不能检测出错误。本题选 D。

22. (1)余数 001,所以最后发送的数据为 101001001。

(2)将数据和校验位一起重新除以 P,如果为 0 表示成功。

(3)否。

23. D。G 最大次数为 4,所以增加的校验码为 4 位,4 个选项,扣除后面的校验位 4 位,得到 10111,只需要对 10111 除并得到余数即可。余数为 1100。

24. 11000110 01100110 + 11110101 01010101 = 1 10111011 10111011 循环进位得 10111011 10111100

10111011 10111100 + 1000111100001100 = 1 01001010 11001000 循环进位得 01001010 11001001

取反得   10110101   00110110。

第 5 章

1. C。

2. 用 A 的码片序列分别规格化内积 2,0,2,0,0,−2,0,−2,0,2,0,2,分别得 1,−1,1,所以是 101。

3. 分别规格化内积,A 为 1,B 为 −1,C 为 0,D 为 1,所以 A 和 D 发了 1,B 发了 0,C 未发。

4. C 没有发送;D 错了。

5. 000111110 00111110 11001;同步传输方式。

6. 011111000011111010。

第 6 章

1. A。

2. 网络上的负荷较轻时,CSMA/CD 协议很灵活,效率高。不需要事先分配资源。

但网络负荷很重时,TDM 的效率高(大家都发送数据的前提下,如果总有很多发送端不发送数据,就有很多时隙空着,很浪费)。

3. 100 表示带宽,BASE 表示基带,T 表示双绞线。5 表示 500m,代表粗缆;2 表示 200m,代表细缆。

4. 最短帧长为 20 000 b,或 2500B。

5. 第 1 次重传,A 和 B 都从[0,1]中随机选一个数,失败的概率 P＝A 选择 0 并且 B 选择 0 的概率＋A 选择 1 并且 B 选择 1 的概率＝0.5×0.5+0.5×0.5=0.5,成功的概率＝1－0.5=0.5。

第 2 次重传,A 和 B 都从[0,1,2,3]中随机选一个数,失败的概率 P＝A 选择 0 并且 B 选择 0 的概率＋…＋A 选择 3 并且 B 选择 3 的概率＝4×(0.25×0.25)=1/4,成功概率＝1-1/4=3/4。

第 3 次重传,A 和 B 都从[0,1,2,3,4,5,6,7]中随机选一个数,失败的概率＝8×(0.125×0.125)=1/8,成功的概率＝1-1/8=7/8。

第 n 次重传失败的概率 $P=1/2^n$,成功的概率＝$1-1/2^n$。

6. C。可选择的随机数,最大为 $2^{k-1}=15$,15×51.2=768。

7. 如图 B-6 所示。

(1) 最短是双方同时发送,这样感知到的时间是 2km/200 000=10μs。

最长时间是计算最小帧长的过程,时间是 2×km/200 000=20μs。

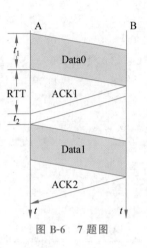

图 B-6　7 题图

(2) 分子等于 t_1=1518×8/10Mb/s,

分母等于 t_1＋RTT＋t_2=1518×8/10Mb/s＋2×2km/(2×10^8)+64×8/10Mb/s

利用率＝分子/分母=0.94

有效数据传输速率＝10M×0.94=9.4Mb/s。

8. 由公式 6-1 可得,如果帧长减少,距离必须跟着减少,设减少为 x。

设原来介质长度为 l,原来帧长为 l_F,由公式 6-1 可得:

l_F＝2×带宽×l/电磁波传播速度

减少帧长后为

l_F－800＝2×带宽×$(l-x)$/电磁波传播速度

两式相减,得:

800＝2×带宽×x/电磁波传播速度＝2×10^9×x/2×10^8

x=80

9. A。

10. 否则容易造成数据在环路中死循环。

11. (1)10 个主机共享 1000Mb/s,每个主机 100Mb/s。

(2) 每个主机独享 1000 Mb/s。

(3) 总的理论带宽 1000×10=10 000 Mb/s。

12. {2、3},{1}。

13. (1)因为 H2 向 H4 发了数据,交换机知道了 H2 在哪里,所以 H4 返回时不会发给 H2,H3 肯定能收到,所以是 D。

(2) 以太网最小帧长 64B,根据公式 6-1,最大媒体长度为 512m,1.535μs 延时相当于走了一段距离 1.535×200=307,H3 与 H4 之间最远距离＝512-307=205,所以是 B。

14. 以太网交换机的转发方式有直通、存储和准直通三种。直通方式:在收到 6B 后开始转发(因为 MAC 最前面的 6B 是目的 MAC 地址,交换机总要知道这个信息才能知道发向何方)。存储方式:在存储整个后开始转发。准直通方式:在收到 64B 后开始转发。所以 $=6(B)\times 8/100\text{Mb/s}=0.48\mu s$。

15. D。

16. C。

17. (1) A 中一台计算机和服务器 1 通信,双向共 2000M。B 中一台计算机和服务器 2 通信,共 2000M。C 中一台计算机和互联网通信(共 1000M,互联网发来的不算,因为不在 9 台主机和 2 个服务器的范围内)。A、B、C 中各有两台计算机互相通信,共 6000M,于是就是 11 000M。

(2) A、B、C 只能 1000M,它们内部通信,共 3000M,两个服务器互通,共 2000M,于是 2000+3000=5000M。

(3) 只能 1000M。

18. 见表 B-1。

表 B-1　18 题表

用户操作	以太网交换机动作	向哪些接口发送帧
A 发送给 B	记录(A,1),广播	2、3、4、5、6
B 发送给 A	记录(B,2),发给 A	1
E 发送给 A	记录(E,5),发给 A	1
A 发送给 E	更新(A,1)的时间,发给 E	5

第 7 章

1. (1)消耗大、成本高,还存在隐蔽站和暴露站问题。问题描述略。

(2) 可以采用预约(RTS 和 CTS)机制来实现缓解,但是不能完全解决。

2. A。其他都是会话内部的,不允许被打扰,都是 SIFS,只有会话前等待的是最长的 DIFS。

3. 无基础设施-无线自组织网络。

第 8 章

2. 见表 B-2。

表 B-2　2 题表

10000001	00110100	00000110	00000000	129.52.6.0
11000000	00000101	00110000	00000011	192.5.48.3
00001010	00000010	00000000	00100101	10.2.0.37
10000000	00001010	00000010	00000011	128.10.2.3

3. 见表 B-3。

表 B-3　3 题表

10.2.1.1	A
128.63.2.100	B
201.222.5.64	C
192.6.141.2	C
130.113.64.16	B

4. 网络号不能全 0，主机号不能全 0，所以 A 选项不能作为具体的网络号和主机号，表示本的意思，不能作为目的地址，但可用作源地址。

5. 网络号是 130.114.0.0，子网号都是 64，虽然网络号和子网号都相等，但是一个是两位子网号，一个是三位子网号，不一样。

6. 前两节不能动，只能从后两节主机号进行设计，40 个部门需要至少 64 个子网，子网号至少占 6 位，每个部门 500 人，需要至少 510 个 IP 地址，主机号占 9 位，所以子网掩码可以是 255.255.252.0、255.255.254.0。

7. C。

8. 根据子网掩码，第 3 节前 6 位为子网号，子网号为 76。

第 3 节后两位为全 1，第 4 节全 1，即为该子网的广播地址。

为此，目的地址前两节为 180.80，第 3 节为 76+3=79，第 4 节为 255。

9. D。

10. 用二叉树方法，很容易得出 202.119.64.0/25 给 A，202.119.64.128/26 给 B，202.119.64.192/27 给 C，202.119.64.224/27 给 D（对于 D 还可以再分，这里没有细分）。可以有多种分法。

11. 本来有 12 位可以用于分配，如果希望最小子网，那就把二叉树往深处延伸，于是可得 11 位 1 个子网、10 位 1 个子网、9 位 1 个子网、8 位 2 个子网，最小子网主机号 8 位，于是选 B。

12. B。

13. 202.119.72.0/22。

14. 第 3 节分别为 00100000，00101000，00110000，00111000，前 3 位相同，所以答案为 35.230.32.0/19。

15. 202.119/11 包含 202.127.28/22，因为前 11 位相同。

16. B。

17. 如图 B-7 所示，其中虚线表示具体详细的路径未知。其实，如果 R1 最终只有这些路由表项，那么就只有两种情况：

(1) 最左边的两个网直接连接在路由器上，如 201.15.8/24 和 R2 相连。

(2) 最左边的两个网通过路由器和左边的路由器直接相连（不用指派 IP 地址的相连），如 201.15.8/24 通过路由器 R3 和 R2 相连，R2 和 R3 之间通过串口线相连。

18. 需要知道，LAN1 需要 64−2＝62 个 IP，LAN2 需要 14 个 IP，LAN3 需要 30 个 IP，LAN4 需要 14 个 IP，LAN5 需要 6 个 IP，LAN6、LAN7、LAN8 各需要 30 个 IP。二叉树分

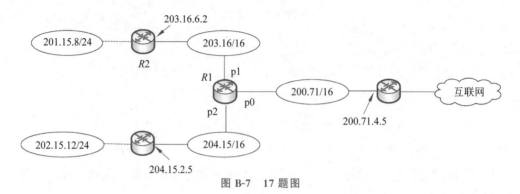

图 B-7　17 题图

配网络前缀法较为便利,如图 B-8 所示。

WAN1、WAN2、WAN3 各需要两个 IP 地址(给路由器),对于剩下的 IP 地址可以细分,也可以不细分,不细分有点浪费。

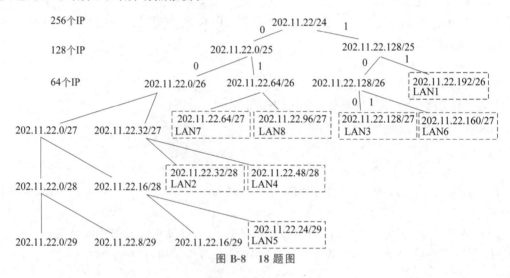

图 B-8　18 题图

当然,具体分支可以有很多分配方法。

另外,这里并没有给读者埋坑,如果问 LAN5 有 5 台机器需要上网,当前的答案是否够呢? 答案是不够的,从图中看,LAN5 还需要 2 个 IP 地址分给两个路由器,需要 7 个 IP 地址,而当前的分配只能提供 6 个 IP 地址。

19. 172.16.7.191。

20. B。只考虑第 4 节,题目中子网号是 10,如果选择 B,产生的另一个子网号是 00,剩下的 11 和 01 两个号,没有办法合并成 1 个子网,最终将形成 4 个子网。

第 9 章

1.(1) 仅和相邻路由器交换信息。交换的信息是本路由器所知道的全部信息,即自己的路由表。

按固定的时间间隔交换路由信息,当网络拓扑发生变化时,路由器也及时向相邻路由器通告拓扑变化后的路由信息。

（2）RIP 距离为 16 代表目的地不可达。

（3）见表 B-4。

表 B-4　1 题表

目的网络	下一跳	距离	修改/保留原因
1	B	7	因为老的也是从 B 走，B 的距离已经更新了
2	B	6	因为新的距离近
3	C	4	因为老的距离近
4	C	7	
5	B	16	不可达

2. 根据 RIP 更新的原则，这条信息虽然被采纳，但是同时 R1 也发来路由，这时 R2 认为可以通过 R1 到达该网络，所以距离是 3，选 B。

3. D。

把 8、10、12 和 6 四个距离分别加到每一行的 4 个数字上，变成表 B-5。

表 B-5　3 题表

目的网络	经过 A 到网络的距离	经过 B 到网络的距离	经过 C 到网络的距离	经过 D 到网络的距离
Net1	9	33	32	28
Net2	20	45	42	34
Net3	32	28	28	42
Net4	44	40	20	30

对于每一个网络，找最小值即可。

4. 从 A 到 J 的最短路径是 A—C—D—E—G—I—J，代价等于 15。

5. 见表 B-6。

表 B-6　5 题表

N	D(B)	D(C)	D(D)	D(E)	D(F)	D(G)	D(H)	D(I)	D(J)	D(K)	新增路径
A	2	7	1	∞	∞	∞	∞	∞	∞	∞	—
A,D	2	7		5	∞	3	∞	∞	∞	∞	A->D
A,D,B		7		5	4	3	∞	∞	∞	∞	A->B
A,D,B,G		6		5	4		8	∞	7	∞	A->D->G
A,D,B,G,F		6		5			8	9	7	∞	A->B->F
A, D, B, G, F,E		6					8	9	7	∞	A->D->E
A, D, B, G, F,E,C							8	9	7	∞	A->D->G->C

N	D(B)	D(C)	D(D)	D(E)	D(F)	D(G)	D(H)	D(I)	D(J)	D(K)	新 增 路 径
A, D, B, G, F, E, C, J							8	9		13	A->D->G->J
A, D, B, G, F, E, C, J, H								9		13	A->D->G->H
A, D, B, G, F, E, C, J, H, I										13	A->B->F->I
A, D, B, G, F, E, C, J, H, I, K											A->D->G->J->K

6. D。

第 10 章

1. 见表 B-7。

表 B-7　1 题表

1	2	3	4	5
交换机	集线器	中继器	网桥	路由器

2. B 显然是错的,虚电路不需要事先分配资源。

3. 这一题目从思想上实际上考的是 192.168.2.0/25 和 192.168.2.128/25 的聚合,聚合后的 IP 地址是 192.168.2.0/24,从 R1 开始,下一跳不会是自己,所以答案是 D。

4. (1)接口 0　(2)R2　(3)R4　(4)R3　(5)R4

5. (1)右边的两个网络方便聚合,不存在异议,见表 B-8。

表 B-8　5 题表

目 的 网 络	下 一 跳	接 口
192.1.1.0/24	—	E0
192.1.6.0/23	10.1.2.2	L0
192.1.5.0/24	10.1.1.10	L1

(2)只能通过 L0 接口,经过三个路由器,所以 TTL=64-3=61。

6. 根据最长匹配,从 S3 发出。

7. Router B 的路由表见表 B-9。

表 B-9　Router B 的路由表

目 的 网 络	下一跳路由地址
192.1.6.0/23	Router D 的 s0

续表

目 的 网 络	下一跳路由地址
72.2.12.0/22	Router E 的 s0
Default	Router A 的 s0

Router C 的路由表见表 B-10。

表 B-10　Router C 的路由表

目 的 网 络	下一跳路由地址
131.120.1.0/25	Router F 的 s0
131.120.1.128/25	Router G 的 s0
Default	Router A 的 s1

Router A 的路由表见表 B-11。

表 B-11　Router A 的路由表

目 的 网 络	下一跳路由地址
192.1.6.0/23	Router B 的 s0
72.2.12.0/22	Router B 的 s0
131.120.1.0/24	Router C 的 s0

8. (1) 经过计算可得,H1 和 H2 的网络号相同,所以设备 2 为交换机。H3 和 H4 的网络号相同,所以设备 3 为交换机。

H1 和 H2 的网络号与 H3 和 H4 的网络号不同,所以设备 1 必须为路由器。

(2) 只有路由器需要配置 IP 地址。H1 和 H2 的默认网关为 IF2,所以 IF2 的 IP 地址设置为 192.168.1.1。H3 和 H4 的默认网关为 IF3,所以 IF3 的 IP 地址设置为 192.168.1.65。IF1 和 192.168.1.253/30 处于同一个网络,在这个网络中,主机号只有两位,可得 4 个 IP 地址 192.168.1.252～192.168.1.255,又不能全 0 和全 1,所以只剩下两个 IP 地址可用,192.168.1.253,192.168.1.254,所以 IF1 只能是 192.168.1.254。

(3) H1～H4 的 IP 地址以 192 开头,是内网地址,必须采用 NAT 技术才能上网。

(4) H3 发送一个目的地址为 192.168.1.127,计算可得,后 6 位(主机号)全 1,是一个广播地址,但广播只能在本网中广播,所以 H4 可以收到。

9. 可以用排除法,Ⅲ 肯定是错的(IP 不保证不丢失),Ⅰ 和 Ⅳ 是基本工作,所以只能是 C。

10. C。

第 11 章

2. (1) 见表 B-12。

表 B-12 2题表

外网		内网	
IP 地址	端口号	IP 地址	端口号
203.10.2.6	y1	192.168.1.2	x1
203.10.2.6	y2	192.168.1.3	x2
203.10.2.2	80	192.168.1.2	80

本书编者认为 Web 服务器对外提供服务,需要有固定的 NAT 配置,是合适的,让外界可以通过 203.10.2.2:80 访问到内网的 Web 服务器。但是,如果要给每台内网主机都进行 NAT 的配置,显然太麻烦,也无必要,NAT 本身应具有动态添加、管理内外网地址映射的功能,不需要配置。

(2) H2 发送的 P 的源 IP 地址和目的 IP 地址分别为 192.168.1.2 和 203.10.2.2。

经过 R3 转发后分别为 203.10.2.6 和 203.10.2.2。

经过 R2 转发后分别为 203.10.2.6 和 192.168.1.2。

3.(1) 这个题目需要知道 NAT 网关的出口是 L0(和 201.1.3.9 一个网络),但是图上没有标注其 IP 地址,需要计算。根据题目,201.1.3.9 的网络号占 30 位(201.1.3.8/30),主机号占两位,只能有两个 IP 地址(201.1.3.9 和 201.1.3.10)可用,也只有 201.1.3.10 可用,所以 L0 的 IP 地址为 201.1.3.10,所以答案为 D。

(2) 题目中,本来 H1~H4 之间的通信都是可以直接交付的,但是因为配置的问题,导致计算机误认为需要间接交付,而产生了问题。

H1 在发送数据前,计算自己的网络号为 192.168.3.0,H4 的网络号为 192.168.3.128,认为不在一个网络中,需要交付给路由器进行间接交付,但是默认网关被配置为 192.168.3.1,根本不存在,所以无法发送数据给 H4,因此选 C。

4. B。

5. C。

第 12 章

1. D。

2.(1) ::A:F53:6382:AB00:B:BB27:32//AB00 的 00 不能省,否则变成 00AB 了

(2) A::4D:BCD

(3) ::AF00:28:0:AA:398

(4) 819:AF::CB2:B273

3. 0008:0000:0000:0000:00D0:0123:CDEF:089A。

4. A。

5. A。

6. B。

7.(1) 在 SDN 网络的控制层面有一个逻辑上唯一的远程控制器。远程控制器可由不同地点的多个服务器组成,掌握各主机和整个网络的状态,能够为每个分组计算出当前最佳

的路由,然后在每一个 OpenFlow 交换机中生成其正确的转发表。使得 OpenFlow 交换机的工作变得非常单纯(对接收到的分组进行"匹配＋操作")。

（2）OpenFlow 交换机 S2 的流表项见表 B-13。

表 B-13　7 题表

匹　　配	动　　作
源 IP 地址＝10.0.1.*;目的 IP 地址＝10.0.2.3	转发(2)
源 IP 地址＝10.0.1.*;目的 IP 地址＝10.0.2.4	转发(3)

第 13 章

1. IP 地址是虚拟的,是为了连接网络,物理地址是真正的物理网络的地址,不同的物理地址无法互通,只能借助 IP 地址互联物理网络。

2. P1～P4 的目的 IP 都是 50.0.0.202。

F1 的目的 MAC 地址为：MAC_R_{11}。

F2 的目的 MAC 地址为：MAC_R_{21}。

F3 的目的 MAC 地址为：MAC_R_{31}。

F4 的目的 MAC 地址为：MAC_B。

3. 见表 B-14。

表 B-14　3 题表

标　　识	内　　容
1	06-01-11-22-33-44
2	06-03-11-22-33-44
3	06-02-11-22-33-44
4	130.1.1.2
5	06-06-11-22-33-44
6	130.1.1.2

4. 00-1a-2b-3c-4d-51,00-1a-2b-3c-4d-61。

5. 主机到主机、主机到路由器、路由器到路由器、路由器到主机,实际情况需要详细说明。

6. 记录历史,下次用到不用再次广播。

7. ARP 询问得到回答,收到 ARP 请求。

8. 6 次。

第 14 章

1. 无线通信过程和有线不同,在有线方式下,主机可以通过链路"知道"自己连接的是哪一个交换机,但是无线方式没有链路,当旁边有多个 AP 时,需要指定自己通过哪一个 AP

进行通信,所以需要引入 AP 地址。

2. 00-12-34-56-78-9b,00-12-34-56-78-9a,00-12-34-56-78-9c。

3. 好处:转发分组更快。缺点:数据部分出现差错时不能及早发现。

4. 10001011 10110001。

6. (1) 根据以太网帧格式和 IP 分组格式,前 6B 为目的 MAC 地址(默认路由器 R 的 MAC 地址),00-21-27-21-51-ee。

前 14B 是帧首部,其后是 IP 分组首部。IP 首部第 16 字节开始(从 0 开始)是目的 IP 地址,也就是说,第 30 字节开始是目的 IP 地址,40 aa 62 20,所以 IP 地址是 64.170.98.32。

(2) ① 需要改源 IP 地址(将 10.2.128.100 改为 101.12.123.15)。

② 改 TTL,减 1。

③ 重新计算首部校验和。

④ 如果超过了 R 右边网络的 MTU,需要将分组分片,相应地,需要改总长度、片偏移、分片标识等。

7. 3 个。

数据字段长度分别为 1480B、1480B 和 1020B。片偏移字段的值分别为 0、185 和 370。MF 字段的值分别为 1、1 和 0。

8. 千万不要简单地用 400/150<3 认为 3 个分片即可。

在第二个网络中,帧数据 150B 中除去 IP 首部后有 130B,400/130>3,所以要分 4 个分片。前 3 个帧数据长度是 150B,第四个帧数据长度=400−130×3+20(IP 首部)=30B,所以最终=150×3+30=480。

9. (1) 因为平均分配,所以第 4 节的第 1 位为子网号,销售部网络号+子网号为 192.168.1.0,第 4 节后 7 位全 1 为广播地址,即 192.168.1.127,技术部的子网为 192.168.1.128/25,只有 7 位主机地址,可以有 128−2 个 IP 地址可以分配,因为已经分配了 F1 接口 1 个和 80 个主机,所以还能分配 126−81=45 个。

(2) 最大数据字节为 800−20=780B。因为计算片偏移时单位为 8B,780 不能整除 8,所以只能是 776B。776×2>1500,所以 2 片即可。第 1 个片偏移为 0,第 2 个片偏移为 97。

10. B。如果按照 800−20=780 来算,780 不能被 8 整除,偏移量就出问题了,所以偏移量只能是 776,(1580−20)/776>2,所以需要 3 片,第 2 片是 776+20=796,MF=1。

第 15 章

1. 要细化到进程间的通信。

2. 进程可能崩掉,进程号会变。而服务器的端口号需要固定。

3. B。

4. d 和 s。

5. IP 电话,视频直播,丢失数据无所谓,要快。

6. 以目的 IP 地址为例,IP 分组在传输过程中出现了误码,使目的地址(主机 D_1,IP_1)出现了错误(变为主机 D_2,IP_2),被路由器发送到了错误的目的主机 D_2,D_2 计算校验和时发现了差错(UDP 报文中的校验和是使用 IP_1 进行计算的,而 D_2 是使用本机的 IP_2 进行计算的),UDP 发现错误。

同样,源 IP 地址也可能导致产生错误,通过校验可以发现错误。如果按照错误的 IP 地址进行回复,将导致分组无法发送到正确的接收方。

第 16 章

1. 如图 B-9 所示,Data1 的 ACK1 可能很迟才到达发送方(正常的情况),发送方已经因为超时重新发送了 Data1,以及后续的 Data2。在 ACK1 到达发送方时,如果 ACK 没有编号,发送方无法判断 ACK1 是对 Data1 的确认还是对 Data2 的确认。

2. 发送时延 $T=(1000\times8\text{b})/(100\times10^6)\text{b/s}=80\mu\text{s}$

利用率 $=80\mu\text{s}/(80\mu\text{s}+2\times15\text{ms})\approx0.27\%$。

3. 不行,发送方还会再次发送。

4. 见图 B-10。

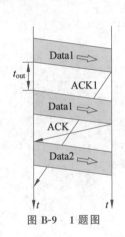

图 B-9　1 题图

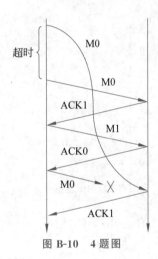

图 B-10　4 题图

5. 信道利用率 $=\dfrac{t_s}{t_s+\text{RTT}}=\dfrac{x/3\text{kb/s}}{\dfrac{x}{3\text{kb/s}}+2\times200\text{ms}}=40\%$,所以 $x=800\text{b}$。

6. $\{2、3、4\}$,最简单情况。

$\{3、4、5\}$,接收方未收到 5。

$\{4、5、6\}$,接收方未收到 5、6。

$\{5、6、7\}$,发送方发送了 5、6、7,但是接收方均未收到。

7. B。

8. (1)1/251;(2)7/251;(3)1。

9. 信道利用率 $=\dfrac{k\times t_s}{t_s+\text{RTT}}=0.8,t_s=1000\times8/128\text{k}=62.5\text{ms},\text{RTT}=2\times250\text{ms}=500\text{ms},k=14.4$,所以 $k=15$,也就是至少要发 15 个不同号的数据帧,所以 $2^n\geqslant15$,所以 n 至少为 4,可以达到发送窗口为 15,而接收窗口为 1。

10. 分析见图 B-11。

分子 $=8\times1000/10\,000=0.8$。

分母 $=2\times8\times1000/10\,000+2\times0.200=1.6+0.4=2$。

答案为 D。

11. (1) 甲方已经收到 R2,3,表示乙方收到了前三帧 S0,0,S1,0,S2,0。

(2) 编号为 3 位,根据公式 16-4,发送方最大窗口为 $2^3-1=7$,S3,0,S4,1 已经发过了,所以最多还可以发 5 个,即 S5,2,S6,2,S7,2,S0,2,S1,2。

(3) t_1 时刻,S2,0 超时,这样,从 S2,0 开始的所有数据帧都必须重发。并且,乙方已经发了 R2,2 并被甲方接收,所以甲方应发送 S2,3,S3,3,S4,3。

(4) 这个题目和式 16-2 和式 16-3 都不太一样,主要是计算周期(分母)必须加上 ACK(实际上是乙方)的发送时间了,如图 B-12 所示。

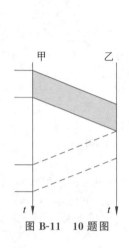

图 B-11　10 题图

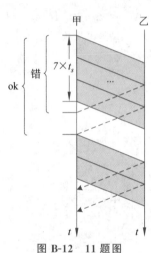

图 B-12　11 题图

$t_s=1000\text{B}/100\text{Mb/s}=8\times10^3/10^8=8\times10^{-5}$

分子$=7\times t_s=56\times10^{-5}$

分母$=t_s+\text{RTT}+t_s=16\times10^{-5}+0.96\times10^{-3}$

最后利用率$=50\%$

12. 发送窗口为 W_T 不能大于 2^n,否则,W_T 中本身就会有重复的编号,于是 $W_T\leqslant 2^n$。

如图 B-13 所示,当接收窗口正好在 $x(x=2^n-1)$ 处(代表已经发送了 $x-1$ 号数据的确认),发送窗口的结束位置不能更靠左了,否则接收方还未收到 $x-1$ 号数据,怎么可能发送 $x-1$ 号数据的确认呢?

发送窗口起始位置最早也要在 0 号数据,否则就包含上一轮的 x 号数据,既然在窗口中,上一轮的 x 号数据就可能重发,造成失败。

为此,发送窗口为 $0\sim 2^n-2$,共 2^n-1 个。

图 B-13　12 题图

13. B。正常情况下,停-等协议效率最低,毫无疑问。SR 协议的发送窗口小于 GBN 协议,一批可以发送的数据要小于 GBN 协议,效率也就小于 GBN 协议。

第 17 章

1. 100。

2. 一次握手 A-B：seq＝2100,SYN＝1。

二次握手 B-A：seq＝3500,ACK＝1,ack＝2101,SYN＝1。

三次握手 A-B：seq＝2101,ack＝3501,ACK＝1。

3. B。

4. 0：1,1：2,2：4,3：8,4：16,5：17,6：18,7：19,8：20,9：20,10：20,11：1,12：2,13：4,14：8,15：10,16：11。

5. B。

6. 只能对第二个报文段进行反馈,报文段的序号是 900－400＝500,答案为 B。

7. 建立连接时需要浪费一个,这里又是乙的序号,所以是 2047,选 D。

8. 已发两个(0、1),收到第 1 个,发送窗口可用向前滑动 1 个,本来可以发 2、3、4,但是接收方控制发送方改变窗口为 2000,这时只能发 2 了,所以是 A。

9. D。

10. (1)求出 TCP 程序对报文的分段数量为 4 个,前 3 个报文段的长度 536＋20＝556B,最后一个 2048－536×3＋20＝460B。

(2) 不用分片,所以 IP 程序对每个报文段的分片数量为 0 个,前 3 个长度 576B,最后一个 480B。

(3) 802.3 不用分片,所以封装成帧的数量为 4 个,前 3 个每帧长度为 594B,最后一个 498B。

11. C。甲收到 ack seq ＝ 501、接收窗口 rcvwnd＝500B 的信息,甲的窗口是 501～1000,已经发了 501～700 的数据,所以选 C。

12. B。

13. 第 4 个 RTT 开始时,拥塞窗口为 8,等到回来后,只能加法增大,所以是 9,选 C。

14. (2)慢开始时间间隔：[RTT＝1,RTT＝6]和[RTT＝23,RTT＝26]。

(3) 拥塞避免时间间隔：[RTT＝6,RTT＝16]和[RTT＝17,RTT＝22]。

(4) 在 RTT＝16 之后发送方通过收到三个重复的确认检测到丢失了报文段。在 RTT＝22 之后发送方是通过超时检测到丢失了报文段。

(5) 在 RTT＝1 时 ssthresh 被设置为 32,RTT＝17 时 ssthresh 被设置为 21,RTT＝23 时 ssthresh 被设置为 13。

15. t 时刻开始慢开始阈值＝8/2＝4KB,拥塞窗口 1-2-4-5-6-7-8-9-10-11,接收窗口始终为 10KB,所以发送窗口为 10KB。

16. 发送窗口受拥塞窗口(W_c)大小和接收方窗口(W_r)大小的控制。

刚开始 W_c＝1KB,W_r＝64KB,所以第 1 次,发送窗口为 1。

第 2 个来回,W_c＝2,W_r＝64－1＝63(设接收方一直没有提交,下同),所以发送窗口为 2。

第 3 个来回,W_c＝4,W_r＝64－1－2＝61,所以发送窗口为 4。

第 4 个来回,W_c＝8,W_r＝64－1－2－4＝57,所以发送窗口为 8。

第 5 个来回,$W_c=16$,$W_r=64-1-2-4-8=49$,所以发送窗口为 16。

第 6 个来回,$W_c=32$,$W_r=64-1-2-4-8-16=33$,所以发送窗口为 32。

所以,经过 5 个来回,就可以达到目标,因此答案是 5ms×5=25ms。

选 A。

17.(1) SYN=1,ACK=1,确认序号=201。

(2) 发送窗口受拥塞窗口(W_c)大小和接收方窗口(W_r)大小的控制。

刚开始 $W_c=1$KB,$W_r=20$ KB,所以第 1 次,发送窗口为 1,发送报文段 1。

第 2 个来回,$W_c=2$,$W_r=19$,所以发送窗口为 2,发送报文段 2、3。

第 3 个来回,$W_c=4$,$W_r=17$,所以发送窗口为 4,发送报文段 4、5、6、7。

第 4 个来回,$W_c=8$,$W_r=13$,所以发送窗口为 8,发送报文段 8、9、10、11、12、13、14、15。

第 8 个确认段返回时,$W_c=8+1=9$,$W_r=13-1=12$,最终发送窗口=min(9,12)=9。

(3) 拥塞窗口可以一直扩大(到 32),但是接收窗口却因为一直缓存数据而不提交,导致缓存可用空间为 0 时,就是 H3 的发送窗口等于 0 的时刻。

第 5 个来回,$W_c=16$,$W_r=5$,所以发送窗口为 5,发送报文段 16、17、18、19、20。

第 6 个来回,$W_c=32$,$W_r=0$。

因此待发送的数据段序号是 21 个报文段的首字节。外加一个起始序号 101,所以需要 $20×1024+101=20\ 480+101=20\ 581$。

可见此时需要 5 个来回,时间=200ms×5=1s。发送数据率=20KB=1s=20KB/s。

(4) 断开连接是四次握手,但是二、三次握手可用不计,因此,需要 1 个 RTT+0.5× RTT=1.5×200ms=300ms。

18. 这里问的是最长,所以,处于拥塞避免阶段会最长,32-8=24 个 RTT,24×2=48,选 D。

19. C。这个题目没有说明什么时刻是开始计算(是从发生超时的时候,还是从拥塞窗口为 1KB 大小时开始算),但是幸好没有容易混淆的选项。

第 18 章

3. D。这个题可以取巧,UDP 肯定比 TCP 高,所以 B 选项肯定不对。C 和 D 选项需要区分 TCP,所以下面算 TCP 的,12/(12+20)=37.5%,只有 D 选项符合。假如说 TCP 是 16.7%,此时才需要计算 UDP 的。

第 19 章

1. 递归解析和迭代解析。

2. 不是,可直接通过 IP 地址访问互联网,但是由于页面内的 URL 绝大部分都是基于域名的,所以非常麻烦。

3. 应用层需要 DNS、HTTP,传输层需要 UDP(DNS 使用)和 TCP(HTTP 使用)。

4. DNS 没有配置。

5. A。

6. 根域名服务器非常繁忙,需要减少负载,但是递归式查询下,每次查询都会让根域名服务器涉及较多的步骤,维持相对较长的查询处理时间。

7. root-顶级域名服务器 com-二级域名服务器 xyz.com-三级域名服务器 abc.xyz.com，所以最多 4 次，最少本地查到，0 次，所以选 C。

8. D。最短是访问本地服务器 10ms，最长的是：本地域名服务器-根域名服务器-com 权限域名服务器-abc.com 权限域名服务器- 访问 www.abc.com，共 50ms。

9. 因为客户不知道服务器的 IP 地址，但又想与之通信。

10. (1) 111.123.15.5～111.123.15.254。

(2) 源 IP 地址 0.0.0.0，目的 IP 地址 255.255.255.255。

(3) 因为 ARP 表为空，所以必须先通过 ARP 发送 ARP 请求，目的 MAC 地址为 FF-FF-FF-FF-FF-FF。封装主机 2 发往 Internet 的 IP 分组发给路由器，所以是 00-a1-a1-a1-a1-a1。

(4) 因为是同一个网络内部，所以和默认网关无关，可以访问 WWW 服务器。分组发给了 DHCP 服务器，无法发给外界，所以无法访问 Internet。

11. (1) 设备 1：100BASET 以太网交换机。

设备 2：100BASET 集线器。

(2) 设如果没有延迟，则最大距离设为 l，则 $64 \times 8 = 2 \times l \times 100 \times 10^6 / (2 \times 10^8)$，可得 $l = 512$m。

把延迟换算成距离，$1.51 \mu s \times 2 * 10^8 = 302$m。

所以 H2 与 H3 之间可以相距的最远距离是 $512 - 302 = 210$m。

(3) M 是 DHCP 发现报文(DHCPDISCOVER)，路由器 E0 可以收到，目的 MAC 地址为 FF-FF-FF-FF-FF-FF。

(4) 分别是 00-11-11-11-11-E1、00-11-11-11-11-C1、00-11-11-11-11-D1。

第 20 章

2. D。

3. A。

4. (1) 持久的，非持久的，控制连接。

(2) 101，18102。

5. (1) IE 调用 DNS 解析 IP 地址。

(2) 打包形成 HTTP 报文。

(3) 通过端口号发给传输层进行复用。

(4) 通过 IP 层进行复用，形成数据报。

(5) 通过 ARP 解析 IP 地址到 MAC 地址。

(6) 通过 MAC 形成帧，通过物理网络进行发送，实现间接交付。

(7) 中间可能涉及交换机的查找站表。

(8) 数据到达路由器，路由器进行缓存，剥去 MAC 帧首，查找路由表，发送到相应的接口，形成新的 MAC 帧首。

(9) 经过多个路由器，最终发送到 Web 服务器，最后一跳的路由器实现直接交付。

(10) 传输层通过端口号，知道接收的进程是 Web 服务器，实现传输层的分用，可以区分进程。

(11) Web 服务器解析 HTTP 报文,查找指定的资源。

6. 00011010 00100001 01011001 重新分组为 000110 100010 000101 011001

000110＝6,对应 G 100010＝34,对应 i

000101＝5,对应 F 011001＝25,对应 Z

所以发送的数据是 GiFZ。

7. B。

8. C。说反了,是服务器端 20。

9. A。

10. D。

11. 第一次(一个页面)由于有三次握手,所以第一次需要两个 RTT,5 个图片,需要 5 个这样的过程,需要 7 个 RTT。如果考虑到以前已经访问该网站了,则只需要 6 个 RTT。

12. C。Connection：Close 表示非持续的连接,Connection：keep-alive 表示持续的连接。

Cookie 是服务器生成的,发给客户端的,这说明浏览器曾经访问过该服务器。

13. D。

14. 可能经过串口通信/广域网,所以可能用到 PPP,局域网需要获得 MAC 地址,所以可能用到 ARP,网页上如果有网络直播等内容,需要用 UDP,所以只能是 D。

15. B。

建立连接的三次握手需要 1 个 RTT。

请求 news408.html 需要 1 个 RTT。

第 3 个 RTT 开始时,拥塞窗口变为 2,S 可以发送两个 MSS 大小的图像内容。

第 4 个 RTT 开始时,拥塞窗口变为 4,S 发送最后 1 个 MSS 大小的图像内容。

16. (1) DNS,UDP 报文、IP 分组、CSMA/CD 以太网帧。

(2) ＜00-11-22-33-44-bb,1＞

＜00-11-22-33-44-cc,4＞

＜00-11-22-33-44-aa,2＞

(3) ① 封装 ARP 的(H1 到本地域名服务器)帧,FF-FF-FF-FF-FF-FF。

② 封装 ARP 的(本地域名服务器到 R)帧,FF-FF-FF-FF-FF-FF(设本地域名服务器不知道 www.abc.com 的 IP 地址)。

③ 封装 ARP 的(H1 到 R)帧,FF-FF-FF-FF-FF-FF。

图书资源支持

感谢您一直以来对清华版图书的支持和爱护。为了配合本书的使用，本书提供配套的资源，有需求的读者请扫描下方的"书圈"微信公众号二维码，在图书专区下载，也可以拨打电话或发送电子邮件咨询。

如果您在使用本书的过程中遇到了什么问题，或者有相关图书出版计划，也请您发邮件告诉我们，以便我们更好地为您服务。

我们的联系方式：

清华大学出版社计算机与信息分社网站：https://www.shuimushuhui.com/

地　　址：北京市海淀区双清路学研大厦 A 座 714

邮　　编：100084

电　　话：010-83470236　010-83470237

客服邮箱：2301891038@qq.com

QQ：2301891038（请写明您的单位和姓名）

资源下载：关注公众号"书圈"下载配套资源。

资源下载、样书申请

书圈

图书案例

清华计算机学堂

观看课程直播